高等学校土木工程专业"十四五"系列教材

建筑工程造价

徐　迎　濮仕坤　王　刚　王　波　主编
左　熹　孙　波　主审

中国建筑工业出版社

图书在版编目(CIP)数据

建筑工程造价/徐迎等主编;左熹,孙波主审.
北京:中国建筑工业出版社,2024.10. —(高等学校
土木工程专业"十四五"系列教材). — ISBN 978-7
-112-30439-4

Ⅰ. TU723.3

中国国家版本馆 CIP 数据核字第 2024ZM1363 号

本书依据《建设工程工程量清单计价规范》GB 50500—2013、《房屋建筑与装饰工程工程量计算规范》GB 50854—2013、《建筑工程建筑面积计算规范》GB/T 50353—2013、《工程造价术语标准》GB/T 50875—2013、《建设项目设计概算编审规程》CECA/GC 2—2015 等与工程造价相关的各类规范和标准,以案例为牵引,从不同角度对投资估算、设计概算、工程量清单计价以及工程造价管理等内容进行了深入介绍。本书既可作为高等院校土建类专业的教材,也可供工程造价相关从业人员借鉴参考。

为更好地支持教学,我社向采用本书作为教材的教师提供课件,有需要者可与出版社联系,索取方式如下:建工书院 https://edu.cabplink.com,邮箱 jckj@cabp.com.cn,电话(010)58337285。

责任编辑:吉万旺 仕 帅 冯之倩
责任校对:张惠雯

高等学校土木工程专业"十四五"系列教材
建筑工程造价

徐 迎 濮仕坤 王 刚 王 波 主编
左 熹 孙 波 主审

*

中国建筑工业出版社出版、发行(北京海淀三里河路9号)

各地新华书店、建筑书店经销

北京龙达新润科技有限公司制版

北京同文印刷有限责任公司印刷

*

开本:787毫米×1092毫米 1/16 印张:14¼ 字数:349千字
2024年10月第一版 2024年10月第一次印刷
定价:**45.00**元(赠教师课件)
ISBN 978-7-112-30439-4
(43155)

编审委员会名单

主编：徐　迎（陆军工程大学）

　　　濮仕坤（陆军工程大学）

　　　王　刚（南京建邺国有资产经营集团有限公司）

　　　王　波（陆军工程大学）

主审：左　熹（金陵科技学院）

　　　孙　波（南京一砖一瓦建筑科技有限公司）

编委：邬建华（陆军工程大学）

　　　李二兵（陆军工程大学）

　　　高　磊（陆军工程大学）

　　　周寅智（陆军工程大学）

　　　仲　洁（陆军工程大学）

　　　刘　笑（陆军工程大学）

　　　庞斯仪（陆军工程大学）

　　　段建立（陆军工程大学）

　　　陈艺顺（陆军工程大学）

　　　陈凌辉（南京一砖一瓦建筑科技有限公司）

　　　陆　军（南京一砖一瓦建筑科技有限公司）

　　　谢丽娟（南京一砖一瓦建筑科技有限公司）

　　　李莎莎（南京一砖一瓦建筑科技有限公司）

　　　孟霆羽（南京一砖一瓦建筑科技有限公司）

　　　许　莉（弘溪工程管理咨询南京有限公司）

前　言

"工程造价"是土木工程、工程管理等专业必修的一门综合性较强的课程。其综合性大：涵盖土建、机电、给水排水等多个专业领域；涉猎面广：既包括建筑工程材料、设备、施工工艺等方面的知识，也包括工程经济学、管理学、法律等方面的知识；实践性强：学生需要在学习过程中进行大量的实践操作，包括工程量计算、定额套用等，以便能够在实际工作中灵活运用；时效性高：由于工程价格受市场、变更等因素的影响，学生需要及时了解市场价格和工程变更情况，以便更准确地计量计价。为系统地介绍工程造价的基本理论、方法和实践，使读者能够全面了解工程造价的构成方式、形成过程、计算方法和控制措施，以满足新时代土建类相关专业的教学需要，依据工程造价领域最新法律法规，借助最新的 BIM 信息技术编写了本教材。

第 1 章是绪论，介绍了工程造价的相关概念和历史。

第 2 章是工程造价的构成，介绍了建设项目总投资的相关概念。

第 3 章是工程造价的依据，介绍了和工程造价相关的法律法规和规范规程，并以《江苏省建筑与装饰工程计价定额》为例，介绍了建设工程定额的有关内容。

第 4 章是建设项目投资估算，基于《建设项目投资估算编审规程》CECA/GC 1—2015，详细介绍了建设工程投资估算的工作内容、文件组成、费用构成、编制依据和编制办法。

第 5 章是建设项目设计概算，基于《建设项目设计概算编审规程》CECA/GC 2—2015，详细介绍了建设工程设计概算的文件组成、编制依据和编制办法。

第 6 章是建筑工程工程量清单计量，基于《房屋建筑与装饰工程工程量计算规范》GB 50854—2013，介绍了房屋建筑与装饰工程工程量清单的清单条目设置、条目设置提示，并给出了相应的清单编制示例。

第 7 章是建筑工程工程量信息化建模，基于第 4、5 两章的案例，使用广联达 BIM 土建计量平台 GTJ 2021，分 14 个步骤介绍该单位工程的建模过程。

第 8 章是建筑工程工程量清单计价，基于第 7 章的建模算量成果，结合广联达计价软件 GCCP6.0，详细介绍了工程量清单计价的全过程。

第 9 章是工程造价管理，探讨了工程造价管理的职能、组织以及作用，阐述了工程造价管理的 9 个方法，分析了工程项目实施过程中可能遇到的合同价款争议问题，并对财务决算审计进行了深入剖析，最后总结了工程造价管理中从业人员管理的相关问题。

本教材由中国人民解放军陆军工程大学徐迎、邬建华、李二兵、高磊、王波、周寅智、濮仕坤、仲洁、刘笑、庞斯仪、段建立、陈艺顺，南京建邺国有资产经营集团有限公司王刚，南京一砖一瓦建筑科技有限公司陈凌辉、陆军、谢丽娟、李莎莎、孟霆羽，弘溪工程管理咨询有南京有限公司许莉等人共同参与编写。其中，第 1 章由徐迎、王刚、邬建华编写，第 2 章由周寅智、李二兵、高磊、段建立编写，第 3 章由仲洁、刘笑、庞斯仪、陈艺顺、陈凌辉编写，第 4～6 章由濮仕坤、陆军、许莉、王波编写，第 7 章由孟霆羽、谢丽娟、王刚、濮仕坤编写，第 8 章由李莎莎、谢丽娟、王刚、濮仕坤编写，第 9 章由王刚、陈凌辉、濮仕坤编写。盛韵轩、李小宁两位同学也做了相关章节的大量资料搜集工作。全书由金陵科技学院左熹和南京一砖一瓦建筑科技有限公司孙波审查并给出宝贵的意见和建议。

本教材的特点是以实际案例为牵引，使读者能够全面深入地理解工程造价的内在联系，同时，本教材每章都配有复习思考题，以帮助读者加深对工程造价的理解和应用。

本教材可作为高等院校土木工程、工程管理等专业的教材，也可作为工程造价从业人员的参考书籍。希望本教材能够为读者提供有益的指导和帮助，使他们能够更好地掌握工程造价的知识和技能，为工程建设事业的发展作出更大的贡献。

在编写本教材的过程中，尽管作者参阅了大量的文献资料和实践案例，但由于工程造价的内容十分丰富，加之作者水平有限，书中难免存在不足之处，敬请各位读者批评指正。

目　录

第1章　绪论 ·· 1

1.1　建设工程的相关概念 ··· 1

1.2　工程造价的相关概念 ··· 3

1.3　工程造价的历史 ·· 5

1.4　本教材的主要内容 ··· 8

复习思考题 ·· 8

第2章　工程造价的构成 ····································· 9

2.1　概述 ··· 9

2.2　建设项目总投资 ·· 9

2.3　建设投资 ··· 12

2.4　应列入（总估算/总概算）投资的费用 ·············· 22

复习思考题 ··· 22

第3章　工程造价的依据 ····································· 23

3.1　概述 ··· 23

3.2　法律法规 ··· 23

3.3　规范规程 ··· 24

3.4　建设工程定额 ··· 45

复习思考题 ··· 54

第4章　建设项目投资估算 ·································· 55

4.1　概述 ··· 55

4.2　编制投资估算的工作内容 ································· 55

4.3　投资估算的文件组成 ·· 56

4.4　投资估算的费用构成和编制依据 ······················ 57

4.5　投资估算的编制办法 ·· 57

复习思考题 ··· 69

第5章　建设项目设计概算 ·································· 71

5.1　概述 ··· 71

5.2 设计概算文件组成 ·· 71

5.3 设计概算编制依据 ·· 72

5.4 设计概算编制办法 ·· 73

复习思考题 ··· 88

第6章 建筑工程工程量清单计量 ··· 89

6.1 概述 ··· 89

6.2 工程量清单的编制要点 ·· 89

6.3 土石方工程清单编制 ··· 93

6.4 地基处理与边坡支护工程清单编制 ··· 97

6.5 桩基工程清单编制 ··· 98

6.6 砌筑工程清单编制 ··· 100

6.7 混凝土及钢筋混凝土工程清单编制 ·· 104

6.8 金属结构工程清单编制 ·· 111

6.9 木结构工程清单编制 ··· 114

6.10 门窗工程清单编制 ··· 115

6.11 屋面及防水工程清单编制 ··· 119

6.12 保温、隔热、防腐工程清单编制 ·· 121

6.13 楼地面装饰工程清单编制 ··· 122

6.14 墙、柱面装饰与隔断、幕墙工程清单编制 ···································· 125

6.15 天棚工程清单编制 ··· 128

6.16 油漆、涂料、裱糊工程清单编制 ·· 129

6.17 其他装饰工程清单编制 ··· 132

6.18 拆除工程清单编制 ··· 134

6.19 措施项目清单编制 ··· 138

复习思考题 ··· 141

第7章 建筑工程工程量信息化建模 ··· 142

7.1 概述 ··· 142

7.2 项目介绍及图纸分析 ··· 142

7.3 建模前的准备工作 ··· 144

7.4 绘制框架柱 ··· 150

7.5 绘制梁 ··· 151

7.6 绘制板 ··· 152

7.7 绘制基础 ··· 155

7.8 绘制砌块墙 ··· 158

7.9 绘制门窗洞及过梁、构造柱、抱框柱、圈梁 ···································· 159

7.10 绘制楼梯 ··· 168

7.11 绘制装饰装修工程 ··· 170

7.12　绘制零星构件 ··· 175

7.13　绘制垫层和土方 ··· 178

7.14　导出工程量 ·· 180

7.15　工程量的提取 ··· 181

复习思考题 ··· 186

第8章　建筑工程工程量清单计价 ······································· 187

8.1　概述 ··· 187

8.2　工程量清单计价分类 ··· 187

8.3　工程量清单计价方法 ··· 190

8.4　工程量清单计价示例 ··· 194

复习思考题 ··· 195

第9章　工程造价管理 ·· 196

9.1　概述 ··· 196

9.2　工程造价管理的职能 ··· 196

9.3　工程造价管理的组织 ··· 197

9.4　工程造价管理的作用 ··· 198

9.5　工程造价管理的方法 ··· 200

9.6　合同价款争议的解决 ··· 212

9.7　财务决算审计 ··· 213

9.8　工程造价从业人员的管理 ··· 213

复习思考题 ··· 216

参考文献 ··· 217

第1章

绪　论

1.1　建设工程的相关概念

1.1.1　建设工程的定义

建设工程是指人类有组织、有目的、大规模的经济活动，旨在形成综合生产能力或发挥工程效益。它涵盖建筑、安装工程建设以及购置固定资产等相关工作。这里的"建设"，是指形成新的固定资产的过程。单纯的固定资产购置，如购买商品房屋、施工机械、车辆或船舶等，虽然增加了固定资产，但通常不被视为建设工程。建设工程包括预备、筹建、勘察设计、设备购置、建筑安装、试车调试、竣工投产等全部工作，直到形成新的固定资产。通常来说，建设工程是指土木工程、建筑工程、线路管道和设备安装工程及装修工程。

建设工程可以划分为建设项目、单项工程、单位工程、分部工程、分项工程等。建设项目是按一个总体规划或设计进行建设的，由一个或若干个互有内在联系的单项工程组成的工程总和。建设项目的特征是依据一个总体规划和设计进行组织、建设、核算和验收等。建设项目可以是一个单项工程，也可以由若干个互有内在联系的单项工程组成。建设项目也可称为基本建设项目。

单项工程是具有独立的设计文件，建成后能够独立发挥生产能力或使用功能的工程项目。单项工程是建设项目的组成部分，其最大特征是能够独立发挥生产能力或使用功能，如一个建筑群的某一栋建筑，工厂的某一系统或车间。

单位工程是具有独立的设计文件，能够独立组织施工，但不能独立发挥生产能力或使用功能的工程项目。单位工程是单项工程的组成部分，其最大特征是具有独立的设计文件和能够独立组织施工。单位工程可以是一个建筑工程或者是一个设备与安装工程，如主体建筑工程、精装修工程、设备安装工程、窑炉安装工程、电气安装工程等。单位工程一般是进行施工成本核算的对象。

分部工程是单位工程的组成部分，是按结构部位、路段长度及施工特点或施工任务将单位工程划分为若干个项目单元。一般工业与民用建筑工程的分部工程包括地基与基础工程、主体结构工程、装饰装修工程、屋面工程、给水排水及采暖工程、电气工程、智能建筑工程、通风与空调工程、电梯工程等。

分项工程是分部工程的组成部分，是按不同施工方法、材料、工序及路段长度等将分部工程划分为若干个项目单元。分项工程是建设项目的最基本单元，依据施工特点、工种、材料、设备类别不同而划分，如楼地面工程的大理石地面、竹木地板、抗静电地板，设备安装工程的 10t 破碎机安装、50t 破碎机安装。分项工程也是预算定额子目设置的基本项目单元。

1.1.2　建设工程的建设程序

我国建设工程的建设程序主要包括以下几个阶段：

1. 策划决策阶段

又称为建设前期工作阶段，其中又包括编报项目建议书和可行性研究报告阶段。

2. 勘察设计阶段

勘察阶段分为初勘和详勘两个阶段，主要目的是为设计提供实际依据。设计阶段一般分为两个阶段，即初步设计阶段和施工图设计阶段，对于大型复杂项目，可根据不同行业的特点和需要，在初步设计之后增加技术设计阶段。

3. 招标投标阶段

招标投标是指招标人在发包建设项目之前，公开招标或邀请具有合法资格和能力的投标人根据招标人的意图和要求进行投标；投标人经过初步研究和估算，在指定期限内填写标书，提出报标；招标人择日开标，从投标人中择优选定中标人的过程。

4. 建设准备阶段

主要内容包括：组建项目法人、征地、拆迁、"三通一平"乃至"七通一平"；组织材料、设备订货；办理建设工程质量监督手续；委托工程监理；准备必要的施工图纸；组织施工招标投标，择优选定施工单位；办理施工许可证等。按规定做好施工准备，具备开工条件后，建设单位申请开工，进入施工安装阶段。

5. 施工阶段

建设工程具备了开工条件并取得施工许可证后方可开工。项目新开工时间，根据设计文件中规定的任何一项永久性工程第一次正式破土开槽时间而定。不需开槽的以正式打桩时间作为开工时间。铁路、公路、水库等以开始进行土石方工程的时间作为正式开工时间。

6. 生产准备阶段

对于生产性建设项目，在其竣工投产前，建设单位应适时地组织专门班子或机构，有计划地做好生产准备工作，包括招收、培训生产人员；组织有关人员参加设备安装、调试、工程验收；落实原材料供应；组建生产管理机构，健全生产规章制度等。生产准备是由建设阶段转入经营的一项重要工作。

7. 竣工验收阶段

工程竣工验收是全面考核建设成果、检验设计和施工质量的重要步骤，也是建设项目转入生产和使用的标志。验收合格后，建设单位编制竣工决算，项目正式投入使用。

8. 后评价阶段

建设项目后评价是指在工程项目竣工投产、生产运营一段时间后，对项目的立项决策、设计施工、竣工投产、生产运营等全过程进行系统评价的一种技术活动。建设项目后评价是固定资产管理的一项重要内容，也是固定资产投资管理的最后一个环节。

1.2　工程造价的相关概念

1.2.1　工程造价的定义

工程造价是针对建设项目决策、设计、交易、施工和结算等阶段的预计或实际支出所进行的预测、判断和确定，其工作内容与方法在建设项目生命周期的不同阶段的作用各不相同。通常来说有两种含义：

1. 预计支出

即按照我国的基本建设程序，在项目建议书及可行性研究阶段，对工程要进行投资估算；在初步设计、技术设计阶段，对工程要进行设计概算；在施工图设计阶段，对工程要进行施工图预算。

2. 实际支出

即在工程招标投标阶段，承包人与发包人签订合同时形成的合同价；在工程实施阶段，承包人与发包人结算工程价款时形成的结算价；工程竣工验收结算审核完成后，对整个项目支出包含财务费用在内形成的竣工决算。上述的投资估算、设计概算、施工图预算、合同价、结算价、竣工决算都是工程造价的表现形式。

需要指出的是，这里所说的"工程"既可以是涵盖范围很大的一个建设工程项目，也可以是其中的一个单项工程或单位工程，甚至可以是整个建设工程中的某个阶段，如建筑安装工程、装饰装修工程，或者其中的某个组成部分。工程造价是工程项目管理的重要环节，其合理与否将直接影响到项目投资的有效控制与预期收益。

1.2.2　工程造价的特点

1. 大额性

工程建设一次性投入的资金数额较大，工程造价的大额性决定了工程造价的特殊地位，也彰显了工程造价管理的重要意义。

2. 单件性

建设项目只能通过特殊的程序，对每个项目单独估算和计算其投资。每个建设工程的用途、功能、规模不同，每项工程的结构形式、空间分隔、设备配置和内外装饰都有所不同。建设工程还必须在结构、造型等方面适应工程所在地的气候、地质、水文等自然条件，这就使建设项目的实物形态千差万别。另外，不同地区构成投资费用的各种要素的差异，也会导致建设项目投资的千差万别。从时间、空间上讲，建设工程有着单件独特性，不同于衬衫可以上万件批量生产，且各项指标相同。产品的差异性决定了工程计价的个别性。

3. 多次性

建设项目周期长、造价高、规模大，按照基本程序需要分阶段进行，相应地也要在不同阶段进行多次估价，以保证工程造价控制的科学性。多次估价是逐步深入的过程，由不准确到准确。其过程如图 1-1 所示。

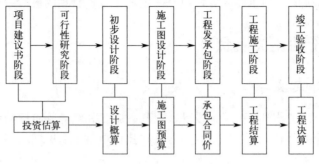

图 1-1　多次计价示意图

4. 复杂性

工程造价依据复杂，种类繁多，在不同的阶段有不同的依据，不同行业用不同的依据，如水利工程，一般用水利定额估价。不同阶段使用不同定额，但又相互影响，如预算定额是概算定额编制的基础，概算定额又是估算指标编制的基础；反之，估算指标又控制概算定额的水平，概算定额控制预算定额的水平。

5. 组合性

工程造价是组合而成的，一个建设项目可能由几个单项工程组成，一个单项工程可能由几个单位工程组成，一个单位工程可能由几个分部工程组成，一个分部工程可能由几个分项工程组成，而工程造价就是从点到面，从局部到整体，需要分别计算分部分项工程造价、单位工程造价、单项工程造价，最后汇总成建设项目总造价。组合计价如图 1-2 所示。

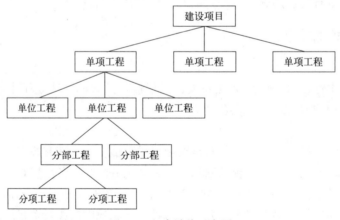

图 1-2　组合计价示意图

6. 动态性

每个建设项目建设期不同，建设规模大的建设期较长，从立项到竣工，会出现一些不可预测的变化因素对建设项目投资产生影响。如设计变更，材料单价、人工费上涨，国家利率调整等，必然要引起建设项目投资的变动。因此，建设项目投资在整个建设期内都是不确定的，需随时进行动态跟踪、调整。

1.3　工程造价的历史

1.3.1　西方工程造价的历史

公元前 2700 年，在整个古埃及金字塔和寺庙的建造过程中，工料测量员就被称为"皇家工程的测量员"。公元 63 年的《圣经新约·路加福音》第 14 章第 28、29 节中对于造价也有相关记载："你们当中谁想盖一座楼，不先坐下来计算费用，看自己是否能够完成呢？恐怕安了地基，不能成功，看见的人都笑话他说这个人开了工，却不能完工。"

可考的工料测量专业可以追溯到 1666 年大火后伦敦的重建。由于大火之后需要进行大量的重建工作，显然需要一个更有效的计算建筑成本和生成估算的系统。因此，独立的"工料测量师"应运而生，他的作用最初是考虑建筑师的图纸（如果幸运的话，还有规格），并制定一个"工料清单"，目的是让任何希望为一个项目投标的公司在同一基础上计算投标，从而最大限度地减少重复工作。这项服务最初是由投标的承包商支付的，但随着时间的推移，这项工作成为客户方责任的一部分，以确保所有投标者都得到相同的投标文件。

英格兰南部伯克郡首府雷丁的一家名为 Henry Cooper and Sons 的公司，是记录上最早开展工料测量的公司，该公司成立于 1785 年，主要负责处理建筑项目的成本和合同。苏格兰工料测量师在 1802 年召开会议，制定了第一个测量方法。当由 Charles Barry 爵士设计的英国新议会大厦（1836 年）成为第一个完全使用工程量清单（BQ 单）进行测量和投标的公共建筑时，工料测量师作为一个新兴的职业正式登上建筑业的舞台。

RICS（Royal Institution of Chartered Surveyors，英国皇家特许测量师学会）于 1868 年 6 月 15 日在英国伦敦成立，当时是由 49 名测量师在威斯敏斯特宫酒店召开会议后成立的。1881 年 8 月 26 日，RICS 获得了皇家宪章，成为测量师协会。

19 世纪末，竞争性承包制度出现。这涉及几个投标人向雇主提交标书进行评估，以选择一个合适的承包商来建设工程。1922 年标准测量方法（The Standard Method of Measurement，SMM）首次出版。

20 世纪 50 年代，由于项目越来越复杂，成本计划的要求越来越高。1957 年第一个商用计算机辅助加工（CAM）软件 Pronto 问世，1963 年，Ivan Sutherland 博士论文的一部分推出了 Sketchpad，它被认为是现代计算机辅助设计（CAD）程序的鼻祖，也是整个计算机图形发展的一个重大突破。1982 年 12 月，AutoCAD 首次发布，它是一个商业计算机辅助设计（CAD）和绘图软件应用程序，带有内部图形控制器，可在微型计算机上运行。

1988 年，英联邦建筑工业委员会成立。RICS 与 CIOB（Chartered Institute of Building，英国皇家特许建造学会）、CIBSE（Chartered Institution of Building Services Engineers，英国皇家建筑服务工程师学会）、IstructE（Institution of Structural Engineers，英国结构工程师学会）和 RIBA（Royal Institute of British Architects，英国皇家建筑师学会）均为创始成员。

2000 年，Revit 出现。在 Revit 中可以与任何人、在任何地方进行工作共享，项目团队能够在设计意图和可施工性方面保持一致并加以执行。同时能实时同步变化，并在准备好时发布。

2017 年，BIM 广泛应用。广义的 BIM 概念可以追溯到 1975 年，当时美国教授 Charles M. Eastman 在《Artificial Intelligence and Applications》杂志上发表了他对一个工作原型的描述。现在 BIM 变得很普遍，目前已成为各国工程建设行业的设计建造最得力的工具。

2018 年，RICS 在全球近 150 个国家/地区认证了 125000 名合格的和受训的专业人士。

随着当今市场条件的不确定性的增大，向"绿色"建筑发展的趋势，以及非传统采购方法的使用，使工料测量师的角色也在不断发展。工料测量作为一个专业，通过不断适应变化而生存下来，并将继续发展下去。

1.3.2 我国工程造价的历史

我国工程造价有着非常有悠久的历史。《周官·考工记》"匠人为沟洫"中记载："凡沟防，必一日先深之以为式，里为式，然后可以傅众力。"《左传》宣公十一年中记载："楚左尹子重侵宋，王待诸郹。令尹蒍艾猎城沂，使封人虑事，以授司徒。量功命日，分财用，平板干，称畚筑，程土物，议远迩，略基趾，具餱粮，度有司，事三旬而成，不愆于素。"《左传》昭公三十二年中记载："己丑，士弥牟营成周，计丈数，揣高卑，度厚薄，仞沟洫，物土方，议远迩，量事期，计徒庸，虑材用，书餱粮，以令役于诸侯，属役赋丈，书以授帅，而效诸刘子。韩简子临之，以为成命。"以上史料充分说明我国早在两千多年以前就有了人工消耗定额。

西汉末到东汉初之间出现的《九章算术》卷第五，出现了人工消耗定额定量化的记载："春程人功七百六十六尺，并出土功五分之一，定功六百一十二尺、五分尺之四。问用徒几何？""夏程人功八百七十一尺。并出土功五分之一，沙砾水石之功作太半，定功二百三十二尺、一十五分尺之四。问用徒几何？""秋程人功三百尺，问用徒几何？""冬程人功四百四十四尺。问用徒几何？"唐制和汉制的不同之处在于，唐制把冬程、春程、夏程作了归并调整，变成长功、短功和中功。《唐六典》卷二十三《将作都水监》中记载："凡功有长短，役有轻重。（凡计功程者，四月、五月、六月、七月为长功，二月、三月、八月、九月为中功，十月、十一月、十二月、正月为短功。）"宋代的《天圣令·营缮令》也有类似的记载："诸计功程者，四月、五月、六月、七月为长功，二月、三月、八月、九月为中功，十月、十一月、十二月、正月为短功。"

北宋年间官方发布的建筑设计与施工规范《营造法式》中，不仅卷十六至卷二十五记载了"壕寨功限""大木作功限""小木作功限"和"诸作功限"，即当时的人工消耗定额"功限"而且卷二十六至卷二十八更记载了"诸作料例"和"用钉料例"，即当时的材料消耗定额"料例"。宋徽宗时期编撰的同义词手册《书叙指南》卷十六中，收录了不少前人典籍中有关于工程造价的词汇，如描述工期定额的"修造计度曰审量日力""料日月曰量事期"，描述人工消耗定额的"修造计人功曰计徒庸""修造计人功曰计徒庸"，描述材料消耗定额的"计料曰量功命日""计料用曰虑材用"，描述工程费用定额的"计修造曰校计缮修之费""计修造曰校计缮修之费"等。

清代除了编撰第二部由官方发布的工程制造规范和标准《工程做法》外，还大量修编了起着工程造价和审计核查作用的工程则例，如乾隆三十三年（1768 年）编撰的《物料价值则例》、嘉庆三年（1798 年）编撰的《钦定工部则例》和道光十年（1830 年）编撰的《钦定物料价值则例》等。据统计，目前已知的清代直接以则例命名和有关工程的做法册、清册等共计一百四十多种，远超清代之前历代此类书籍的总和。

新中国成立以来，我国的工程造价发展历程从"统一量、固定价、统一费"的政府定价模式，转变为统一量"指导价、竞争费"的政府指导价模式，最终形成"市场调节价、市场形成价"的造价模式。新中国成立以后造价行业大事记如下：1955 年我国颁布新中国第一部预算定额《建筑工程预算定额》。1983 年颁布《基本建设设计工作管理暂行办法》，同年 8 月，我国成立基本建设标准定额局。1985 年，中国工程建设概预算委员会成立，同年，国家计划委员会发布《关于加强中国国际工程咨询公司的报告》，决定今后国家新上的基本建设大中型项目和技术改造限额以上的项目，其可行性研究报告和大型工程的设计，先由中国国际工程咨询公司对技术方案、工艺流程和经济效益进行评估，提出意见，然后再由国家计委研究平衡，确定是否列入计划。1986 年，国家发布《建筑安装工程统一劳动定额》，同年，国家计划委员会印发《国家计划委员会关于加强工程建设标准定额工作的意见》。1988 年，标准定额司成立，各省市、各部委分别建立了定额管理站，国家计划委员会发布《国家计委印发〈关于控制建设工程造价的若干规定〉的通知》。1989 年中国人民建设银行发布《建设工程价款结算办法》。1990 年中国建设工程造价管理协会成立。1980—1990 年，我国颁布了《建筑工程预算定额》（1981 年）、《全国统一安装工程预算定额》（1986 年）、《仿古建筑及园林工程预算定额》（1988 年）等数十种不同的定额。1997 年，全国人民代表大会常务委员会发布《中华人民共和国建筑法》。1999 年，全国人民代表大会常务委员会发布《中华人民共和国招标投标法》。2000 年，中华人民共和国建设部发布《工程造价咨询单位管理办法》（中华人民共和国建设部令第 74 号）和《造价工程师注册管理办法》（中华人民共和国建设部令第 75 号）。

2003 年，中华人民共和国建设部和中华人民共和国国家质量监督检验检疫总局联合发布《建设工程工程量清单计价规范》GB 50500—2003。2006 年，中华人民共和国建设部发布《工程造价咨询企业管理办法》（中华人民共和国建设部令第 149 号）。2006 年，中华人民共和国建设部发布《注册造价工程师管理办法》（中华人民共和国建设部令第 150 号）。2008 年，《建设工程工程量清单计价规范》GB 50500—2008 再版。2012 年，中国建设工程造价管理协会发布《建设工程造价咨询成果文件质量标准》CECA/GC 7—2012；《建设工程工程量清单计价规范》GB 50500—2013 再版，并将 2008 版清单计价规范的附录分设为《房屋建筑与装饰工程工程量计算规范》GB 50854—2013、《仿古建筑工程工程量计算规范》GB 50855—2013、《通用安装工程工程量计算规范》GB 50856—2013、《市政工程工程量计算规范》GB 50857—2013、《园林绿化工程工程量计算规范》GB 50858—2013、《矿山工程工程量计算规范》GB 50859—2013、《构筑物工程工程量计算规范》GB 50860—2013、《城市轨道交通工程工程量计算规范》GB 50861—2013、《爆破工程工程量计算规范》GB 50862—2013 九本计算规范。2014 年，中华人民共和国住房城乡建设部发布《住房城乡建设部关于进一步推进工程造价管理改革的指导意见》（建标〔2014〕142 号）。2015 年，中华人民共和国住房和城乡建设部和中华人民共和国质量监督检验检疫总局联合发布《建设工程造价咨询规范》GB/T 51095—2015。2015 年，中华人民共和国住房和城乡建设部发布《住房城乡建设部关于印发〈建设工程定额管理办法〉的通知》（建标〔2015〕230 号）。2017 年，中华人民共和国住房和城乡建设部发布《住房城乡建设部关于加强和改善工程造价监管的意见》（建标〔2017〕209 号）。2019 年，中国建设工程造价管理协会发布《工程造价咨询企业服务清单》CCEA/GC 11—2019。2020 年，中华人民共和国住房和城乡建设部发布《住房和城乡建设部办公厅关于印发工程造价改革工作方案的通知》（建办标〔2020〕38 号）。

1.4 本教材的主要内容

本教材共分为 9 章，第 1 章为绪论，介绍了工程造价的相关概念和基础知识；第 2 章为工程造价的构成，介绍了建设项目总投资及构成的相关内容；第 3 章为工程造价的依据，介绍了工程造价相关的法律法规、规范规程以及建设工程定额；第 4 章为建设项目投资估算，介绍了投资估算的工作内容、文件组成、费用构成、编制依据以及编制办法；第 5 章为建设项目设计概算，介绍了设计概算的文件组成、编制依据以及编制办法；第 6 章为建筑工程工程量清单计量，介绍了《房屋建筑与装饰工程工程量计算规范》GB 50854—2013 的条文内容，并依次举例说明计量方法；第 7 章为建筑工程工程量信息化建模，通过案例介绍工程计量三维模型的建立方法；第 8 章为建筑工程工程量清单计价，介绍了该案例招标控制价的编制方法；第 9 章为工程造价管理，探讨了工程造价管理的职能、组织以及作用，阐述了工程造价管理的 9 个方法，分析了工程项目实施过程中可能遇到的合同价款争议问题，并对财务决算审计进行了深入剖析，最后总结了工程造价管理中从业人员管理的相关问题。

复习思考题

1. 什么是分部分项工程？它们在建设项目中的作用是什么？
2. 工程建设主要有哪些阶段？请简要描述每个阶段的内容。
3. 建设项目成本有哪些特点？
4. 为什么要在建设项目的不同阶段进行多次计价？
5. 请解释一下工程造价的大额性和单件性特点对工程造价管理的影响。
6. 建设项目成本的动态性如何在整个项目生命周期内对其产生持续的影响？

第 2 章

工程造价的构成

2.1 概述

工程造价的概念在实际应用过程中十分灵活，范围可大可小。大到可以代表数十亿元建设项目总投资中的固定资产投资，小到可以是数千元装修改造，不过无论规模大小，工程造价的构成却是类似的。目前涉及工程造价构成的相关文件规范有：《建设工程工程量清单计价规范》GB 50500—2013、《房屋建筑与装饰工程工程量计算规范》GB 50854—2013、《建设项目投资估算编审规程》CECA/GC 1—2015、《建设项目设计概算编审规程》CECA/GC 2—2015、《建设项目施工图预算编审规程》CECA/GC 5—2010、《住房城乡建设部　财政部关于印发〈建筑安装工程费用项目组成〉的通知》（建标〔2013〕44 号），各省市如江苏省住房和城乡建设厅发布的《省住房和城乡建设厅关于颁发〈江苏省建设工程费用定额〉的通知》（苏建价〔2014〕299 号）等。

本章从建设项目总投资的角度入手，依据上述规范文件，在详细介绍工程造价构成的基础上，着重介绍工程造价构成中最重要的几部分：建筑安装工程费、设备及工器具购置费、工程建设其他费用的构成情况。

2.2 建设项目总投资

不同的文件规范中，建设项目总投资的含义略有差异。《工程造价术语标准》GB/T 50875—2013 中，建设项目总投资的定义是为完成工程项目建设并达到使用要求或生产条件，在建设期内预计或实际投入的全部费用总和。

《建设项目设计概算编审规程》CECA/GC 2—2015 中，建设项目设计概算总投资由工程费用、工程建设其他费用、预备费及应列入项目概算总投资中的几项费用组成。

表 2-1 为建设项目投资估算总投资组成表，表 2-2 为建设项目概算投资构成表。从表2-1 和表 2-2 可以看出，建设项目投资估算总投资和建设项目概算投资除了部分名词有差异，费用项目数量是相同的。无论是估算总投资还是概算总投资，都是由 2 块 4 个小部分23 种费用组成，其中Ⅰ为建设投资，包含"工程费用""工程建设其他费""预备费（用）"，Ⅱ为"应列入总（总估算/总概算）投资的费用"，而这 23 种费用又可分成静态

建筑工程造价

投资和动态投资两大类。

建设项目总投资组成表　　　　　　　　　　　表 2-1

序号		项目费用名称	备注
1	工程费用	设备购置费	含工器具及生产家具购置费
2		建筑工程费	—
3		安装工程费	—
4	工程建设其他费用	建设管理费	含建设单位管理费、工程总承包管理费、工程监理费、工程造价咨询费等
5		建设用地费	—
6		前期工作咨询费	—
7		研究试验费	—
8		勘察设计费	—
9		专项评价及验收费	含环境影响咨询及验收费、安全预评价及验收费、职业病危害预评价及控制效果评价费、地震安全性评价费、地质灾害危险性评价费、水土保持评价及验收费、压覆矿产资源评价费、节能评估及评审费、危险与可操作性分析及安全完整性评价费,以及其他专项评价及验收费
10		场地准备及临时设施费	
11		引进技术和进口设备其他费	含引进项目图纸资料翻译复制费、备品备件测绘费、出国人员费用、来华人员费用、银行担保费及承诺费等
12		工程保险费	—
13		联合试运转费	
14		特殊设备安全监督检验费	
15		施工队伍调遣费	
16		市政公用设施费	—
17		专利及专有技术使用费	含国外设计及技术资料费、引进有效专利、专有技术使用费和技术保密费;国内有效专利、专有技术使用费;商标权、商誉和特许经营权费等
18		生产准备费	人员培训及提前进厂费、办公和生活家具购置费
19		⋯	⋯
20	预备费用	基本预备费	—
21		价差预备费用	动态投资
22	应列入总投资(总估算/总概算)的费用	建设期利息	动态投资
23		固定资产投资方向调节税(暂停征收)	动态投资
24		铺底流动资金	流动资产投资

（注：序号1-21在"建设投资"范围内；序号1-18在"工程建设其他费用"范围内）

静态投资是工程项目在不考虑物价上涨、建设期利息等动态因素影响下的固定资产投资。包括工程费用、工程建设其他费和基本预备费,是以某一基准期建设要素的价格为依据所计算出的建设投资。动态投资是工程项目在考虑物价上涨、建设期利息等动态因素影响下形成的固定资产投资。包括静态投资部分和由价差预备费和建设期利息等组成的动态投资部分。动态投资适应了市场价格运行机制的要求，使投资的计划、估算和控制更加符合实际。建设项目总投资构成具体如图 2-1 所示。

建设项目概算投资构成表　　　　　　　　　　　　　　　表 2-2

序号	项目费用名称			备注
1	建设投资	工程费用	设备购置费	购置费,运杂费(含采购保管费)
2			建筑工程费	—
3			安装工程费	主要材料费,安装费
4		工程建设其他费用	建设用地费和赔偿费	—
5			前期费用	前期筹建费、可行性研究报告编制及评估费,申报核准费用等
6			建设管理费	建设单位管理费、工程质量监管费、工程监理费、监造费、咨询费、项目管理承包费等
7			专项评价及验收费	环境影响评价及验收费、安全预评价及验收费、职业病危害预评价及控制效果评价费、地震安全性评价费、地质灾害危险性评价费、水土保持评价及验收费、压覆矿产资源评价费、节能评估费、危险与可操作性分析及安全完整性评价费以及其他专项评价及验收费等
8			研究试验费	—
9			勘察设计费	—
10			场地准备及临时设施费	—
11			引进技术和进口设备材料其他费	图纸资料翻译复制费、备品备件测绘费、出国人员费用、来华人员费用、银行担保及承诺费、进口设备材料国内检验费等
12			工程保险费	—
13			联合试运转费	—
14			特殊设备安全监督检验、标定费	—
15			施工队伍调遣费	—
16			市政审查验收费、公用配套设施费	—
17				
18			专利及专有技术使用费	—
19			生产准备及开办费	—
20		预备费用	基本预备费	—
			价差预备费	动态投资
21	应列入概算总投资的费用		建设期利息	动态投资
22			固定资产投资方向调节税	动态投资
23			铺底流动资金	流动资产投资

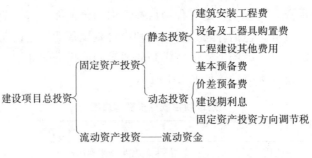

图 2-1 建设项目总投资构成

2.3 建设投资

建设投资由建设项目的第一部分工程费用、第二部分工程建设其他费用和第三部分预备费用组成。其中，第一部分工程费用包括设备购置费、建筑工程费和安装工程费 3 项；第二部分工程建设其他费用包括建设用地费和赔偿费等 15 项，第三部分预备费包括基本预备费和价差预备费 2 项。

2.3.1 工程费用

工程费用是建设期内直接用于工程建造、设备购置及安装的建设投资。工程费用是建设投资的主要组成部分，包括设备购置费、建筑工程费和安装工程费。其中建筑工程费和安装工程费统称为建筑安装工程费。

1. 建筑安装工程费

建筑安装工程费按照专业工程类别分为建筑工程费和安装工程费，它是完成工程项目建造、生产性设备及配套工程安装所需的费用。建筑工程费在民用建筑中还应包括电气、采暖、通风空调、给水排水、通信及建筑智能等建筑设备及其安装工程费。安装工程费是指用于设备、工器具、交通运输设备、生产家具等的安装或组装，以及配套工程安装而发生的全部费用。建筑安装工程费包括人工费、材料费、施工机具使用费、企业管理费、利润、规费和税金，如图 2-2 所示。

（1）按要素组成划分

根据《关于印发〈建筑安装工程费用项目组成〉的通知》（建标〔2013〕44 号）规定，建筑安装工程费用项目按费用构成要素组成划分为人工费、材料费、施工机具使用费、企业管理费、利润、规费和税金。其中人工费、材料费、施工机具使用费、企业管理费和利润包含在分部分项工程费、措施项目费和其他项目费中。

1）人工费

人工费是指按工资总额构成规定，支付给从事建筑安装工程施工的生产工人和附属生产单位工人的各项费用。内容包括：

①计时工资或计件工资：按计时工资标准和工作时间或对已做工作按计件单价支付给个人的劳动报酬。

②奖金：对超额劳动和增收节支支付给个人的劳动报酬。如节约奖、劳动竞赛奖等。

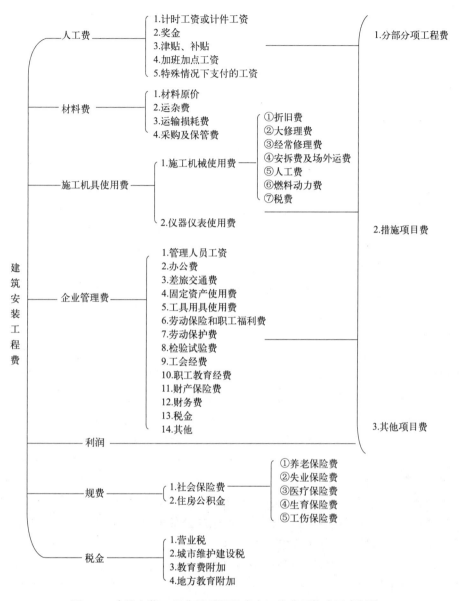

图 2-2　建筑安装工程费用项目组成表（按费用构成要素划分）

③津贴、补贴：为了补偿职工特殊或额外的劳动消耗和因其他特殊原因支付给个人的津贴，以及为了保证职工工资水平不受物价影响支付给个人的物价补贴。如流动施工津贴、特殊地区施工津贴、高温（寒）作业临时津贴、高空津贴等。

④加班加点工资：按规定支付的在法定节假日工作的加班工资和在法定日工作时间外延时工作的加点工资。

⑤特殊情况下支付的工资：根据国家法律、法规和政策规定，因病、工伤、产假、计划生育假、婚丧假、事假、探亲假、定期休假、停工学习、执行国家或社会义务等原因按计时工资标准或计时工资标准的一定比例支付的工资。

2）材料费

材料费是指施工过程中耗费的原材料、辅助材料、构配件、零件、半成品或成品、工程设备的费用。内容包括：

①材料原价：材料、工程设备的出厂价格或商家供应价格。

②运杂费：材料、工程设备自来源地运至工地仓库或指定堆放地点所发生的全部费用。

③运输损耗费：材料在运输装卸过程中不可避免的损耗。

④采购及保管费：组织采购、供应和保管材料、工程设备的过程中所需要的各项费用，包括采购费、仓储费、工地保管费、仓储损耗。工程设备是指构成或计划构成永久工程一部分的机电设备、金属结构设备、仪器装置及其他类似的设备和装置。

3）施工机具使用费

施工机具使用费是指施工作业所发生的施工机械、仪器仪表使用费或其租赁费。

施工机械使用费以施工机械台班耗用量乘以施工机械台班单价表示，施工机械台班单价应由以下7项费用组成：

①折旧费：施工机械在规定的使用年限内，陆续收回其原值的费用。

②大修理费：施工机械按规定的大修理间隔台班进行必要的大修理，以恢复其正常功能所需的费用。

③经常修理费：施工机械除大修理以外的各级保养和临时故障排除所需的费用。包括为保障机械正常运转所需替换设备与随机配备工具附具的摊销和维护费用，机械运转中日常保养所需润滑与擦拭的材料费用及机械停滞期间的维护和保养费用等。

④安拆费及场外运费：安拆费指施工机械（大型机械除外）在现场进行安装与拆卸所需的人工、材料、机械和试运转费用以及机械辅助设施的折旧、搭设、拆除等费用；场外运费指施工机械整体或分体自停放地点运至施工现场或由一施工地点运至另一施工地点的运输、装卸、辅助材料及架线等费用。

⑤人工费：机上司机（司炉）和其他操作人员的人工费。

⑥燃料动力费：施工机械在运转作业中所消耗的各种燃料及水、电等。

⑦税费：施工机械按照国家规定应缴纳的车船使用税、保险费及年检费等。

仪器仪表使用费：工程施工所需使用的仪器仪表的摊销及维修费用。

4）企业管理费

企业管理费是指建筑安装企业组织施工生产和经营管理所需的费用。内容包括：

①管理人员工资：按规定支付给管理人员的计时工资、奖金、津贴补贴、加班加点工资及特殊情况下支付的工资等。

②办公费：企业管理办公用的文具、纸张、账表、印刷、邮电、书报、办公软件、现场监控、会议、水电、烧水和集体取暖降温（包括现场临时宿舍取暖降温）等费用。

③差旅交通费：职工因公出差、调动工作的差旅费、住勤补助费，市内交通费和误餐补助费，职工探亲路费，劳动力招募费，职工退休、退职一次性路费，工伤人员就医路费，工地转移费以及管理部门使用的交通工具的油料、燃料等费用。

④固定资产使用费：管理和试验部门及附属生产单位使用的属于固定资产的房屋、设备、仪器等的折旧、大修、维修或租赁费。

⑤工具用具使用费：企业施工生产和管理使用的不属于固定资产的工具、器具、家具、交通工具和检验、试验、测绘、消防用具等的购置、维修和摊销费。

⑥劳动保险和职工福利费：由企业支付的职工退职金、按规定支付给离休干部的经费，集体福利费、夏季防暑降温、冬季取暖补贴、上下班交通补贴等。

⑦劳动保护费：企业按规定发放的劳动保护用品的支出。如工作服、手套、防暑降温饮料以及在有碍身体健康的环境中施工的保健费用等。

⑧检验试验费：施工企业按照有关标准规定，对建筑以及材料、构件和建筑安装物进行一般鉴定、检查所发生的费用，包括自设试验室进行试验所耗用的材料等费用。不包括新结构、新材料的试验费，对构件做破坏性试验及其他特殊要求检验试验的费用和建设单位委托检测机构进行检测的费用，对此类检测发生的费用，由建设单位在工程建设其他费用中列支。但对施工企业提供的具有合格证明的材料进行检测不合格的，该检测费用由施工企业支付。

⑨工会经费：企业按《中华人民共和国工会法》规定的全部职工工资总额比例计提的工会经费。

⑩职工教育经费：按职工工资总额的规定比例计提，企业为职工进行专业技术和职业技能培训，专业技术人员继续教育、职工职业技能鉴定、职业资格认定以及根据需要对职工进行各类文化教育所发生的费用。

⑪财产保险费：施工管理用财产、车辆等的保险费用。

⑫财务费：企业为施工生产筹集资金或提供预付款担保、履约担保、职工工资支付担保等所发生的各种费用。

⑬税金：企业按规定缴纳的房产税、车船使用税、土地使用税、印花税等。

⑭其他：包括技术转让费、技术开发费、投标费、业务招待费、绿化费、广告费、公证费、法律顾问费、审计费、咨询费、保险费等。

5）利润

利润是指施工企业完成所承包工程获得的盈利。

6）规费

规费是指按国家法律、法规规定，由省级政府和省级有关权力部门规定必须缴纳或计取的费用。包括：

①社会保险费。其中养老保险费：企业按照规定标准为职工缴纳的基本养老保险费；失业保险费：企业按照规定标准为职工缴纳的失业保险费；医疗保险费：企业按照规定标准为职工缴纳的基本医疗保险费；生育保险费：企业按照规定标准为职工缴纳的生育保险费；工伤保险费：企业按照规定标准为职工缴纳的工伤保险费。

②住房公积金：企业按规定标准为职工缴纳的住房公积金。

其他应列而未列入的规费，按实际发生计取。

7）税金

税金是指国家税法规定的应计入建筑安装工程造价内的营业税、城市维护建设税、教育费附加及地方教育附加。

（2）按造价形成划分

按照工程造价形成划分，建筑安装工程费由分部分项工程费、措施项目费、其他项目费、规费、税金组成，分部分项工程费、措施项目费、其他项目费包含人工费、材料费、施工机具使用费、企业管理费和利润，如图 2-3 所示。

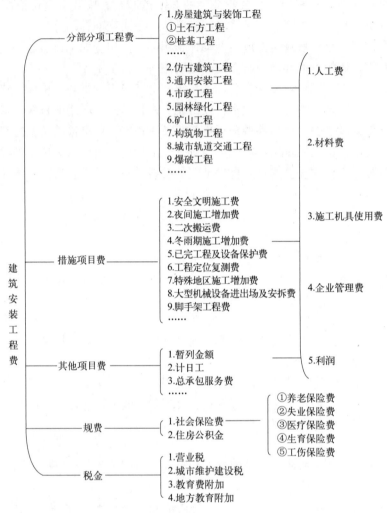

图 2-3　建筑安装工程费用项目组成表（按造价形成划分）

1）分部分项工程费

分部分项工程费是指各专业工程的分部分项工程应予列支的各项费用。其中，专业工程是指按现行国家计量规范划分的房屋建筑与装饰工程、仿古建筑工程、通用安装工程、市政工程、园林绿化工程、矿山工程、构筑物工程、城市轨道交通工程、爆破工程等各类工程。分部分项工程是指按现行国家计量规范对各专业工程划分的项目，如房屋建筑与装饰工程划分的土石方工程、地基处理与桩基工程、砌筑工程、钢筋及钢筋混凝土工程等。

各类专业工程的分部分项工程划分见现行国家或行业计量规范。

2）措施项目费

措施项目费是指为完成建设工程施工，发生于该工程施工前和施工过程中的技术、生活、安全、环境保护等方面的费用。内容包括：

①安全文明施工费。环境保护费：施工现场为达到环保部门要求所需要的各项费用。

文明施工费：施工现场文明施工所需要的各项费用。安全施工费：施工现场安全施工所需要的各项费用。临时设施费：施工企业为进行建设工程施工所必须搭设的生活和生产用的临时建筑物、构筑物和其他临时设施费用，包括临时设施的搭设、维修、拆除、清理费或摊销费等。

②夜间施工增加费：因夜间施工所发生的夜班补助费、夜间施工降效、夜间施工照明设备摊销及照明用电等费用。

③二次搬运费：因施工场地条件限制而发生的材料、构配件、半成品等一次运输不能到达堆放地点，必须进行二次或多次搬运所发生的费用。

④冬雨期施工增加费：在冬期或雨期施工需增加的临时设施、防滑、排除雨雪，人工及施工机械效率降低等费用。

⑤已完工程及设备保护费：竣工验收前，对已完工程及设备采取的必要保护措施所发生的费用。

⑥工程定位复测费：工程施工过程中进行全部施工测量放线和复测工作的费用。

⑦特殊地区施工增加费：工程在沙漠或其边缘地区、高海拔、高寒、原始森林等特殊地区施工增加的费用。

⑧大型机械设备进出场及安拆费：机械整体或分体自停放场地运至施工现场或由一个施工地点运至另一个施工地点，所发生的机械进出场运输及转移费用，以及机械在施工现场进行安装、拆卸所需的人工费、材料费、机械费、试运转费和安装所需的辅助设施的费用。

⑨脚手架工程费：施工需要的各种脚手架搭、拆、运输费用以及脚手架购置费的摊销（或租赁）费用。

措施项目及其包含的内容详见各类专业工程的现行国家或行业计量规范。

3）其他项目费

①暂列金额：建设单位在工程量清单中暂定并包括在工程合同价款中的一笔款项。用于施工合同签订时尚未确定或者不可预见的所需材料、工程设备、服务的采购，施工中可能发生的工程变更、合同约定调整因素出现时的工程价款调整以及发生的索赔、现场签证确认等的费用。

②计日工：在施工过程中，施工企业完成建设单位提出的施工图纸以外的零星项目或工作所需的费用。

③总承包服务费：总承包人为配合、协调建设单位进行的专业工程发包，对建设单位自行采购的材料、工程设备等进行保管以及施工现场管理、竣工资料汇总整理等服务所需的费用。

4）规费

定义同"按要素组成划分"中的"规费"。

5）税金

定义同"按要素组成划分"中的"税金"。

2. 设备购置费

设备购置费是指为项目建设而购置或自制的，达到固定资产标准的设备、工器具、交通运输设备、生产家具等的费用。设备购置费中包括设备原价和运杂费。

设备原价指国内采购设备的出厂（场）价格（国内采购设备原价），或国外采购设备的抵岸价格（国外采购设备原价）。抵岸价指设备抵达买方边境、港口或车站，缴纳完各种手续费、税费后形成的价格，通常由进口设备到岸价（Cost Insurance and Freight，CIF）和进口设备从属费构成。进口设备到岸价（成本加保险费加运费）指设备抵达买方边境港口或边境车站所形成的价格，由进口设备离岸价、国际运费和国际运输保险费组成。进口设备离岸价又称装运港船上交货价，亦称 FOB（Free on Board）价格，是指当货物在指定的装运港越过船舷，卖方即完成交货义务的交货价格，风险均以在指定的装运港货物越过船舷时为分界点。FOB 价包括进口设备出厂价及在出口国国内的运杂费。

设备运杂费指国内采购设备自来源地、国外采购设备自到岸港运至工地仓库或指定堆放地点发生的采购、运输、运输保险、保管、装卸等费用。

2.3.2　工程建设其他费用

《工程造价术语标准》GB/T 50875—2013 指出：工程建设其他费用是建设期发生的与土地使用权取得、整个工程项目建设以及未来生产经营有关的构成建设投资但不包括在工程费用中的费用。工程建设其他费用分为 3 类：土地使用权购置或取得的费用；与整个工程建设有关的各类其他费用；与未来企业生产经营有关的其他费用。

1. 土地使用权购置或取得的费用

土地使用权购置或取得的费用包括建设用地费和赔偿费。建设用地费是指为获得工程项目建设土地的使用权而在建设期内发生的各项费用。具体时间为取得土地使用权而支付的农村土地征用费或城市用地拆迁补偿费以及相关税费，以出让方式取得土地使用权的还应包括土地使用权出让金。以"长租短付"方式租用土地使用权的建设用地费限于建设期的租地费用。

2. 与整个工程建设有关的各类其他费用

整个工程建设有关的各类其他费用主要有：建设管理费、前期工作咨询费、研究试验费、勘察设计费、专项评价及验收费、场地准备及临时设施费、引进技术和进口设备其他费、工程保险费、特殊设备安全监督检验费、施工队伍调遣费、市政公用设施费、专利及专有技术使用费 12 项。

（1）建设管理费

建设单位为组织完成工程项目建设，在建设期内发生的各类管理性费用。一般包含建设单位管理费、工程总承包管理费、工程监理费、工程造价咨询费等。

建设单位管理费包括建设单位管理人员工资及有关费用，办公费、差旅交通费、劳动保护费、工具用具使用费、固定资产使用费、办公及生活用品购置费、通信设备及交通工具购置费、零星固定资产购置费、技术图书资料费、业务招待费、设计审查费、工程招标费、合同契约公证费、法律顾问费、咨询费、工程监理费、工程质量监督费、完工清理费、竣工验收费、印花税和其他管理性质开支，如建设管理采用总承包方式，其总承包服务费由建设单位与总承包单位根据总承包工作范围在合同中约定，从建设管理费中支出。

工程总承包管理费是指总承包人为配合协调发包人进行专业工程分包，对发包人自行采购的工程设备、材料等进行保管以及提供施工现场管理、竣工资料汇总整理等服务所需的费用。

工程监理费是指受建设单位委托，工程监理机构为工程建设提供技术服务所发生的费用，属建设管理范畴；如采用监理，建设单位部分管理工作量转移至监理单位。

工程造价咨询费是指工程造价咨询人接受委托，编制与审核工程概算、工程预算、工程量清单、工程结算、竣工决算等计价文件，以及从事建设各阶段工程造价管理的咨询服务、出具工程造价成果文件等收取的费用。

（2）前期工作咨询费

前期工作咨询费包括建设项目专题研究、编制和评估项目建议书或者可行性研究报告，以及其他与建设项目前期工作有关的咨询服务收费。

（3）研究试验费

研究试验费是指为建设项目提供或验证设计数据、资料等进行必要的研究试验及按照相关规定在建设过程中必须进行试验、验证所需的费用。

研究试验费包括进行设计数据取得、法规强制性或建设单位要求的设备材料检验、材料或构件见证性取样等有关费用。不包括应由科技三项费用（即新产品试制费、中间试验费和重要科学研究补助费）开支的项目，应在建筑安装费用中列支的施工企业对建筑材料、构件和建筑物进行一般鉴定、检查所发生的费用及技术革新的研究试验费，以及应由勘察设计费或工程费用中开支的费用项目。

（4）勘察设计费

对工程项目进行水文地质勘察、工程设计所发生的费用。

（5）专项评价及验收费

专项评价及验收费包括环境影响咨询及验收费、安全预评价及验收费、职业病危害预评价及控制效果评价费、地震安全性评价费、地质灾害危险性评价费、水土保持评价及验收费、压覆矿产资源评价费、节能评估及评审费、危险与可操作性分析及安全完整性评价费和其他专项评价及验收费 10 项。

1）环境影响咨询及验收费

环境影响咨询及验收费是指为全面、详细地评价建设项目对环境可能产生的污染或造成的重大影响而编制环境影响报告书（含大纲）、环境影响报告表和评估等所需的费用，以及建设项目竣工验收阶段环境保护验收调查和环境监测、编制环境保护验收报告的费用。

2）安全预评价及验收费

安全预评价及验收费是指为预测和分析建设项目存在的危害因素种类和危险危害程度，提出先进、科学、合理可行的安全技术和管理对策而编制评价大纲、编写安全评价报告书和评估等所需的费用，以及在竣工阶段验收时所发生的费用。

3）职业病危害预评价及控制效果评价费

职业病危害预评价及控制效果评价费是指建设项目因可能产生职业病危害而编制职业病危害预评价书、职业病危害控制效果评价书和评估所需的费用。

4）地震安全性评价费

地震安全性评价费是指通过对建设场地和场地周围的地震活动与地震、地质环境的分析而进行的地震活动环境评价、地震地质构造评价、地震地质灾害评价，编制地震安全评价报告书和评估所需的费用。

5）地质灾害危险性评价费

地质灾害危险性评价费是指在灾害易发区对建设项目可能诱发的地质灾害和建设项目本身可能遭受的地质灾害危险程度的预测评价、编制评价报告书和评估所需的费用。

6）水土保持评价及验收费

水土保持评价及验收费是指对建设项目在生产建设过程中可能造成水土流失进行预测、编制水土保持方案和评估所需的费用，以及在施工期间的监测、竣工阶段验收时所发生的费用。

7）压覆矿产资源评价费

压覆矿产资源评价费是指对需要压覆重要矿产资源的建设项目编制压覆重要矿产评价和评估所需的费用。

8）节能评估及评审费

节能评估及评审费是指对建设项目的能源利用是否科学合理进行分析评估，并编制节能评估报告以及评估所发生的费用。

9）危险与可操作性分析及安全完整性评价费

危险与可操作性分析（HAZOP）及安全完整性评价（SIL）费是指对应用于生产具有流程性工艺特征的新、改、扩建项目进行工艺危害分析和对安全仪表系统的设置水平及可靠性进行定量评估所发生的费用。

10）其他专项评价及验收费

除了以上 9 项评价及验收费，还有其他专项评价及验收费。其他专项评价及验收费是指根据国家法律法规、建设项目所在省（直辖市、自治区）人民政府有关规定，以及行业规定需进行的其他专项评价、评估、咨询和验收（如重大投资项目社会稳定风险评估、防洪评价等）所需的费用。

（6）场地准备及临时设施费

建设项目场地准备费是为了使工程项目的建设场地达到开工条件，由建设单位组织进行的场地平整等准备工作而发生的费用，对建设场地余留的有碍于施工的设施进行拆除清理的费用，以及满足施工建设需要而供到场地界区的，未列入工程费用的接驳临时水、电、气、通信、道路等的有关费用。改扩建项目一般只计拆除清理费。

建设单位临时设施费是建设单位为满足工程项目建设、生活、办公的需要，用于临时设施建设、维修、租赁、使用所发生或摊销的费用。其包括：建设用临时设施费用和生活、办公用临时设施费用。建设用临时设施费用包括临时水、电、气、通信、道路费用，以及临时仓库建设或临时铁路、码头租赁费用。生活、办公用临时设施费用包括建设管理人员、工程勘探和工程涉及人员的办公、生活用临时设施费用。

场地准备及临时设施费应尽量与永久性工程统一考虑。

（7）引进技术和进口设备其他费

引进技术和进口设备其他费是指引进技术和设备发生的但未计入设备购置费中的费用。包括引进项目图纸资料翻译复制费、备品备件测绘费、出国人员费用、来华人员费用和银行担保及承诺费、进口设备材料国内检验费等。

（8）工程保险费

工程保险费是指为转移工程项目建设的意外风险，在建设期内对建筑工程、安装工程、机械设备和人身安全进行投保而发生的费用。工程保险费分为建筑工程一切险、安装工程一切险、设备财产保险和人身意外伤害保险等。

（9）特殊设备安全监督检验费

特殊设备安全监督检验费是指安全监察部门对在施工现场组装的锅炉及压力容器、压力管道、消防设备、燃气设备、电梯等特殊设备和设施实施安全检验收取的费用。

（10）施工队伍调遣费

施工队伍调遣费是指施工企业因建设任务的需要，由已竣工的建设项目所在地或企业驻地调往新的建设项目所在地所发生的费用，包括调遣期间职工的差旅费、职工工资以及施工机械设备（不包括特大型吊装机械）、工具用具、生活设施、周转材料运输费和调遣期间施工机械的停滞台班费等。不包括应由施工企业自行负担的、在规定距离范围内调动施工力量以及内部平衡施工力量所发生的调遣费用。

（11）市政公用设施费

市政公用设施费是指使用市政公用设施的工程项目，按照项目所在地省级人民政府有关规定建设或缴纳的市政公用设施建设配套费用，以及绿化工程补偿费用。

（12）专利及专有技术使用费

专利及专有技术使用费是指在建设期内为取得包括国外工艺包费、设计及技术资料费、有效专利、专有技术使用费、技术保密费和技术服务费等；国内有效专利、专有技术使用费；商标权、商誉和特许经营权费等发生的费用。

3. 未来企业生产经营有关的其他费用

未来企业生产经营有关的其他费用包括联合试运转费、生产准备费及开办费等。

联合试运转费是指新建或新增加生产能力的工程项目，在交付生产前按照设计文件规定的工程质量标准和技术要求，对整个生产线或装置进行负荷联合试运转所发生的费用净支出。试运转支出包括试运转所需原材料、燃料及动力消耗、低值易耗品、其他物料消耗、工具用具使用费、机械使用费、保险金、施工企业参加试运转人员工资，以及专家指导费等；试运转收入包括试运转期间的产品销售收入和其他收入。联合试运转费指试运转支出大于收入的差额部分，不包括应计入设备安装工程费用的调试及试车费用，以及在试运转中暴露出来的因施工或设备缺陷等原因发生的处理费用。

生产准备费是指在建设期内，建设单位为保证项目正常生产而发生的人员培训费、提前进厂费，以及投产使用必备的办公、生活家具用具及工器具等的购置费用。需要注意的是，生产家具费计入设备购置费，而办公和生活家具费计入工程建设其他费用项下的生产准备费。

2.3.3 预备费

预备费是指在建设期内因各种不可预见因素的变化而预留的可能增加的费用，包括基本预备费和价差预备费。

1. 基本预备费

基本预备费是指投资估算或工程概算阶段预留的，由于工程实施中不可预见的工程变更及洽商、一般自然灾害处理、地下障碍物处理、超规超限设备运输等可能增加的费用。

基本预备费主要包括：在批准的基础设计和概算范围内增加的设计变更、局部地基处理等费用；一般自然灾害造成的损失和预防自然灾害所采取措施的费用；竣工验收时鉴定工程质量对隐蔽工程进行必要开挖和修复的费用；超规超限设备运输过程中可能增加的费用。

2. 价差预备费

价差预备费是指在建设期内为利率、汇率或价格等因素的变化而预留的可能增加的费用，包括人工、设备、材料、施工机械价差，建筑安装工程费用及工程建设其他费用调整，利率、汇率调整等。

2.4 应列入（总估算/总概算）投资的费用

应列入总（总估算/总概算）投资的费用包括建设期利息、固定资产投资方向调节税和铺底流动资金。

2.4.1 建设期利息

建设期利息是指在建设期内发生的为工程项目筹措资金的融资费用及债务资金利息。

2.4.2 固定资产投资方向调节税

固定资产投资方向调节税是指国家为贯彻产业政策、引导投资方向、调整投资结构而征收的投资方向调整税金。固定资产投资方向调节税主要为国家为引导投资方向而征收的税金，目前已暂停征收。

2.4.3 铺底流动资金

铺底流动资金是指项目投产初期所需，为保证项目建成后进行试运转所必需的流动资金。

复习思考题

1. 项目场地准备费包括哪些内容？
2. 什么是建设单位临时设施费？
3. 引进技术和进口设备其他费包括哪些费用？
4. 工程保险费的作用是什么？
5. 特殊设备安全监督检验费是指哪些设备和设施的安全检验费用？
6. 施工队伍调遣费是指哪些费用？
7. 市政公用设施费适用于哪些工程项目？
8. 企业管理费的内容包括哪些方面？
9. 仪器仪表使用费是指什么费用？
10. 企业管理费中的办公费包括哪些具体费用？

第 3 章

工程造价的依据

3.1 概述

建设工程计价依据是指用于计算工程造价的基础资料的总称，包括国家相关政策、法规、管理制度；各类规范、标准、定额；施工图和竣工图、招标文件、施工合同和补充协议、设计变更和现场签证文件、材料和设备购物凭证；市场价格信息等。本章主要介绍和建设工程造价相关的法律法规、规范规程，以及建设工程定额，并介绍了《江苏省建筑与装饰工程计价定额》（2014 版）的相关内容。

3.2 法律法规

工程造价相关法律法规由有关法律、法规、规章及规范性文件构成。法律是由国家制定或认可并以国家强制力保证实施的，反映由特定物质生活条件所决定的统治阶级意志的规范体系，工程造价相关的法律主要有《中华人民共和国建筑法》《中华人民共和国招标投标法》《中华人民共和国民法典》等。

法规包括行政法规和地方性法规。行政法规由国务院依法制定，通常以国务院总理签署国务院令形式颁布，一般以条例规定、办法、实施细则等为名称，如《建设工程质量管理条例》《建设工程安全生产管理条例》等。地方性法规由省、自治区、直辖市及较大的市（省、自治区政府所在地的市，经济特区所在地的市，经国务院批准的较大的市）的人民代表大会及其常务委员会依法制定，通常以地方人大公告的方式公布，一般使用条例、实施办法等名称，如江苏省人民代表大会常务委员会颁布的《江苏省工程建设管理条例》《江苏省建筑市场管理条例》等。

规章包括国务院部门规章和地方政府规章。国务院部门规章由国务院各部、委员会、中国人民银行、审计署和具有行政管理职能的直属机构制定，通常以部委令的形式颁布，一般使用办法、规定等名称，如住房和城乡建设部颁布的《建筑工程施工发包与承包计价管理办法》《工程造价咨询企业管理办法》《注册造价工程师管理办法》等。地方政府规章由省、自治区、直辖市和较大的市的人民政府制定，通常以地方人民政府令的形式发布，一般使用规定、办法等名称，如江苏省人民政府制定的《江苏省建设工程造价管理办法》等。

规范性文件是指由各级政府及其所属部门和派出机关在其职权范围内，依据法律、法规和规章制定的具有普遍约束力的具体规定。如财政部、建设部联合制定的《关于印发〈建设工程价款结算暂行办法〉的通知》、江苏省住房和城乡建设厅印发的《省住房和城乡建设厅关于发布建设工程人工工资指导价的通知》等。

3.3 规范规程

建设工程领域的规范规程是对工程建设活动或者管理行为进行明文规定的标准。本节主要介绍《建设工程工程量清单计价规范》GB 50500—2013、《建筑工程建筑面积计算规范》GB/T 50353—2013，《建设项目设计概算编审规程》CECA/GC 2—2015 和《房屋建筑与装饰工程工程量计算规范》GB/T 50854—2013 将在第 4、5、6 章节中详细介绍。

3.3.1 《建设工程工程量清单计价规范》 GB 50500—2013

为规范建设工程造价计价行为，统一建设工程计价文件的编制原则和计价方法，根据《中华人民共和国建筑法》《中华人民共和国民法典》《中华人民共和国招标投标法》等法律法规，住房和城乡建设部标准定额研究所、四川省建设工程造价管理总站联合 10 家参编单位制定了《建设工程工程量清单计价规范》GB 50500—2013，该规范包括 16 个章节和 11 个附录，具体内容如下：

1. 总则

本章介绍了制定《建设工程工程量清单计价规范》的目的和法律依据，明确了建设工程发承包及实施阶段的计价活动，规定了建设工程发承包及实施阶段计价时工程造价的组成、造价成果文件的负责人、建设工程计价活动的基本要求。

2. 术语

本章术语关于建设工程合同中涉及的各种费用、合同类型和相关术语的解释和说明。

3. 一般规定

本章包括"计价方式""发包人提供材料和工程设备""承包人提供材料和工程设备"和"计价风险"4 节。第 1 节规定了执行《建设工程工程量清单计价规范》的范围，实行工程量清单计价应采用的计价方法，不得作为竞争性费用的费用种类和计算方法。第 2 节规定了发包人提供材料和工程设备时，承发包双方需要完成的工作，以及发包人提供材料和工程设备时，双方发生数量、质量、进度争议时的处理方法。第 3 节规定了承包人提供材料和工程设备时承包人的责任，以及对材料质量发生争议时应采取的措施。第 4 节规定了招标人应在招标文件中或在签订合同时载明投标人应考虑的风险内容及风险范围或风险幅度，包括应完全承担的技术风险和管理风险，应有限度承担的市场风险，应完全不承担的法律、法规、规章和政策变化的风险。

4. 工程量清单编制

本章包括"一般规定""分部分项工程项目""措施项目""其他项目""规费"和"税金"6 节。第 1 节规定了招标工程量清单的编制单位、编制要求、编制作用、编制范围、编制内容和编制依据。第 2 节规定了构成一个分部分项工程量清单的 5 个要件，以及编制分部分项工程量清单主要遵循的规范。第 3 节规定了编制措施项目清单主要遵循的规范，以及编制时需要注意的事项。第 4 节规定了其他项目清单的 4 项内容，以及各项内容在编制过程中的注意事项。第 5 节规定了规费项目清单的主要内容，以及未列入规范规费的处理方法。第 6 节规定了税金项目清单的主要内容，以及未列入规范税金的处理方法。

5. 招标控制价

本章包括"一般规定""编制与复核"和"投诉与处理" 3 节。第 1 节规定了招标控制价编制的要求，委托编制招标控制价的情形，招标控制价的备案审查。第 2 节规定了编制招标控制价时应遵守的计价规定和考虑的风险内容及费用，总价措施费的计价依据和原则，其他项目清单的计价要求。第 3 节赋予了投标人对招标人不按该规范的规定编制招标控制价进行投诉的权利，同时要求招标投标监督机构和工程造价管理机构对未按《建设工程工程量清单计价规范》GB 50500—2013 规定编制招标控制价的行为进行监督处理的责任。

6. 投标报价

本章包括"一般规定"和"编制与复核" 2 节。第 1 节规定了投标报价的编制主体，投标报价与成本的关系，投标报价对招标控制价的响应，以及投标报价高于招标控制价的处理方法。第 2 节规定了投标报价编制与复核的依据，投标人确定分部分项工程和措施项目中的单价项目的综合单价的依据和原则，投标人对措施项目中的总价项目投标报价的原则，投标人对其他项目投标报价的原则，投标人对规费和税金投标报价的计取原则，招标人对投标报价漏项的处理结果，投标人对于优惠的处理方法。

7. 合同价款约定

本章包括"一般规定"和"约定内容" 2 节。第 1 节规定了合同价款约定的内容要求，不同特点的工程应采用的合同形式。第 2 节规定了发承包双方在合同条款中应约定的内容以及合同约定不明时应按该规范的规定解决争议的原则。

8. 工程计量

本章包括"一般规定""单价合同的计量"和"总价合同的计量" 3 节。第 1 节规定了工程计量的计算依据和结算方法。第 2 节规定了单价合同计量的范围、方法，以及承包人向发包人提交当期已完工程量报告、发包人认为需要进行现场计量核实、承包人认为发包人核实后的计量结果有误这 3 种情况的处理程序。第 3 节规定了总价合同的计量方法、依据、周期、程序。

9. 合同价款调整

本章包括"一般规定""法律法规变化""工程变更""项目特征不符""工程量清单缺项""工程量偏差""计日工""物价变化""暂估价""不可抗力""提前竣工（赶工补偿）""误期赔偿""索赔""现场签证""暂列金额" 15 节。第 1 节规定了发承包双方应当按照合同约定调整合同价款的 5 类若干事项，合同价款调整的程序、时限、争议的处理方法和结算方法。第 2 节规定了法律法规变化和承包人原因导致工期延误时引起合同价款调整的处理方法。第 3 节规定了 3 种情形的工程变更引起合同价款调整的处理方法和程序。第 4 节规定了项目特征不符引起合同价款调整的处理方法。第 5 节规定了工程量清单缺项引起合同价款调整的处理方法和程序。第 6 节规定了工程量偏差引起合同价款调整的处理方法和程序。第 7 节规定了发包人通知承包人以计日工方式实施的零星工作的程序。第 8 节规定了物价引起合同价款调整的原因、范围和幅度，以及处理方法和程序。第 9 节规定了属于依法招标和不属于依法招标 2 种情形下的材料、工程设备和专业工程暂估价引起合同价款调整的处理方法和程序。第 10 节规定了不可抗力事件导致的费用，发承包双方应分别承担并调整合同价款和工期，以及因不可抗力解除合同的办理方法。第 11 节规定了招标人压缩工期上限，采取加快工程进度的措施和发包人应承担承包人提前竣工（赶工补偿）费的金额。第 12 节规定了误期赔偿引起合同价款调整的处理方法和程序。第 13 节规定了承发包双方要求对方进行赔偿引起合同价款调整时的处理方法、程序和赔偿方式。第 14 节规定了 6 种情形的现场签证引起合同价款调整的处理方法和程序。第 15 节规定了暂列金额引起合同价款调整的处理方法和程序。

10. 合同价款中期支付

本章包括"预付款""安全文明施工费""进度款" 3 节。第 1 节规定了工程预付款的用途、支付比例、支付前提、支付时限、扣回、保函的期限，以及未按约定支付预付款的后果。第 2 节规定了安全文明施工费的内容、支付、使用，以及未按时支付安全文明施工费的后果。第 3 节规定了进度款的支付周期，已标价工程量清单中的单价项目和总价项目的进度款支付方法，支付进度款时扣除发包人提供的甲供材料金额的方法，进度款的支付比例、支付流程和争议解决方法。

11. 竣工结算与支付

本章包括"一般规定""编制与复核""竣工结算""结算款支付""质量保证金""最终结清" 6 节。第 1 节规定了竣工结算的时间要求、编制人和核对人、异议处理方法以及竣工结算的鉴定和备案方法。第 2 节规定了办理竣工结算的依据，分部分项工程、措施项目中的单价项目、措施项目中的总价项目、其他项目、规费和税金等在办理竣工结算时的要求，以及发承包双方在合同工程实施过程中已经确认的工程计量结果和合同价款的结算方法。第 3 节规定了承包人完成竣工结算文件编制的时限，发包人收到竣工结算文件后的处理流程，竣工结算办理完毕的标志，以及竣工结算与支付争议的解决方法。第 4 节规定了承包人应根据办理的竣工结算文件向发包人提交竣工结算款支付申请及其内容，发包人对承包人提交竣工结算款支付申请的核实要求，发包人向承包人支付结算款的时限，发包人签发竣工结算支付证书后向承包人支付结算款的要求，以及承包人未按合同约定得到工程结算价款时应采取的措施。第 5 节规定了发包人支付质量保证金的义务、扣除质量保证金的原因和返还质量保证金的方法。第 6 节规定了最终结清的流程和争议解决方法。

12. 合同解除的价款结算与支付

本章规定了发承包双方协商一致解除合同、不可抗力致使合同无法履行解除合同，承包人违约解除合同等情况下办理结算和支付合同价款的方法。

13. 合同价款争议的解决

本章包括"监理或造价工程师暂定""管理机构的解释或认定""协商和解""调解""仲裁、诉讼" 5 节。第 1 节规定了总监理工程师或造价工程师对有关合同价款争议的处理流程和职责权限；明确了总监理工程师或造价工程师对争议处理和暂定结果的生效时限，以及发承包双方或一方不同意总监理工程师或造价工程对合同价款争议处理暂定结果的解决办法。第 2 节规定了发承包双方或一方在收到工程造价管理机构书面解释或认定后仍可按照合同约定的争议解决方式提请仲裁或诉讼。第 3 节规定了发承包双方合同价款争议协商一致或不一致时的解决方法。第 4 节规定了调解争议的主要内容，包括调解人的约定、调解人的调换或终止、调解争议的提出、双方对调解的配合、调解的时限及双方的认可、对调解书的异议以及调解书的效力。

14. 工程造价鉴定

本章包括"一般规定""取证""鉴定"3节。第1节规定了受委托进行工程造价鉴定的工程造价咨询人的资质要求，应遵循的程序要求，派出人员的能力要求和回避要求，以及依法出庭接受鉴定项目当事人对工程造价司法鉴定意见书的质询的义务。第2节规定了工程造价咨询人进行工程造价鉴定工作时，应自行收集的鉴定资料的内容，工程造价咨询人收集鉴定项目的鉴定依据时，应向鉴定项目委托人提出具体书面要求的内容，以及工程造价咨询人需要现场勘验时，应完成的相应工作。第3节规定了工程造价咨询人在鉴定项目合同有效、无效，以及合同条款约定不明确3种情况下进行项目鉴定的方法；工程造价咨询人出具的工程造价鉴定书应包括的内容；工程造价咨询人完成委托鉴定项目的期限，以及延长期限的途径；工程造价咨询人对于已经出具的正式鉴定意见书中有部分缺陷的鉴定结论的处理方法。

15. 工程计价资料与档案

本章包括"计价资料""计价档案"2节。第1节规定了发承包双方现场管理人员的职责范围，现场管理人员签署的书面文件的效力，发承包双方对工程计价的事项均应采用的形式，任何书面文件送达方式和接收的地址，发承包双方以及现场管理人员向对方所发任何书面文件的基本要求，发承包双方应及时签收另一方送达其指定接收地点的来往信函的义务，发承包双方扣压另一方书面文件和通知所应承担的相应责任。第2节规定了计价文件的归档要求，建立工程计价档案管理制度的要求，工程造价咨询人归档的计价文件的保存期限，归档的工程计价成果文件应保存的方式，归档的时期，以及接受单位移交档案时，应办理的移交手续。

16. 工程计价表格

本章规定了工程计价表格的格式要求，工程计价表格的设置原则，工程量清单编制表的使用方法，工程量清单计价表的使用方法，工程造价鉴定需使用的表格，注册造价师签章的位置，投标文件是否需附工程量清单分析表的不同情形。

17. 附录

附录A 物价变化合同价款调整方法，包括"价格指数调整价格差额""造价信息调整价格差额"2节。第1节规定了用价格指数在物价波动的情况下调整合同价款的方法。第2节规定了用造价信息调整合同价款的方法。

附录B 工程计价文件封面，规定了"招标工程量清单封面""招标控制价封面""投标总价封面""竣工结算书封面"和"工程造价鉴定意见书封面"5种封面的格式。

附录C 工程计价文件扉页，规定了"招标工程量清单扉页""招标控制价扉页""投标总价扉页""竣工结算总价扉页"和"工程造价鉴定意见书扉页"5种扉页的格式。

附录D 工程计价总说明，规定了"工程计价总说明"的格式。

附录E 工程计价汇总表，规定了"建设项目招标控制价/投标报价汇总表""单项工程招标控制价/投标报价汇总表""单位工程招标控制价/投标报价汇总表""建设项目竣工结算汇总表""单项工程竣工结算汇总表"和"单位工程竣工结算汇总表"6种汇总表的格式。

附录 F 分部分项工程和措施项目计价表，规定了"分部分项工程和单价措施项目清单与计价表""综合单价分析表""综合单价调整表"和"总价措施项目清单与计价表"4种计价表的格式。

附录 G 其他项目计价表，规定了"其他项目清单与计价汇总表""暂列金额明细表""材料（工程设备）暂估单价及调整表""专业工程暂估价及结算价表""计日工表""总承包服务费计价表""索赔与现场签证计价汇总表""费用索赔申请（核准）表""现场签证表"9种计价表的格式。

附录 H 规费、税金项目计价表，规定了"规费、税金项目计价表"的格式。

附录 J 工程计量申请（核准）表，规定了"工程计量申请（核准）表"1种申请（核准）表的格式。

附录 K 合同价款支付申请（核准）表，规定了"预付款支付申请（核准）表""总价项目进度款支付分解表""进度款支付申请（核准）表""竣工结算款支付申请（核准）表"和"最终结清支付申请（核准）表"5种申请（核准）表的格式。

附录 L 主要材料、工程设备一览表，规定了"发包人提供材料和工程设备一览表""承包人提供主要材料和工程设备一览表（适用于造价信息差额调整法）"和"承包人提供主要材料和工程设备一览表（适用于价格指数差额调整法）"3种一览表的格式。

3.3.2 《建筑工程建筑面积计算规范》 GB/T 50353—2013

1. 建筑面积及其作用

建筑面积（Construction Area、Floor Area），是指建筑物（包括墙体）所形成的楼地面面积，包括附属于建筑物的室外阳台、雨篷、檐廊、室外走廊、室外楼梯等。我国的《建筑面积计算规则》最初是在20世纪70年代制定的，之后根据需要进行了多次修订。1982年国家经济委员会基本建设办公室发布了《国家经委关于印发〈建筑面积计算规则〉的通知》（〔82〕经基设字58号），对20世纪70年代制定的《建筑面积计算规则》进行了修订。1995年建设部发布《全国统一建筑工程预算工程量计算规则》GJDGZ—101—95，其中含"建筑面积计算规则"，是对1982年发布的《建筑面积计算规则》进行的修订。2005年建设部以国家标准发布了《建筑工程建筑面积计算规范》GB/T 50353—2005。目前最新的《建筑工程建筑面积计算规范》GB/T 50353—2013，是鉴于建筑发展中出现的新结构、新材料、新技术、新的施工方法，为了解决建筑技术的发展产生的面积计算问题，本着不重算、不漏算的原则，在总结2005版实施情况的基础上编制的，对建筑面积的计算范围和计算方法进行了修改统一和完善。

通常来说，建筑面积可表示为：

$$建筑面积＝使用面积＋辅助面积＋结构面积 \tag{3-1}$$

其中，使用面积是指建筑物各层平面布置中可直接为生产或生活使用的净面积的总和，如卧室、起居室、过厅、过道、厨房、卫生间、储藏室等的面积。辅助面积是指建筑物各层平面布置中为辅助生产或生活所占净面积的总和，如楼道、电梯、公共花园、停车场等分摊到某一单元的面积。结构面积是指建筑物各层平面布置中的墙体、柱等结构所占面积的总和。

建筑面积是重要的技术经济指标，在全面控制建筑安装工程造价和建设过程中起着重要作用。它既是建设投资、建设项目可行性研究、勘察设计、项目评估、招标投标、施工和竣工验收、工程造价管理和控制等一系列工作的重要计算指标，也是计算开工面积、竣工面积、合格工程率、建筑装饰规模等重要的技术指标。建筑面积不仅是计算建筑、装饰等单位工程或单项工程的单位面积工程造价、人工消耗指标、机械台班消耗指标、工程量消耗指标的重要经济指标，还是计算有关工程量的重要依据。例如，计算装饰用满堂脚手架工程量等。具体步骤如下：

单位工程每平方米建筑面积消耗指标：

$$单方造价 = \frac{单位工程造价}{建筑面积} \tag{3-2}$$

$$单方工(料、机)消耗量 = \frac{单位工程工(料、机)造价}{建筑面积} \tag{3-3}$$

建筑平面系数指标体系：

$$建筑平面系数 = \frac{使用面积}{建筑面积} \times 100\% \tag{3-4}$$

$$辅助面积系数 = \frac{辅助面积}{建筑面积} \times 100\% \tag{3-5}$$

$$结构面积系数 = \frac{结构面积}{建筑面积} \times 100\% \tag{3-6}$$

$$有效面积系数 = \frac{有效面积}{建筑面积} \times 100\% \tag{3-7}$$

建筑密度：

$$建筑密度 = \frac{建筑基底总面积}{建筑用地总面积} \times 100\% \tag{3-8}$$

容积率：

$$容积率 = \frac{建筑总面积}{建筑用地面积} \times 100\% \tag{3-9}$$

2. 建筑工程建筑面积计算规范释读

(1) 建筑物的建筑面积应按自然层外墙结构外围水平面积之和计算。结构层高在2.20m 及以上的，应计算全面积；结构层高在 2.20m 以下的，应计算 1/2 面积。

条文中的自然层（Floor），是指按楼地面结构分层的楼层。条文中的外墙结构即围护结构（Building Enclosure），是指围合建筑空间的墙体、门、窗。结构层高（Structure Story Height）是指楼面或地面结构层上表面至上部结构层上表面之间的垂直距离。

【例 3-1】如图 3-1 所示，由于外墙结构不含勒脚，因此该结构的建筑面积为：

$$S = L \times B \tag{3-10}$$

式中 S——建筑面积；

  L——两端纵墙结构外围水平长度；

  B——两端横墙结构外围水平宽度。

(2) 建筑物内设有局部楼层时（图 3-2），对于局部楼层的 2 层及以上楼层，有围护结构的应按其围护结构外围水平面积计算，无围护结构的应按其结构底板水平面积计算，且结构层高在 2.20m 及以上的，应计算全面积，结构层高在 2.20m 以下的，应计算 1/2

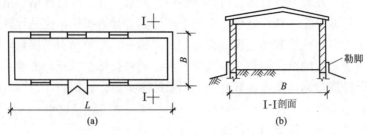

图 3-1　建筑面积计算示例

面积。

条文中的围护结构，是指为保障安全而设置的栏杆、栏板等围挡。

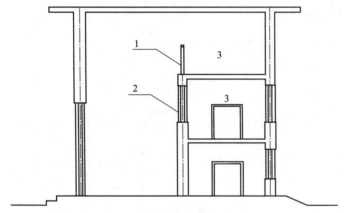

图 3-2　建筑物内的局部楼层（1—围护设施；2—围护结构；3—局部楼层）

（3）对于形成建筑空间的坡屋顶（图 3-3），结构净高在 2.10m 及以上的部位应计算全面积；结构净高在 1.20m 及以上至 2.10m 以下的部位应计算 1/2 面积；结构净高在 1.20m 以下的部位不应计算建筑面积。

条文中的结构净高（Structure Net Height），是指楼面或地面结构层上表面至上部结构层下表面之间的垂直距离。结构层（Structure Layer），是指整体结构体系中承重的楼板层，特指整体结构体系中承重的楼层，包括板、梁等构件。结构层承受整个楼层的全部荷载，并对楼层的隔声、防火等起主要作用。

（4）对于场馆看台下的建筑空间（图 3-4a），结构净高在 2.10m 及以上的部位应计算全面积；结构净高在 1.20m 及以上至 2.10m 以下的部位应计算 1/2 面积；结构净高在 1.20m 以下的部位不应计算建筑面积。室内单独设置的有围护设施的悬挑看台（图 3-4b），应按看台结构底板水平投影面积计算建筑面积。有顶盖无围护结构的场馆看台应按其顶盖水平投影面积的 1/2 计算面积。

场馆看台下的建筑空间因其上部结构多为斜板，所以采用净高的尺寸划定建筑面积的计算范围和对应规则。室内单独设置的有围护设施的悬挑看台，因其看台上部设有顶盖且可供人使用，所以按看台板的结构底板水平投影计算建筑面积。"有顶盖无围护结构的场馆看台"所称的"场馆"为专业术语，指各种"场"类建筑，如：体育场、足球场、网球场、带看台的风雨操场等。

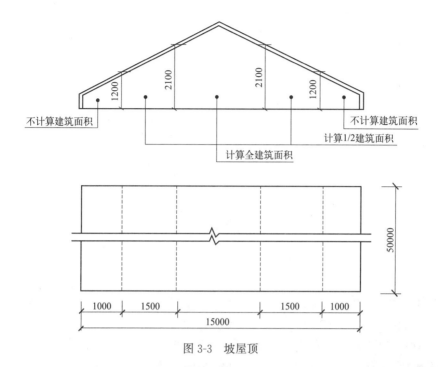

图 3-3 坡屋顶

图 3-4 场馆看台和悬挑看台

(a) 场馆看台；(b) 悬挑看台

（5）地下室、半地下室（图 3-5）应按其结构外围水平面积计算。结构层高在 2.20m 及以上的，应计算全面积；结构层高在 2.20m 以下的，应计算 1/2 面积。

条文中的地下室（Basement），是指室内地平面低于室外地平面的高度超过室内净高的 1/2 的房间。半地下室（Semi-Basement）室内地平面低于室外地平面的高度超过室内净高的 1/3，且不超过 1/2 的房间。

（6）出入口外墙外侧坡道有顶盖的部位，应按其外墙结构外围水平面积的 1/2 计算

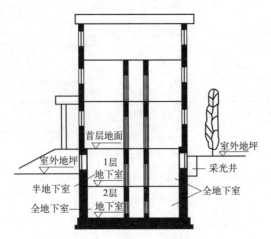

图 3-5 地下室、半地下室

面积。

出入口坡道分有顶盖出入口坡道（图 3-6a）和无顶盖出入口坡道（图 3-6b），出入口坡道顶盖的挑出长度，为顶盖结构外边线至外墙结构外边线的长度；顶盖以设计图纸为准，对后增加及建设单位自行增加的顶盖等，不计算建筑面积。顶盖不分材料种类（如钢筋混凝土顶盖、彩钢板顶盖、阳光板顶盖等）。计算示意图如图 3-6(c) 所示。

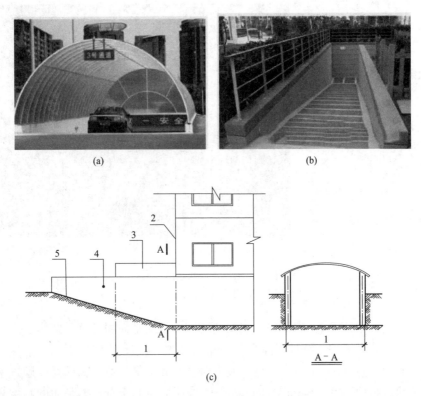

图 3-6 地下室出入口建筑面积计算

(a) 有顶盖的出入口坡道；(b) 无顶盖的出入口坡道；(c) 示意图

1—计算 1/2 投影面积部位；2—主体建筑；3—出入口顶盖；4—封闭出入口侧墙；5—出入口坡道

（7）建筑物架空层及坡地建筑物吊脚架空层（图 3-7），应按其顶板水平投影计算建筑面积。结构层高在 2.20m 及以上的，应计算全面积；结构层高在 2.20m 以下的，应计算 1/2 面积。

条文中的架空层（Stilt Floor），是指仅有结构支撑而无外围护结构的开敞空间层。本条既适用于建筑物吊脚架空层、深基础架空层建筑面积的计算，也适用于目前部分住宅、学校教学楼等工程在底层架空或在二楼或以上某个甚至多个楼层架空，作为公共活动、停车、绿化等空间的建筑面积的计算。架空层中有围护结构的建筑空间按相关规定计算。

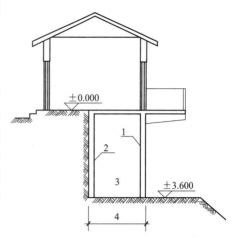

图 3-7　建筑物吊脚架空层
1—柱；2—墙；3—吊脚架空层；
4—计算建筑面积部位

（8）建筑物的门厅、大厅（图 3-8）应按一层计算建筑面积，门厅、大厅内设置的走廊应按走廊结构底板水平投影面积计算建筑面积。结构层高在 2.20m 及以上的，应计算全面积；结构层高在 2.20m 以下的，应计算 1/2 面积。

条文中的走廊（Corridor），是指建筑物中的水平交通空间。

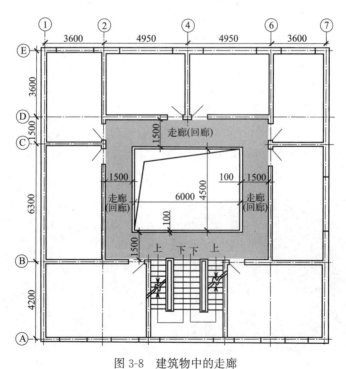

图 3-8　建筑物中的走廊

（9）对于建筑物间的架空走廊，有顶盖和围护设施的（图 3-9a），应按其围护结构外围水平面积计算全面积；无围护结构、有围护设施的（图 3-9b），应按其结构底板水平投影面积计算 1/2 面积。

条文中的架空走廊（Elevated Corridor），是指专门设置在建筑物的 2 层或 2 层以上，作为不同建筑物之间水平交通的空间。

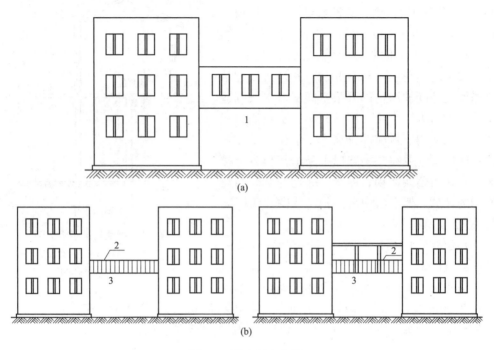

(a)

(b)

图 3-9　两种架空走廊
(a) 有围护结构的架空走廊；(b) 无围护结构的架空走廊
1，3—架空走廊；2—栏杆

（10）对于立体书库、立体仓库、立体车库，有围护结构的（图 3-10a），应按其围护结构外围水平面积计算建筑面积；无围护结构、有围护设施的（图 3-10b），应按其结构底板水平投影面积计算建筑面积。无结构层的应按一层计算，有结构层的应按其结构层面积分别计算。结构层高在 2.20m 及以上的，应计算全面积；结构层高在 2.20m 以下的，应计算 1/2 面积。

(a)

(b)

图 3-10　立体仓库、立体车库
(a) 立体仓库；(b) 立体车库

本条主要规定了图书馆中的立体书库、仓储中心的立体仓库、大型停车场的立体车库等建筑的建筑面积计算。起局部分隔、存储等作用的书架层、货架层或可升降的立体钢结构停车层均不属于结构层，故该部分分层不计算建筑面积。

（11）有围护结构的舞台灯光控制室（图 3-11），应按其围护结构外围水平面积计算。结构层高在 2.20m 及以上的，应计算全面积；结构层高在 2.20m 以下的，应计算 1/2 面积。

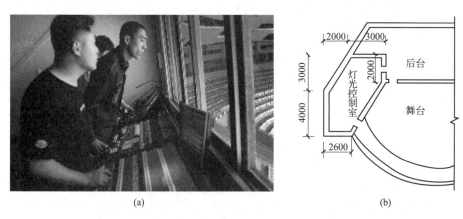

图 3-11　舞台灯光控制室

（a）舞台灯光控制室实景；（b）舞台灯光控制室平面图

（12）附属在建筑物外墙的落地橱窗（图 3-12），应按其围护结构外围水平面积计算。结构层高在 2.20m 及以上的，应计算全面积；结构层高在 2.20m 以下的，应计算 1/2 面积。

条文中的落地橱窗（French Window），是指突出外墙面且根基落地的橱窗，具体是在商业建筑临街面设置的下槛落地、可落在室外地坪也可落在室内首层地板，用来展览各种样品的玻璃窗。

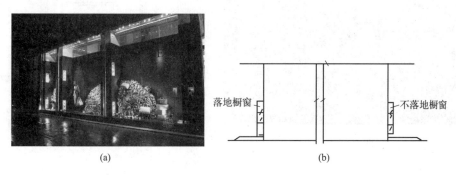

图 3-12　落地橱窗

（a）落地橱窗实景；（b）两种橱窗

（13）窗台与室内楼地面高差在 0.45m 以下且结构净高在 2.10m 及以上的凸（飘）窗，应按其围护结构外围水平面积计算 1/2 面积。

条文中的凸窗（飘窗）（Bay Window）（图 3-13），是指凸出建筑物外墙面的窗户。凸窗（飘窗）既作为窗，就有别于楼（地）板的延伸，也就是不能把楼（地）板延伸出去的窗称为凸窗（飘窗）。凸窗（飘窗）的窗台应只是墙面的一部分且距（楼）地面应有一定的高度。

(a)   (b)   (c)

图 3-13　3 种飘窗
(a) 无高差飘窗；(b) 高差 0.45m 以下；(c) 高差 0.45m 以上

　　(14) 有围护设施的室外走廊（挑廊）（图 3-14a），应按其结构底板水平投影面积计算 1/2 面积；有围护设施（或柱）的檐廊（图 3-14b），应按其围护设施（或柱）外围水平面积计算 1/2 面积。

　　条文中的挑廊（Overhanging Corridor），是指挑出建筑物外墙的水平交通空间。檐廊（Eaves Gallery），是指建筑物挑檐下的水平交通空间。檐廊附属于建筑物底层外墙，有屋檐作为顶盖，其下部一般有柱或栏杆、栏板等围护的水平交通空间。

 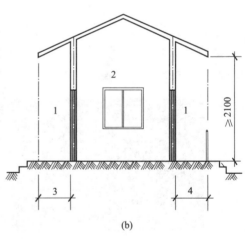

(a)   (b)

图 3-14　挑廊和檐廊
(a) 挑廊；(b) 檐廊
1—檐廊；2—室内；3—不计算建筑面积部位；4—计算 1/2 建筑面积部位

　　(15) 门斗（图 3-15）应按其围护结构外围水平面积计算建筑面积，且结构层高在 2.20m 及以上的，应计算全面积；结构层高在 2.20m 以下的，应计算 1/2 面积。

　　条文中的门斗（Air Lock），是指建筑物入口处两道门之间的空间。

　　(16) 门廊（图 3-16a）应按其顶板的水平投影面积的 1/2 计算建筑面积；有柱雨篷应

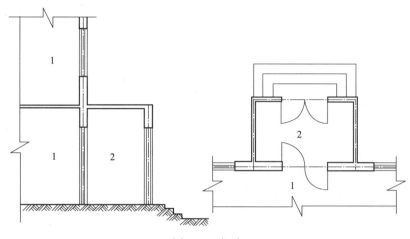

图 3-15　门斗
1—室内；2—门斗

按其结构板水平投影面积的 1/2 计算建筑面积；无柱雨篷的结构外边线至外墙结构外边线的宽度在 2.10m 及以上的，应按雨篷结构板的水平投影面积的 1/2 计算建筑面积。

条文中的门廊（Porch），是指建筑物入口前有顶棚的半围合空间。通常是在建筑物出入口，无门、三面或二面有墙，上部有板（或借用上部楼板）围护的部位。

条文中的雨篷（Canopy）（图 3-16b），是指建筑出入口上方为遮挡雨水而设置的部件。通常是建筑物出入口上方、凸出墙面、为遮挡雨水而单独设立的建筑部件。雨篷划分为有柱雨篷（包括独立柱雨篷、多柱雨篷、柱墙混合支撑雨篷、墙支撑雨篷）和无柱雨篷（悬挑雨篷）。如凸出建筑物，且不单独设立顶盖，利用上层结构板（如楼板、阳台底板）进行遮挡，则不视为雨篷，不计算建筑面积。对于无柱雨篷，如顶盖高度达到或超过两个楼层时，也不视为雨篷，不计算建筑面积。

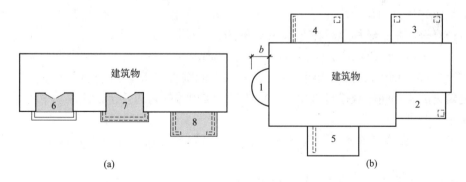

图 3-16　门廊和雨篷
（a）3 种门廊；（b）5 种雨篷
1—悬挑雨篷；2—独立柱雨篷；3—多柱雨篷；4—柱墙混合支撑雨篷；5—墙支撑雨篷；
6—全凹式门廊；7—半凹半凸式门廊；8—全凸式门廊

具体来说，有柱雨篷，没有出挑宽度的限制，也不受跨越层数的限制，均计算建筑面积。无柱雨篷，其结构板不能跨层，并受出挑宽度的限制，设计出挑宽度大于或等于

2.10m 时才计算建筑面积。这里的出挑宽度，是指雨篷结构外边线至外墙结构外边线的宽度，弧形或异形时，取最大宽度。

（17）设在建筑物顶部的、有围护结构的楼梯间、水箱间（图 3-17）、电梯机房等，结构层高在 2.20m 及以上的应计算全面积；结构层高在 2.20m 以下的，应计算 1/2 面积。

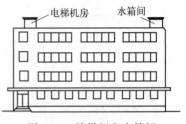

图 3-17　楼梯间和水箱间

（18）围护结构不垂直于水平面的楼层（图 3-18），应按其底板面的外墙外围水平面积计算。结构净高在 2.10m 及以上的部位，应计算全面积；结构净高在 1.20m 及以上至 2.10m 以下的部位，应计算 1/2 面积；结构净高在 1.20m 以下的部位，不应计算建筑面积。

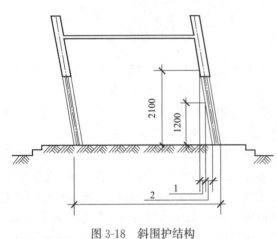

图 3-18　斜围护结构
1—计算 1/2 建筑面积部位；2—不计算建筑面积部位

本条对于向内、向外倾斜均适用。在划分高度上，本条使用的是"结构净高"，与其他正常平楼层按层高划分不同，但与斜屋面的划分原则相一致。由于目前很多建筑设计追求新、奇、特，造型越来越复杂，很多时候根本无法明确区分什么是围护结构、什么是屋顶，因此对于斜围护结构与斜屋顶采用相同的计算规则，即只要外壳倾斜，就按结构净高划段，分别计算建筑面积。

（19）建筑物的室内楼梯（图 3-19a）、电梯井、提物井、管道井、通风排气竖井、烟道，应并入建筑物的自然层计算建筑面积。有顶盖的采光井（图 3-19b）应按一层计算面积，且结构净高在 2.10m 及以上的，应计算全面积；结构净高在 2.10m 以下的，应计算 1/2 面积。

条文中的楼梯（Stairs），是指由连续行走的梯级、休息平台和维护安全的栏杆（或栏板）、扶手以及相应的支托结构组成的作为楼层之间垂直交通使用的建筑部件。

建筑物的楼梯间层数按建筑物的层数计算。有顶盖的采光井包括建筑物中的采光井和地下室采光井。

（20）室外楼梯（图 3-20）应并入所依附建筑物自然层，并应按其水平投影面积的 1/2 计算建筑面积。

室外楼梯作为连接该建筑物层与层之间交通不可缺少的基本部件，无论从功能还是工程计价的要求来说，均需计算建筑面积。层数为室外楼梯所依附的楼层数，即梯段部分投影到建筑物范围的层数。利用室外楼梯下部的建筑空间不得重复计算建筑面积；利用地势砌筑的为室外踏步，不计算建筑面积。

（21）在主体结构内的阳台（图 3-21a），应按其结构外围水平面积计算全面积；在主体结构外的阳台（图 3-21b），应按其结构底板水平投影面积计算 1/2 面积。

条文中的阳台（Balcony），是指附设于建筑物外墙，设有栏杆或栏板，可供人活动的

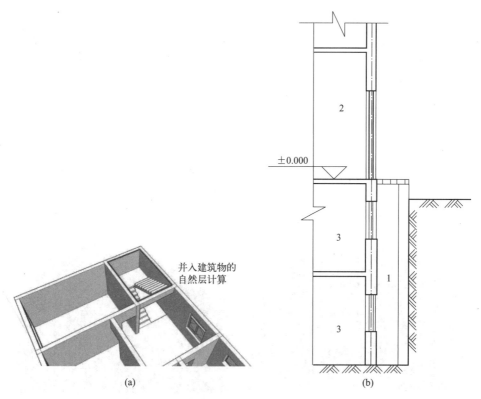

图 3-19　建筑物的楼梯间和地下室采光井

（a）建筑物的楼梯间；（b）地下室采光井

1—采光井；2—室内；3—地下室

图 3-20　室外楼梯

室外空间。建筑物的阳台，不论其形式如何，均以建筑物主体结构为界分别计算建筑面积。

　　（22）有顶盖无围护结构的车棚（图 3-22a）、货棚、站台、加油站（图 3-22b）、收费站等，应按其顶盖水平投影面积的 1/2 计算建筑面积。

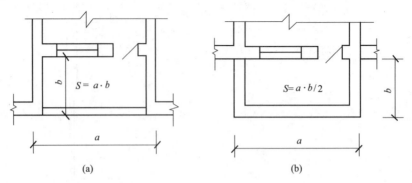

图 3-21　两种阳台的布置形式
（a）凹阳台；（b）挑阳台

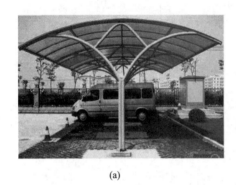

(a)　　　　　　　　　　　　　(b)

图 3-22　有顶盖无围护结构的各种结构
（a）车棚；（b）加油站

（23）以幕墙作为围护结构的建筑物（图 3-23），应按幕墙外边线计算建筑面积。

幕墙以其在建筑物中所起的作用和功能来区分，直接作为外墙起围护作用的幕墙，按其外边线计算建筑面积；设置在建筑物墙体外起装饰作用的幕墙，不计算建筑面积。

（24）建筑物的外墙外保温层（图 3-24），应按其保温材料的水平截面积计算，并计入自然层建筑面积。

为贯彻国家节能要求，鼓励建筑外墙采取保温措施，规范将保温材料的厚度计入建筑面积，但计算方法较 2005 年规范有一定变化。建筑物外墙外侧有保温隔热层的，保温隔热层以保温材料的净厚度乘以外墙结构外边线长度按建筑物的自然层计算建筑面积，其外墙外边线长度不扣除门窗和建筑物外已计算建筑面积构件（如阳台、室外走廊、门斗、落地橱窗等部件）所占长度。当建筑物外已计算建筑面积的构件（如阳台、室外走廊、门斗、落地橱窗等部件）有保温隔热层时，其保温隔热层也不再计算建筑面积。外墙是斜面者按楼面楼板处的外墙外边线长度乘以保温材料的净厚度计算。外墙外保温以沿高度方向满铺为准，某层外墙外保温铺设高度未达到全部高度时（不包括阳台、室外走廊、门斗、落地橱窗、雨篷、飘窗等），不计算建筑面积。保温隔热层的建筑面积是以保温隔热材料的厚度来计算的，不包含抹灰层、防潮层、保护层（墙）的厚度。

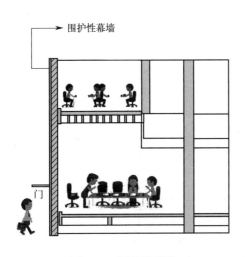

图 3-23　围护性幕墙

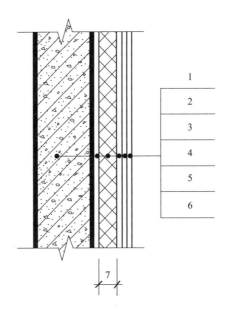

图 3-24　建筑外墙外保温

1—墙体；2—黏结胶浆；3—保温材料；4—标准网；

5—加强网；6—抹面胶浆；7—计算建筑面积部位

（25）与室内相通的变形缝，应按其自然层合并在建筑物建筑面积内计算。对于高低联跨的建筑物（图 3-25a），当高低跨内部连通时，其变形缝应计算在低跨面积内。

条文中的变形缝（Deformation Joint），是指防止建筑物在某些因素作用下引起开裂甚至破坏而预留的构造缝。通常变形缝是指在建筑物因温差、不均匀沉降以及地震而可能引起结构破坏变形的敏感部位或其他必要的部位，预先设缝将建筑物断开，令断开后建筑物的各部分成为独立的单元，或者划分为简单、规则的段，并令各段之间的缝达到一定的宽度，以适应变形的需要。根据外界破坏因素的不同，变形缝一般分为伸缩缝、沉降缝、抗震缝 3 种。规范所指的与室内相通的变形缝，是指暴露在建筑物内，在建筑物内可以看得见的变形缝。不计算建筑面积的变形缝如图 3-25(b) 所示。

（26）对于建筑物内的设备层、管道层、避难层等有结构层的楼层（图 3-26），结构层高在 2.20m 及以上的，应计算全面积；结构层高在 2.20m 以下的，应计算 1/2 面积。

设备层、管道层虽然其具体功能与普通楼层不同，但在结构上及施工消耗上并无本质区别。规范定义自然层为"按楼地面结构分层的楼层"，因此设备、管道楼层归为自然层，其计算规则与普通楼层相同。在吊顶空间内设置管道，则吊顶空间部分不能被视为设备层、管道层。

（27）下列项目不应计算建筑面积：

1）与建筑物内不相连通的建筑部件。

该条具体指的是依附于建筑物外墙外不与户室开门连通，起装饰作用的敞开式挑台（廊）、平台，以及不与阳台相通的空调室外机搁板（箱）等设备平台部件。

2）骑楼（图 3-27）、过街楼（图 3-28）底层的开放公共空间和建筑物通道。

条文中的骑楼（Overhang），是指建筑底层沿街面后退且留出公共人行空间的建筑

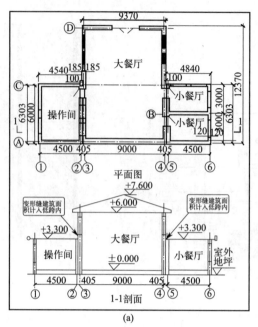

(a)

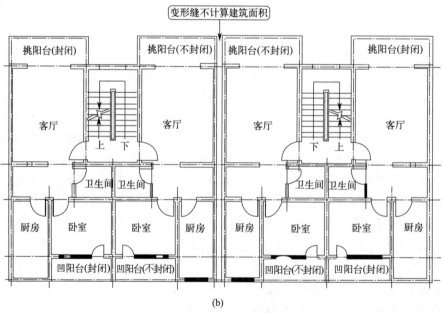

(b)

图 3-25 变形缝的两种情况

(a) 计算建筑面积；(b) 不计算建筑面积

物。通常骑楼是指沿街 2 层以上用承重柱支撑骑跨在公共人行空间之上，其底层沿街面后退的建筑物。

条文中的过街楼（Overhead Building），是指跨越道路上空并与两边建筑相连接的建筑物。通常过街楼是指当有道路在建筑群穿过时为保证建筑物之间的功能联系，设置跨越道路上空使两边建筑相连接的建筑物。

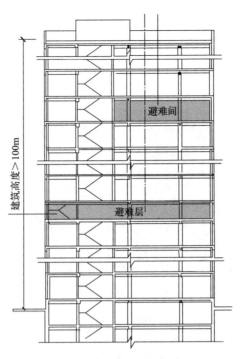

图 3-26　避难间示意图

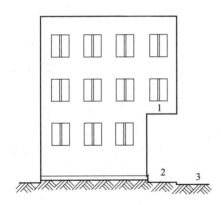

图 3-27　骑楼
1—骑楼；2—人行道；3—街道

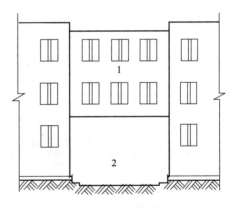

图 3-28　过街楼
1—过街楼；2—建筑物通道

3）舞台及后台悬挂幕布和布景的天桥、挑台等（图 3-29）。

指的是影剧院的舞台及为舞台服务的可供上人维修、悬挂幕布、布置灯光及布景等搭设的天桥和挑台等构件设施。

4）露台、露天游泳池、花架、屋顶的水箱及装饰性结构构件（图 3-30）。

5）建筑物内的操作平台、上料平台、安装箱和罐体的平台（图 3-31）。

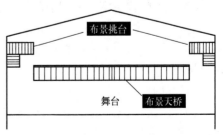

图 3-29　舞台及后台悬挂幕布和
布景的天桥、挑台

建筑物内不构成结构层的操作平台、上料平台（工业厂房、搅拌站和料仓等建筑中的设备操作控制平台、上料平台等），其主要角色是为室内构筑物或设备服务的独立上人设施，因此不计算建筑面积。

图 3-30　露台示意图

6）勒脚、附墙柱、垛、台阶（图 3-32）、墙面抹灰、装饰面、镶贴块料面层、装饰性幕墙，主体结构外的空调室外机搁板（箱）、构件、配件，挑出宽度在 2.10m 以下的无柱雨篷和顶盖高度达到或超过两个楼层的无柱雨篷；附墙柱是指非结构性装饰柱。

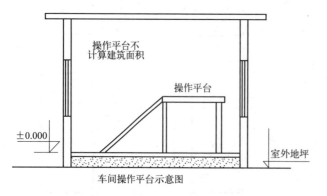

图 3-31　建筑物内的操作平台

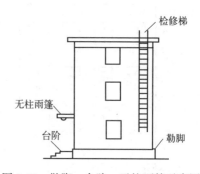

图 3-32　勒脚、台阶、无柱雨篷示意图

7）窗台与室内地面高差在 0.45m 以下且结构净高在 2.10m 以下的凸（飘）窗，窗台与室内地面高差在 0.45m 及以上的凸（飘）窗（图 3-13）。

8）室外爬梯、室外专用消防钢楼梯。

室外钢楼梯需要区分具体用途，如专用于消防楼梯，则不计算建筑面积，如果是建筑物唯一通道，兼用于消防，则需要按条文（20）计算建筑面积。

9）无围护结构的观光电梯（图 3-33）。

10）建筑物以外的地下人防通道，独立的烟囱、烟道、地沟、油（水）罐、气柜、水塔、贮油（水）池、贮仓、栈桥等构筑物。

图 3-33　无围护结构的观光电梯示意图

3.4 建设工程定额

3.4.1 基本概念

在工程建设中，为了完成某一工程项目，需要消耗一定数量的人力、物力和财力资源，这些资源的消耗是随着施工对象、施工方法和施工条件的变化而变化的。工程建设定额是指在正常的施工生产条件下，完成单位合格产品所消耗的人工、材料、施工机械及资金消耗的数量标准。不同的产品有不同的质量要求，不能把定额看成单纯的数量关系，而应看成是质量和安全的统一体，只有考察总体生产过程中的各生产要素，归结出社会平均必需的数量标准，才能形成定额。

我国40多年的工程建设定额管理工作经历了一个曲折的发展过程，现已逐渐完善，在工程建设领域发挥着越来越重要的作用。最近几年，为了将定额工作纳入标准化管理的轨道，国家及其行政主管部门、地方建设行政主管部门相继编制了一系列工程建设有关的定额。

3.4.2 定额水平概念

定额水平是规定在单位产品上消耗的劳动、机械和材料数量的多少，指按照一定施工程序和工艺条件下规定的施工生产中活劳动和物化劳动的消耗水平。定额水平与社会生产力水平、操作人员的技术水平、机械化程度、新材料、新工艺、新技术及发展与应用、企业的管理水平、社会成员的劳动积极性有关。

定额水平高指单位产量提高，消耗降低，单位产品的造价低；定额水平低指单位产量降低，消耗提高，单位产品的造价高。在确定定额水平时，要考虑社会平均先进水平和社会平均水平两个要素。社会平均先进水平是指在正常生产条件下，大多数人经过努力能达到和超过、少数人可以接近的水平。一般而言，企业的施工定额应达到社会平均先进水平。预算定额则按生产过程中所消耗的社会必要劳动时间确定定额水平，其水平以施工定额水平为基础。

3.4.3 作用

在工程建设中，定额具有节约社会劳动和提高生产效率的作用。一方面，企业以定额作为促进工人节约社会劳动（工作时间、原材料等）和提高劳动效率、加快工作速度的手段，以增加市场竞争能力，获取更多的利润；另一方面，作为工程造价计算依据的各类定额，又促进企业加强管理，把社会劳动的消耗控制在合理的限度内。再者，作为项目决策依据的定额指标，又在更高的层次上促使项目投资者合理而有效地利用和分配社会劳动。这都证明了定额在工程建设中具有节约社会劳动和优化资源配置的作用。

定额有利于建筑市场公平竞争。定额所提供的准确的信息为市场需求主体和供给主体之间的竞争，以及供给主体与供给主体之间的公平竞争，提供了有利条件。

定额是对市场行为的规范。定额既是投资决策的依据，又是价格决策的依据。对于投资者来说，它可以利用定额权衡自己的财务状况和支付能力，预测资金投入和预期回报，还可以充分利用有关定额的大量信息，有效地提高其项目决策的科学性，优化其投资行为。对于承包商来说，企业在投资报价时，要考虑定额的构成，作出正确的价格决策，形成市场竞争优势，才能获得更多的工程合同。可见，定额在上述两个方面规范了市场的经济行为。

工程建设定额有利于完善市场的信息系统。定额管理是对大量市场信息的加工，也是在对市场大量信息进行传递，同时也是市场信息的反馈。信息是市场体系中不可或缺的要素，它的指导性、标准性和灵活性是市场成熟和市场效率的标志。在我国，以定额的形式建立和完善市场信息系统，具有以公有制经济为主体的社会主义市场经济的特色。

3.4.4 分类

工程建设定额是工程建设中各类定额的总称。它包括多种类型定额，可以按照不同的原则和方法进行科学分类。

1. 按管理权限分类

（1）全国统一定额

全国统一定额是由国家建设行政主管部门综合全国工程建设的技术和施工组织管理水平编制，并在全国范围内执行的定额，如全国统一建筑工程基础定额、全国统一安装工程预算定额等。

（2）行业统一定额

行业统一定额是由国务院行业行政主管部门制定发布的定额，一般只在本行业和相同专业性质的范围内使用，如冶金工程定额、水利工程定额等。

（3）地区统一定额

地区统一定额是由省、自治区、直辖市建设行政主管部门制定发布的定额，在规定的地区范围内使用。一般考虑地区不同的气候条件、资源条件、建筑技术与施工管理水平等因素来编制。

（4）补充定额

补充定额是指随着新材料、新技术、新工艺和生产力水平的发展，在现行定额不能满足实际需求的情况下，有关部门为了补充现行定额中变化和缺项部分而进行修改、调整和补充制定的定额。

（5）企业定额

企业定额是由施工企业根据自身的管理水平、技术水平等情况制定的，只在企业内部使用的定额，企业定额水平一般应高于国家和地区的现行定额。

2. 按生产要素分类

（1）劳动消耗定额

劳动消耗定额简称劳动定额。劳动消耗定额是完成一定的合格产品（工程实体或劳务）规定的活劳动消耗的数量标准。为了便于综合核算，劳动定额大多数采用工作时间消耗量来计算劳动消耗的数量，所以劳动定额主要表现形式是人工时间定额，但同时也表现为产量定额。

（2）机械台班消耗定额

我国机械台班消耗定额以一台机械一个工作班为计量单位，所以又称为机械台班定额。机械台班消耗定额是指为完成一定合格产品（工程实体或劳务）所规定的施工机械消耗的数量标准。机械消耗定额的主要表现形式是机械时间定额，但同时也以产量定额表现。

（3）材料消耗定额

材料消耗定额也称材料定额，是指完成一定合格产品所需消耗材料的数量标准。材料是工程建设中使用的原材料、成品、半成品、构配件、燃料以及水、电等资源的统称。材料作为劳动对象构成工程实体，使用数量很大，种类繁多。因此，材料消耗量多少，消耗是否合理，不仅关系到资源的有效利用，影响市场供求状况，而且对建设工程项目投资、建筑产品的成本控制都起着决定性作用。

3. 按适用范围分类

（1）施工定额

施工定额是施工企业（建筑安装企业）为了组织生产和加强管理在企业内部使用的一种定额。为了满足组织生产和管理的需要，施工定额的项目划分很细，是工程建设定额中分项最细、定额子目最多的一种定额，也是工程建设定额中的基础性定额。在预算定额编制过程中，施工定额的劳动、机械、材料消耗的数量标准，是计算预算定额中劳动、机械、材料消耗量标准的重要依据。

（2）预算定额

预算定额是在编制施工图预算时，计算工程造价和工程中劳动、机械台班、材料需要量所使用的定额。预算定额是一种计价性的定额，在工程建设定额中占有很重要的地位。从编制程序看，预算定额是概算定额的编制基础。

（3）概算定额

概算定额是编制扩大初步设计概算时，计算和确定工程概算造价、计算劳动、机械台班、材料需要量所使用的定额。它的项目划分粗细与扩大初步设计的深度相适应，一般是预算定额的综合扩大。

（4）概算指标

概算指标是在 3 阶段设计的初步设计阶段，编制工程概算，计算和确定工程的初步设计概算造价，计算劳动、机械台班和材料需要量时所采用的一种定额。这种定额的设定与初步设计的深度相适应，一般是在概算定额和预算定额的基础上编制的，比概算定额更加综合扩大，概算指标是控制项目投资的有效工具，所提供的数据也是计划工作的依据和参考。

（5）投资估算指标

投资估算指标是在项目建议书和可行性研究阶段编制投资估算、计算投资需要量时使用的一种定额。投资估算指标非常概略，以独立的单项工程或完整的工程项目为计算对象，其概略程度与可行性研究阶段相适应。投资估算指标往往根据历史的预、决算资料和价格变动等资料编制，但其编制基础仍离不开预算定额和概算定额。

3.4.5 预算定额

1. 预算定额的概念

预算定额是规定消耗在合格质量的单位工程基本构造要素上的人工材料和机械台班的

数量标准，是计算建筑安装工程产品的价格的基础，所谓基本构造要素，即通常所说的分项工程和构件结构，构件预算定额按工程基本构造要素规定的劳动力材料和机械的消耗数量已满足编制施工图预算规划和控制工程造价的要求。

预算定额是工程建设中的一项重要的技术经济文件，它的各项指标反映了在完成规定计量单位符合设计标准和施工及验收规范要求的分项工程消耗的劳动和物化劳动的数量限度，这种限度最终决定着单项工程和单位工程的成本和造价。

编制施工图预算时需要按照施工图纸和工程量计算，还需要借助某些可靠的参数计算人工材料、机械台班的耗用量，并在此基础上计算出资金的需要量，从而计算出建筑安装工程的造价。

2. 预算定额的性质

在理解预算定额概念的基础上，还必须注意预算定额的以下性质：

（1）预算定额是一种计价性定额

预算定额的主要作用是作为使用"单价估算法"估算承包工程造价的依据。使用"单价估算法"估算承包工程造价的程序是：首先，根据工程的设计内容和现场条件，拟订施工方案并确定相应的资源配置；其次，据此编制能反映施工过程中资源和材料消耗水平的预算定额，并结合资源和材料的价格确定定额单价；最后，将承包工程包括的分项工程实物工程量乘以定额单价，汇总得到承包工程的直接费用，再据此计算诸如管理费、规费、利润、税金等，得到承包工程造价。

（2）预算定额是一种数量标准

当施工企业自行编制预算定额，将它作为企业内部标准，据此采用"单价估算法"估算承包工程个别成本，并最终确定承包工程造价时，其性质属于企业定额；当预算定额由政府授权部门编制，作为一种规定社会平均生产消耗水平的推荐性标准，被发承包双方及社会中介机构作为依据，估算承包工程的社会平均成本并最终确定承包工程造价时，它是一种反映社会平均生产消耗的数量标准，其性质属于社会定额。

（3）预算定额的标定对象是分项工程

预算定额的标定对象是分项工程（建筑构件），分项工程是根据工程构造要求和形象部位对施工过程进行结构分解所形成的概念，它以产出建筑构件为目标，是工艺上紧密相关的施工单元的集合。

（4）预算定额的水平是一般平均水平

预算定额的水平是一般平均水平，是施工企业大部分生产工人按一般的速度工作，在正常的施工条件下所能达到的水平。

（5）预算定额规定人工、材料和机具3大消耗

预算定额规定的消耗内容，包括为完成分项工程（建筑构件）的施工任务，在施工现场所需全部人工、材料及机具的消耗。

3. 预算定额的用途

（1）预算定额是编制施工图预算、确定建筑安装工程造价的基础

施工图设计一经确定，工程预算造价就取决于预算定额水平和人工、材料及机械台班的价格。预算定额起着控制劳动消耗、材料消耗和机械台班使用的作用，进而起着控制建筑产品价格的作用。

（2）预算定额是编制施工组织设计的依据

施工组织设计的重要任务之一是确定施工中所需要人力、物力的供应量并作出最佳安排。

（3）预算定额是工程结算的依据

工程结算是建设工单位和施工单位按照工程进度对已完工程的分部分项工程实现货币支付的行为。

（4）预算定额是施工单位进行经济活动分析的依据

预算定额规定的物化劳动和劳动消耗指标是施工单位在生产经营中充分消耗的最高标准，目前，预算定额决定着施工单位的收入，施工单位必须以预算定额作为评价企业工作的重要标准和努力实现的目标。

（5）预算定额是编制概算定额的基础

概算定额是在预算定额基础上综合扩大编制的，将预算定额作为编制依据，不但可以节省编制工作的大量人力、物力和时间，获到事半功倍的效果，还可以使概算定额在水平上与预算定额保持一致，以免造成执行中的不一致。

（6）预算定额是合理编制招标标准、招标报价的基础

在深化改革中，预算定额的指令性作用将日渐削弱，而施工单位按照工程个别成本报价的指导性作用仍存在，因此，预算定额作为编制标底的依据和施工企业报价的基础性作用仍将存在，这也是由预算定额本身的科学性和权威性决定的。

3.4.6　《江苏省建筑与装饰工程计价定额》（2014 版）

《江苏省建筑与装饰工程计价定额》（2014 版）是一种预算定额，是江苏省住房和城乡建设厅为了贯彻住房和城乡建设部《建设工程工程量清单计价规范》GB 50500—2013及其 9 本计算规范编制的计价定额。定额中的综合单价由人工费、材料费、机械费、管理费、利润 5 项费用组成。该定额是江苏省内编制工程招标控制价（最高投标限价）的依据，是编制工程标底、结算审核的指导性文件，工程投标报价、企业内部核算、制定企业定额的参考，编制建筑工程概算定额的依据，建设行政主管部门调解工程价款争议、合理确定工程造价的依据。该定额由 24 章及 9 个附录组成，包括一般工业与民用建筑的工程实体项目和部分措施项目。

《江苏省建筑与装饰工程计价定额》（2014 版）每一章的内容都分"说明""工程量计算规则"和定额正文 3 个部分。

第 1 章为土、石方工程，"说明""工程量计算规则"介绍了人工土、石方和机械土、石方的计量计价规定。定额正文包括：①人工挖一般土方；②3m＜底宽≤7m 的沟槽挖土或 20m² ＜底面积≤150m² 的基坑人工挖土；③底宽≤3m 且底长＞3 倍底宽的沟槽人工挖土；④底面积≤20m² 的基坑人工挖土；⑤挖淤泥、流砂，支挡土板；⑥人工、人力车运土、石方（碴）；⑦平整场地、打底夯、回填；⑧人工挖石方；⑨人工打眼爆破石方；⑩人工清理槽、坑、地面石方，共 10 节 138 条人工土、石方计价定额。定额正文还包括：①推土机推土；②铲运机铲土；③挖掘机挖土；④挖掘机挖底宽≤3m 且底长＞3 倍底宽的沟槽；⑤挖掘机挖底面积≤20m² 的基坑；⑥支撑下挖土；⑦装载机铲松散土、自装自运土；⑧自卸汽车运土；⑨平整场地、碾压；⑩机械打眼爆破石方；⑪推土机推碴；⑫挖

掘机挖碴；⑬自卸汽车运碴，共13节221条机械土、石方计价定额。

第2章为地基处理及边坡支护工程，"说明""工程量计算规则"介绍了地基处理和基坑与边坡支护的计量计价规定。定额正文包括：①强夯法加固地基；②深层搅拌桩和粉喷桩；③高压旋喷桩；④灰土挤密桩；⑤压密注浆，共5节22条地基处理计价定额。定额正文还包括：①基坑喷锚护壁；②斜拉锚桩成孔；③钢管支撑；④打、拔钢板桩，共4节24条基坑与边坡支护计价定额。

第3章为桩基工程，"说明""工程量计算规则"介绍了打桩工程和灌注桩的计量计价规定。定额正文包括：①打预制钢筋混凝土方桩、送桩；②打预制离心管桩（空心方桩）、送桩；③静力压预制钢筋混凝土方桩、送桩；④静力压预制钢筋混凝土离心管桩（空心方桩）、送桩；⑤电焊接桩，共5节27条打桩工程计价定额。定额正文还包括：①回旋钻机钻孔；②旋挖钻机钻孔；③混凝土搅拌及运输、泥浆运输；④长螺旋钻孔灌注混凝土桩；⑤钻盘式钻机灌注混凝土桩；⑥打孔沉管灌注桩；⑦打孔夯扩灌注混凝土桩；⑧灌注桩后注浆；⑨人工挖孔桩；⑩人工凿预留桩头、截断桩，共10节67条灌注桩计价定额。

第4章为砌筑工程，"说明""工程量计算规则"介绍了砌砖、砌石、构筑物、基础垫层的计量计价规定。定额正文包括：①砖基础、砖柱；②砖块墙、多孔砖墙；③砖砌外墙；④砖砌内墙；⑤空斗墙、空花墙；⑥填充墙、墙面砌贴砖；⑦墙基防潮及其他，共7节58条砌砖计价定额。包括：①毛石基础、护坡、墙身；②方整石墙、柱、台阶；③荒料毛石加工，共3节13条砌石计价定额。包括：①烟囱砖基础、筒身及砖加工；②烟囱内衬；③烟道砌砖及烟道内衬；④砖水塔，共4节22条构筑物计价定额。定额正文还包括1节19条基础垫层计价定额。

第5章为钢筋工程，"说明""工程量计算规则"介绍了现浇构件、预制构件、预应力构件和一些其他的计量计价规定。定额正文包括1节8条现浇构件计价定额，1节6条预制构件计价定额。包括：①先张法、后张法钢筋；②后张法钢丝束、钢绞线束钢筋，共2节10条计价定额。定额正文还包括1节27条其他计价定额。

第6章为混凝土工程，"说明""工程量计算规则"介绍了自拌混凝土构件、预拌混凝土泵送构件和预拌混凝土非泵送构件的计量计价规定。定额正文包括：①现浇构件；②现场预制构件；③加工厂预制构件；④构筑物，共4节177条自拌混凝土构件计价定额。包括：①泵送现浇构件；②泵送预制构件；③泵送构筑物，共3节123条预拌混凝土泵送构件计价定额。定额正文还包括：①非泵送现浇构件；②现场非泵送预制构件；③非泵送构筑物，共3节141条预拌混凝土非泵送构件计价定额。

第7章为金属结构工程，"说明""工程量计算规则"介绍了钢柱制作、钢屋架、钢托架、钢桁架、网架制作、钢梁、钢吊车梁制作、钢制动梁、支撑、檩条、墙架、挡风架制作、钢平台、钢梯子、钢栏杆制作、钢拉杆制作、钢漏斗制安、型钢制作、钢屋架、钢桁架、钢托架现场制作平台摊销和一些其他计量计价规定。定额正文包括：1节8条钢柱制作计价定额；1节12条钢屋架、钢托架、钢桁架、网架制作计价定额；1节6条钢梁、钢吊车梁制作计价定额；1节10条钢制动梁、支撑、檩条、墙架、挡风架制作计价定额；1节8条钢平台、钢梯子、钢栏杆制作计价定额；1节7条钢拉杆制作、钢漏斗制安、型钢制作计价定额；1节4条钢屋架、钢桁架、钢托架现场制作平台摊销计价定额；1节8条其他计价定额。

第 8 章为构件运输及安装工程，"说明""工程量计算规则"介绍了构件运输和构件安装的计量计价规定。定额正文包括：①混凝土构件；②金属构件；③门窗，共 3 节 48 条构件运输计价定额。定额正文还包括：①混凝土构件；②金属构件，共 2 节 105 条构件安装计价定额。

第 9 章为木结构工程，"说明""工程量计算规则"介绍了厂库房大门、特种门、木结构和附表：厂库房大门、特种门五金、铁件配件表的计量计价规定。定额正文包括：①厂库房大门；②特种门，共 2 节 37 条厂库房大门、特种门计价定额。包括：①木屋架；②屋面木基层；③木柱、木梁、木楼梯，共 3 节 28 条木结构计价定额。定额正文还包括 1 节 16 条附表：厂库房大门、特种门五金、铁件配件表计价定额。

第 10 章为屋面及防水工程，"说明""工程量计算规则"介绍了屋面防水、平面立面及其他防水、伸缩缝、止水带和屋面排水的计量计价规定。定额正文包括：①瓦屋面及彩钢板屋面；②卷材屋面；③屋面找平层；④刚性防水层；⑤涂抹屋面，共 5 节 98 条屋面防水计价定额。包括：①涂刷油类；②防水砂浆；③粘贴卷材纤维，共 3 节 65 条平面立面及其他防水计价定额。包括：①伸缩缝；②盖缝；③止水带，共 3 节 37 条计价定额。定额正文还包括：①PVC 管排水；②铸铁管排水；③玻璃钢管排水，共 3 节 27 条屋面排水计价定额。

第 11 章为保温、隔热、防腐工程，"说明""工程量计算规则"介绍了保温、隔热工程和防腐工程的计量计价规定。定额正文包括：①屋、楼地面；②墙、柱、天棚及其他，共 2 节 51 条保温、隔热工程计价定额。定额正文还包括：①整体面层；②平面砌块料面层；③池、沟槽砌块料；④耐酸防腐涂料；⑤烟囱、烟道内涂刷隔绝层，共 5 节 195 条防腐工程计价定额。

第 12 章为厂区道路及排水工程，"说明""工程量计算规则"介绍了整理路床、路肩及边沟砌筑，道路垫层，铺预制混凝土块、道板面层，铺设预制混凝土路牙沿、混凝土面层，排水系统中钢筋混凝土井、池、其他，排水系统中砖砌窖井，井、池壁抹灰，道路伸缩缝，混凝土排水管铺设，PVC 排水管铺设，以及各种检查井综合定额的计量计价规定。定额正文包括：1 节 4 条整理路床、路肩及边沟砌筑计价定额；1 节 5 条道路垫层计价定额；1 节 5 条铺预制混凝土块、道板面层计价定额；1 节 9 条铺设预制混凝土路牙沿、混凝土面层计价定额；1 节 7 条排水系统中钢筋混凝土井、池、其他计价定额；1 节 4 条排水系统中砖砌窖井计价定额；1 节 6 条井、池壁抹灰、道路伸缩缝计价定额；1 节 5 条混凝土排水管铺设计价定额；1 节 5 条 PVC 排水管铺设计价定额。定额正文还包括：①矩形检查井；②圆形检查井，共 2 节 20 条的各种检查井综合定额计价定额。

第 13 章为楼地面工程，"说明""工程量计算规则"介绍了垫层、找平层、整体面层、块料面层、木地板、栏杆、扶手和散水、斜坡、明沟的计量计价规定。定额正文包括：①灰土；②砂、砂石、碎石、碎砖；③混凝土，共 3 节 14 条垫层计价定额。包括：①水泥砂浆；②细石混凝土；③沥青砂浆，共 3 节 7 条找平层计价定额。包括：①水泥砂浆；②水磨石；③自流平地面及抗静电地面，共 3 节 22 条整体面层计价定额。包括：①石材块料面层；②石材块料面板多色简单图案拼贴；③缸砖、马赛克、凹凸假麻石块；④地砖、橡胶塑料板；⑤玻璃；⑥镶嵌铜条；⑦镶贴面层酸洗打蜡，共 7 节 68 条块料面层计价定额。包括：①木地板；②踢脚线；③抗静电活动地板；④地毯；⑤栏杆、扶手，共 5 节 51 条栏杆、扶手计价定额。定额正文还包括 1 节 6 条散水、斜坡、明沟计价定额。

第 14 章为墙柱面工程，"说明""工程量计算规则"介绍了一般抹灰、装饰抹灰、镶贴块料面层及幕墙和木装修及其他的计量计价规定。定额正文包括：①石膏抹灰；②水泥砂浆；③保温砂浆及抗裂基层；④混合砂浆；⑤其他砂浆；⑥砖石墙面勾缝，共 6 节 60 条的一般抹灰计价定额。包括：①水刷石；②干粘石；③斩假石；④嵌缝及其他，共 4 节 19 条的装饰抹灰计价定额。包括：①瓷砖；②外墙釉面砖、金属面砖；③陶瓷锦砖；④凹凸假麻石；⑤波形面砖、劈离砖；⑥文化石；⑦石材块料面板；⑧幕墙及封边，共 8 节 88 条镶贴块料面层及幕墙计价定额。定额正文还包括：①墙面、梁柱面木龙骨骨架；②金属龙骨；③墙、柱梁面夹板基层；④墙、柱梁面各种面层；⑤网塑夹芯板墙、GRC 板；⑥彩钢夹芯板墙，共 6 节 61 条木装修及其他计价定额。

第 15 章为天棚工程，"说明""工程量计算规则"介绍了天棚龙骨、天棚面层及饰面、雨棚、采光天棚、天棚检修道和天棚抹灰的计量计价规定。定额正文包括：①方木龙骨；②轻钢龙骨；③铝合金轻钢龙骨；④铝合金方板龙骨；⑤铝合金条板龙骨；⑥天棚吊筋，共 6 节 41 条天棚龙骨计价定额。包括：①夹板面层；②纸面石膏板面层；③切片板面层；④铝合金方板面层；⑤铝合金条板面层；⑥铝塑板面层；⑦矿棉板面层；⑧其他面层，共 8 节 32 条天棚面层及饰面计价定额。包括：①铝合金扣板雨篷；②钢化夹胶玻璃雨篷，共 2 节 4 条雨篷计价定额。包括：1 节 2 条采光天棚计价定额；1 节 3 条天棚检修道计价定额。定额正文还包括：①抹灰面层；②贴缝及装饰线，共 2 节 13 条天棚抹灰计价定额。

第 16 章为门窗工程，"说明""工程量计算规则"介绍了购入构件成品安装，铝合金门窗制作、安装，木门、窗框制安，装饰木门扇，以及门、窗五金配件安装的计量计价规定。定额正文包括：①铝合金门窗；②塑钢门窗及塑钢、铝合金纱窗；③彩钢门窗；④电子感应门及旋转门；⑤卷帘门、拉栅门；⑥成品木门，共 6 节 34 条购入构件成品安装计价定额。包括：①门；②窗；③无框玻璃门窗；④门窗框包不锈钢板，共 4 节 22 条铝合金门窗制作、安装计价定额。包括：①普通木窗；②纱窗扇；③工业木窗；④木百叶窗；⑤无框窗扇、圆形窗；⑥半玻木门；⑦镶板门；⑧胶合板门；⑨企口板门；⑩纱窗门；⑪全玻自由门、半截百叶门，共 11 节 234 条木门、窗框制安计价定额。包括：①细木工板实芯门扇；②其他木门扇；③门扇上包金属软包面，共 3 节 17 条装饰木门扇计价定额。定额正文还包括：①门窗特殊五金；②铝合金窗五金配件；③木门窗五金配件，共 3 节 39 条门、窗五金配件安装计价定额。

第 17 章为油漆、涂料、裱糊工程，"说明""工程量计算规则"介绍了油漆、涂料和裱贴饰面的计量计价规定。定额正文包括：①木材面油漆；②金属面油漆；③抹灰面油漆、涂料，共 3 节 230 条油漆、涂料计价定额。定额正文还包括：①金（银）、铜（铝）箔；②墙纸；③墙布，共 3 节 20 条裱贴饰面计价定额。

第 18 章为其他零星工程，"说明""工程量计算规则"介绍了招牌、灯箱面层，美术字安装，压条，装饰条线，镜面玻璃，卫生间配件，门窗套，木窗台板，木盖板，暖气罩，天棚面零星项目，灯带、灯槽，窗帘盒，窗帘、窗帘轨道，石材面防护剂，成品保护，隔断，以及柜类、货架的计量计价规定。定额正文包括 1 节 5 条招牌、灯箱面层计价定额、1 节 6 条美术字安装计价定额。包括：①成品装饰条安装；②石材装饰线；③磨边、开孔、打胶加工，共 3 节 27 条压条、装饰条线计价定额。定额正文还包括：1 节 2 条镜面玻璃计价定额；1 节 4 条卫生间配件计价定额；1 节 6 条门窗套计价定额；1 节 2 条木窗台板计价定额；1 节 2 条木盖板计价定额；1 节 2 条暖气罩计价定额；1 节 7 条天棚零星抹灰计价定额；1 节 2 条灯带、灯槽计价定额；1 节 2 条窗帘盒计价定额；1 节 6 条窗帘、窗帘轨道计价定额；1 节 1 条石材面防护剂计价定额；1 节 6 条成品保护计价定额；1 节 12 条隔断计价定额；1 节 22 条柜类、货架计价定额。

第 19 章为建筑物超高增加费用，"说明""工程量计算规则"介绍了建筑物超高增加费和装饰工程超高人工降效系数的计量计价规定。定额正文包括 1 节 18 条建筑物超高增加费计价定额和 1 节 18 条装饰工程超高人工降效系数计价定额。

第 20 章为脚手架工程，"说明""工程量计算规则"介绍了脚手架和建筑物檐高超20m 脚手架材料增加费的计量计价规定。定额正文包括：①综合脚手架；②单项脚手架，共 2 节 48 条脚手架计价定额。定额正文还包括：①综合脚手架；②单项脚手架，共 2 节 54 条建筑物檐高超 20m 脚手架材料增加费计价定额。

第 21 章为模板工程，"说明""工程量计算规则"介绍了现浇构件、现场预制构件、加工厂预制构件和构筑物工程的计量计价规定。定额正文包括：①基础；②柱；③梁；④墙；⑤板；⑥其他；⑦混凝土、砖底胎膜及砖侧模，共 7 节 104 条现浇构件计价定额。包括：①桩、柱；②梁；③屋架、天窗架及端壁；④板、楼梯段及其他，共 4 节 43 条现场预制构件计价定额。包括：①一般构件；②预应力构件，共 2 节 41 条加工厂预制构件计价定额。定额正文还包括：①烟囱；②水塔，共 2 节 70 条计价定额。

第 22 章为施工排水、降水，"说明""工程量计算规则"介绍了施工排水和施工降水的计量计价规定。定额正文包括 1 节 10 条施工排水计价定额和 1 节 11 条施工降水计价定额。

第 23 章为建筑工程垂直运输，"说明""工程量计算规则"介绍了建筑物垂直运输，单独装饰工程垂直运输，烟囱、水塔、筒仓垂直运输和施工塔吊、电梯基础、塔吊及电梯与建筑物连接件的计量计价规定。定额正文包括：①卷扬机施工；②塔式起重机施工，共2 节 29 条建筑物垂直运输计价定额。定额正文还包括：1 节 12 条单独装饰工程垂直运输计价定额；1 节 9 条烟囱、水塔、筒仓垂直运输计价定额；1 节 7 条施工塔吊、电梯基础、塔吊及电梯与建筑物连接件计价定额。

第 24 章为场内二次运输，"说明""工程量计算规则"介绍了机动翻斗车二次搬运和单（双）轮车二次搬运的计量计价规定。定额正文包括 1 节 22 条机动翻斗车二次搬运计价定额和 1 节 114 条单（双）轮车二次搬运计价定额。

附录包括供参考的 9 个表格。分别为混凝土及钢筋混凝土构件模板、钢筋含量表；机械台班预算单价取定表；混凝土、特种混凝土配合比表；砌筑砂浆、抹灰砂浆、其他砂浆配合比表；防腐耐酸砂浆配合比表；主要建筑材料预算价格取定表；抹灰分层厚度及砂浆种类表；主要材料、半成品损耗率取定表；常用钢材理论重量及形体公式计算表。

复习思考题

1. 根据合同价款调整的规定，合同价款可以在哪些情况下进行调整？

2. 在竣工结算和支付中，有哪些关键步骤和程序？

3. 工程计量的计算依据和结算方法是什么？单价合同和总价合同的计量方法有何不同？

4. 变形缝在建筑面积计算中的作用是什么？它们如何被计算和分类？

5. 如何计算有顶盖的出入口坡道的建筑面积？在哪些情况下不计算建筑面积？

6. 如何计算建筑物的架空层和门厅、大厅的建筑面积？

7. 为什么企业定额水平一般应高于国家和地区的现行定额？

8. 施工定额、预算定额和概算定额分别是什么？它们在工程建设中的作用和关系是什么？

9. 定额如何有助于完善市场的信息系统和提高市场效率？

10. 定额中的综合单价由哪些费用组成？请解释人工费、材料费、机械费、管理费和利润的含义。

第 4 章

建设项目投资估算

4.1 概述

投资估算是进行建设项目技术经济评价和投资决策的基础。在项目建议书、预可行性研究、可行性研究、方案设计阶段（包括概念方案设计和报批方案设计）应编制投资估算。

投资估算应参考相应工程造价管理部门宣布的投资估算指标，依据工程所在地市场价格水平，结合项目具体情况及科学合理的建造工艺，全面反映建设项目建设前期和建设期的全部投资。

投资估算应委托有相应工程造价资质的单位编制。投资估算单位应在投资估算成果文件上签字和盖章，对成果质量负责并承担相应的责任；工程造价人员应在投资估算文件上签字和盖章，并承担相应责任。

由几个单位共同编制投资估算时，委托单位应指定主编单位，并由主编单位负责投资估算编制原则的制定、汇总估算，其他参编单位负责所承担的单项工程等的投资估算编制。

工程造价咨询单位或工程造价人员接受建设项目投资估算审核委托的，应对其审查修改结果和审查报告负责，应在其审定成果文件上加盖企业执业印章或个人执业（从业）印章，并承担相应责任。

4.2 编制投资估算的工作内容

工程造价咨询单位可接受委托编制整个项目的投资估算、单项工程投资估算、单位工程投资估算或分部分项工程投资估算，也可接受委托进行投资估算的审核与调整，配合设计单位或决策单位进行方案比选、优化设计、限额设计等方面的投资估算工作，亦可进行决策阶段的全过程造价控制等工作。

造价咨询单位在进行投资估算编制时，一般应根据建设项目的特征、设计文件和相应的工程造价计价依据等资料进编制，除确定建设项目总投资及其构成外，还应对主要技术经济指标进行分析。

建设项目的设计方案、资金筹措方式、建设时间等发生变化时，应进行投资估算调整。对建设项目进行评估时应进行投资估算的审核，政府投资项目的投资估算审核不仅要依据设计文件，还应依据有关部门发布的相关规定、建设项目投资估算指标和工程造价信息等计价依据。

设计方案进行比选时，工程造价人员应配合设计人员对不同技术方案进行技术经济分析，主要依据各单位工程或分部分项工程的主要技术经济指标确定合理的设计方案。

对于已经确定的技术方案，工程造价人员可依据有关技术经济资料提出优化的建议与意见，使技术方案更加经济合理。

限额设计的重点是进行投资分解，并进行投资分析，确保限额合理可行。对于采用限额设计的建设项目、单位工程或分部分项工程，工程造价人员应配合设计人员确定合理的建设标准，进行投资分解和投资分析，确保限额的合理可行。

4.3 投资估算的文件组成

投资估算文件一般由：①封面；②签署页；③编制说明；④投资估算分析；⑤总投资估算表；⑥单项工程估算表；⑦主要技术经济指标等内容组成。通常来说，单独成册的投资估算的成果文件主要由封面、签署页、编制说明、投资估算分析、总投资估算表、单项工程估算表、主要技术经济指标等内容组成。与可行性研究报告一并装订的成果文件一般在完成总投资估算表、单项工程估算表编制后，编写编制说明、进行投资估算分析，并将主要技术经济指标表现在相应表格中。

4-1 项目投资估算表

投资估算的编制说明一般包括以下内容：①工程概况；②编制范围；③编制方法；④编制依据；⑤主要技术经济指标；⑥有关参数、率值的选定；⑦特殊问题的说明（包括采用新技术、新材料、新设备、新工艺），必须说明价格的确定过程；进口材料、设备、技术费用的构成与计算参数，采用特殊结构的费用估算方法，安全、节能、环保、消防等专项投资占总投资的比重，建设项目总投资中未计算项目或费用的必要说明等；⑧对投资限额和投资分解说明（采用限额设计的工程）；⑨对方案比选的估算和经济指标说明（采用方案比选的工程）；⑩资金筹措方式。

投资估算分析应包括以下内容：①工程投资比例分析。一般民用项目要分析土建及装修、给水排水、消防、采暖、通风空调、电气等主体工程和道路、广场、围墙、大门、室外管线、绿化等室外附属/总体工程占建设项目总投资的比例；一般工业项目要分析主要生产系统（需列出各生产装置）、辅助生产系统、公用工程（给水排水、供电和通信、供气、总图运输等）、服务性工程、生活福利设施、厂外工程等占建设项目总投资的比例；②建筑工程费、设备购置费、安装工程费、工程建设其他费用、预备费占建设项目总投资比例分析，引进设备费用占全部设备费用的比例分析等；③影响投资的主要因素分析；④与类似工程项目的比较，对投资总额进行分析。值得注意的是，这里所说的投资估算分析是按一般工业与民用项目的内容编制的，特殊的建设项目按行业特征和有关规定编制。投资估算分析可单独成篇，内容较少时可放入编制说明中阐述。

总投资估算包括汇总单项工程估算、工程建设其他费用、计算预备费和建设期利息等。单项工程投资估算应按建设项目划分的各个单项工程分别计算组成工程费用的建筑工程费、设备购置费及安装工程费。工程建设其他费用估算应按预期要发生的工程建设其他费用种类逐项详细计算其费用金额。工程造价人员应根据项目特点，计算并分析整个建设项目、各单项工程和主要单位工程的主要技术经济指标，主要技术经济指标应分别按建设项目、各单项工程和主要单位工程或分部工程来列项。

4.4　投资估算的费用构成和编制依据

　　投资估算的费用（即建设项目总投资）由：①建设投资；②建设期利息；③固定资产投资方向调节税；④流动资金组成。其中，建设投资由建设项目的工程费用、工程建设其他费用及预备费用组成。工程费用包括建筑工程费、设备购置费及安装工程费，预备费包括基本预备费和价差预备费。建设期利息包括银行借款、其他债务资金利息，以及其他融资费用。

　　投资估算的编制依据是指在编制投资估算时所遵循的计量规则、市场价格、费用标准及工程计价有关参数、率值等基础资料。投资估算的编制依据主要有以下几个方面：①国家、行业和地方政府的有关法律、法规或规定；政府有关部门、金融机构等发布的价格指数、利率、汇率、税率等有关参数。②行业部门、项目所在地工程造价管理机构或行业协会等编制的投资估算指标、概算指标（定额）、工程建设、其他费用定额（规定）、综合单价、价格指数和有关造价文件等。③类似工程的各种技术经济指标和参数。④工程所在地同期的人工、材料、机械市场价格，建筑、工艺及附属设备的市场价格和有关费用。⑤与建设项目相关的工程地质资料、设计文件、图纸或有关设计专业提供的主要工程量和主要设备清单等。⑥委托单位提供的其他技术经济资料。投资估算的编制依据是保证估算编制精度的基础材料，应保证材料的真实、可靠。

4.5　投资估算的编制办法

　　建设项目投资估算要结合设计阶段或深度等条件，采用适用、合理的估算办法，结合拟建项目所处行业的特点，按照拟建项目采用的设计方案及总图布置，参考拟建项目所在地的投资估算基础资料和数据，采用生产能力指数法、系数估算法、比例估算法、混合法、指标估算法编制。

　　建设项目投资估算无论采用何种方法，其投资估算费用内容和构成均应符合投资估算的费用构成的要求。同时，应充分考虑拟建项目设计的技术参数和投资估算所采用的估算系数和估算指标，充分考虑拟建项目设计的技术参数与所采用的投资估算指标条件上的差异，对价格和有关参数做出必要的调整。

　　建设项目投资估算包含了价差预备费，其投资估算的价格和费用水平应反映项目建设所在地项目建设期的实际水平。无论采用何种方法，建设项目投资估算应将所采用的估算系数和估算指标价格水平调整到项目建设所在地及项目建设期的实际水平，同时应对拟建项目的建设条件，如抗震设防等级、建设用地费、厂外交通、供水、供电等，以及所采用的估算系数和估算指标中未包括的费用内容进行修正。

4.5.1 项目建议书阶段投资估算

项目建议书阶段建设项目投资估算采用的常用办法有：①生产能力指数法；②系数估算法；③比例估算法；④混合法；⑤指标估算法等。一般要求项目建议书阶段的投资估算编制总投资估算表，总投资估算表中工程费用的内容应分解到主要单项工程；工程建设其他费用可在总投资估算表中分项计算。

生产能力指数法是根据已建成的类似建设项目的生产能力和投资额，进行粗略估算拟建建设项目相关投资额的方法。本方法主要应用于设计深度不足、已设计定型并系列化、行业内相关指数和系数等基础资料完备的情况，该公式运用的关键是生产能力指数的确定，一般要结合行业特点确定，并应有可靠的例证。生产能力指数法的计算公式为：

$$C_2 = C_1 \left(\frac{Q_2}{Q_1} \right)^x \cdot f \tag{4-1}$$

式中　C_2——拟建建设项目的投资额；

　　　C_1——已建成类似建设项目的投资额；

　　　Q_2——拟建建设项目的生产能力；

　　　Q_1——已建成类似建设项目的生产能力；

　　　x——生产能力指数（$0 \leqslant x \leqslant 1$）；

　　　f——不同时期、不同地点的定额、单价、费用和其他差异的综合调整系数。

系数估算法是以已知的拟建建设项目主体工程费或主要设备购置费为基数，以其他辅助配套工程费占主体工程费或主要设备购置费的百分比为系数，进行估算拟建建设项目相关投资额的方法。本办法主要应用于设计深度不足，拟建建设项目与类似建设项目的主体工程费或主要设备购置费比重较大，行业内相关系数等基础资料完备的情况。系数估算法的计算公式为：

$$C = E(1 + f_1 P_1 + f_2 P_2 + f_3 P_3 + \cdots) + I \tag{4-2}$$

式中　　　　C——拟建建设项目的投资额；

　　　　　　E——拟建建设项目的主体工程费或主要设备购置费；

P_1、P_2、$P_3 \cdots$——已建成类似建设项目的辅助配套工程费占主体工程费或主要设备购置费的比重；

f_1、f_2、$f_3 \cdots$——不同建设时间、地点产生的定额、价格、费用标准等差异的调整系数；

　　　　　　I——根据具体情况计算的拟建建设项目各项其他费用。

比例估算法是根据已知的同类建设项目主要设备购置费占整个建设项目的投资比例，先逐项估算出拟建项目主要设备购置费，再按比例估算拟建建设项目相关投资额的方法。本办法主要应用于设计深度不足，拟建建设项目与类似建设项目的主要设备购置费比重较大，行业内相关系数等基础资料完备的情况。比例估算法的计算公式为：

$$C = \frac{1}{K} \sum_{i=1}^{n} Q_i P_i \tag{4-3}$$

式中　C——拟建建设项目的投资额；

　　　K——主要设备购置费占拟建建设项目投资的比例；

n——主要设备的种类数；

Q_i——第 i 种主要设备的数量；

P_i——第 i 种主要设备的购置单价（到厂价格）。

混合法是根据主体专业设计的阶段和深度，投资估算编制者所掌握的国家、地区、行业或部门相关投资估算基础资料和数据（包括造价咨询机构自身统计和积累的可靠的相关造价基础资料），对一个拟建建设项目采用生产能力指数法与比例估算法混合或系数估算法与比例估算法混合进行投资额估算的方法。

指标估算法是将拟建建设项目以单位工程或单项工程为单位，按建设内容纵向划分为各个主要生产系统、辅助生产系统、公用工程、服务性工程、生活福利设施，以及各项其他工程费用；同时，按费用性质横向划分为建筑工程、设备购置、安装工程等，根据各种具体的投资估算指标，进行各单位工程或单项工程投资的估算，在此基础上汇集编制成拟建建设项目的各个单项工程费用和拟建建设项目的工程费用投资估算。最后，按相关规定估算工程建设其他费用、预备费、建设期利息等，形成拟建建设项目总投资。指标估算法是投资估算的主要方法，在设计深度允许的条件下，应首先采用指标估算法。

4.5.2　可行性研究阶段投资估算

可行性研究阶段建设项目投资估算原则上应采用指标估算法。对于对投资有重大影响的主体工程应估算出分部分项工程量，参考相关综合定额（概算指标）或概算定额编制主要单项工程的投资估算。项目申请报告、预可行性研究阶段、方案设计阶段建设项目投资估算视设计深度，可参照可行性研究阶段的编制办法进行。在一般的设计条件下，可行性研究投资估算深度内容上应达到要求。对于子项单一的大型民用公共建筑，主要单项工程估算应细化到单位工程估算书。可行性研究投资估算深度应满足项目的可行性研究报告编制、经济评价和投资决策的要求，并满足国家和地方相关部门的管理要求，建设项目总投资组成见表 4-1。

建设项目总投资组成表　　　　　　　　　表 4-1

项目费用名称				备注
建设工程总投资	建设投资	工程费用	建筑工程费	—
			设备购置费	含工器具及生产家具购置费
			安装工程费	—
		工程建设其他费用	建设管理费	含建设单位管理费、工程总承包管理费、工程监理费、工程造价咨询费等
			建设用地费	—
			前期工作咨询费	—
			研究试验费	—
			勘察设计费	—
			专项评价及验收费	含环境影响咨询及验收费、安全预评价及验收费、职业病危害预评价及控制效果评价费、地震安全性评价费、地质灾害危险性评价费、水土保持评价及验收费、压覆矿产资源评价费、节能评估及评审费、危险与可操作性分析及安全完整性评价费，以及其他专项评价及验收费

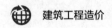

续表

项目费用名称				备注
建设工程总投资	建设投资	工程建设其他费用	场地准备及临时设施费	—
			引进技术和进口设备其他费	含引进项目图纸资料翻译复制费、备品备件测绘费、出国人员费用、来华人员费用、银行担保费及承诺费等
			工程保险费	—
			联合试运转费	—
			特殊设备安全监督检验费	—
			施工队伍调遣费	—
			市政公用设施费	—
			专利及专有技术使用费	含国外设计及技术资料费、引进有效专利、专有技术使用费和技术保密费;国内有效专利、专有技术使用费;商标权、商誉和特许经营权费等
			生产准备费	人员培训及提前进厂费、办公和生活家具购置费
			…	…
		预备费	基本预备费	—
			价差预备费	—
	应列入总投资的费用		建设期利息	—
			固定资产投资方向调节税(暂停征收)	—
			流动资金	—

1. 建筑工程费

工业与民用建筑物以平方米或立方米为单位,套用规模相当、结构形式和建筑标准相适应的投资估算指标或类似的工程造价资料进行估算;构筑物以延长米、平方米、立方米或座为单位,套用技术标准、结构形式相适应的投资估算指标或类似工程的造价资料进行估算。当无适当估算指标或类似工程造价资料时,可采用计算主要实物工程量套用相关综合定额或概算定额进行估算。对于单一的民用建筑工程,亦可将建筑安装工程费用(给水排水、采暖、通风空调、电气工程等)纳入设备及安装工程费用单独计列。

大型土石方、总平面竖向布置、道路及场地铺砌、室外综合管网和线路、围墙大门等,分别以立方米、平方米、延长米或座为单位,套用技术标准、结构形式相适应的投资估算指标或类似工程造价资料进行估算。当有适当的估算指标或类似工程造价资料时,可用计算主要实物工程量套用相关综合定额或概算定额进行估算。

矿山井巷开拓、露天剥离工程、坝体堆砌等,分别以立方米、延长米为单位,套用技术标准、结构形式、施工方法相适应的投资估算指标或类似工程造价资料进行估算。当无适当的估算指标或类似工程造价资料时，可采用计算主要实物工程量套用相关综合定额或概算定额进行估算。

公路、铁路、桥梁、隧道、涵洞设施等，分别以公里（铁路、公路）、$100m^2$ 桥面（桥梁）、$100m^2$ 断面（隧道）、道（涵洞）为单位，套用技术标准、结构形式、施工方法相适应的投资估算指标或类似工程造价资料进行估算。当有适当的估算指标或类似工程造价资料时，可采用计算主要实物工程量套用相关综合定额或概算定额进行估算。

2. 设备购置费

（1）设备原价估算

设备购置费应区分国产标准设备、国产非标准设备、进口设备，分别估算其设备费用，并应相应考虑设备运杂费、备品备件费。

1）国产标准设备原价估算

国产标准设备在计算时，一般采用带有调试备件的原价。占投资比重较大的主要设备出厂价估算，应在掌握该设备的产能、规格、型号、材质、设备重量的条件下，以向设备供应商询价、市场调研，或选用类似工程设备采购合同价为基础进行估算。其他小型通用设备出厂价估算，可以根据行业和地方相关部门定期发布的价格信息进行估算。

2）国产非标准设备原价估算

非标准设备费估算，同样应在掌握该设备的产能、材质、设备重量、加工制造复杂程度的条件下，以向非标准设备制造商询价、市场调研，或选用类似工程非标准设备制造合同价为基础进行估算。非标准设备估价应考虑完成非标准设备设计、制造、包装的费用及利润、税金等全部费用内容。

3）进口设备原价估算

一般是在向设备供应商询价、市场调研，或选用类似程设备采购合同价的基础上，外加进口设备从属费进行估算。

投资估算阶段进口设备的原价可按离岸价（FOB）和到岸价（CIF）两种情况分别计算：

采用离岸价（FOB）为基数计算时：

$$进口设备原价＝离岸价(FOB)×综合费率 \tag{4-4}$$

式中，综合费率应包括国外运费及运输保险费、银行财务费、外贸手续费、进口关税、消费税和进口环节增值税等税费。

采用到岸价（CIF）为基数计算时：

$$进口设备原价＝到岸价(CIF)×综合费率 \tag{4-5}$$

式中，综合费率应包括银行财务费、外贸手续费、进口关税、消费税和进口环节增值税等税费。

对于进口综合费率的确定，应根据进口设备的品种、运输交货方式、设备询价所包括的内容、进口批量的大小等，按照国家相关部门的规定和参照设备进口环节涉及的中介机构习惯做法确定。

（2）设备运杂费估算（包括进口设备国内运杂费）

一般根据建设项目所在区域，按照行业或地方相关部门的规定，以设备出厂价格或进口设备原价的百分比估算。

（3）备品备件费估算

一般根据设计所选用的设备特点，按设备原价与设备运杂费之和的百分比估算。此费用是指在初期生产运行期间为保证设备的正常运转必须购置的备品备件费用，不包括已计入设备原价的调试备件费用。

（4）工器具及生产家具购置费的估算

工器具及生产家具购置费一般根据建设项目性质（新建、改建或扩建），按照行业或地方相关部门的规定，以设备原价、设备运杂费及备品备件费之和的百分比估算。

3. 安装工程费

安装工程费包括安装主材费和安装费。其中，安装主材费可以根据行业和地方相关部门定期发布的价格信息或市场询价进行估算；安装费根据设备专业属性，可按以下方法估算：

（1）工艺设备安装费估算

以单项工程为单元，根据单项工程的专业特点和各种具体的投资估算指标，采用按设备费百分比估算指标，或根据单项工程设备总重，采用以吨为单位的综合单价指标进行估算。

（2）工艺非标准件、金属结构和管道安装费估算

以单项工程为单元，根据设计选用的材质、规格，以吨为单位，套用技术标准、材质和规格、施工方法相适应的投资估算指标或类似的工程造价资料进行估算。

（3）工业炉窑砌筑和保温工程安装费估算

以单项工程为单元，根据设计选用的材质、规格，以吨、立方米或平方米为单位，套用技术标准、材质和规格、施工方法相适应的投资估算指标或类似的工程造价资料进行估算。

（4）电气设备及自控仪表安装费估算

以单项工程为单元，根据该专业设计的具体内容，采用相适应的投资估算指标或类似的工程造价资料进行估算，或根据设备台套数、变配电容量、装机容量、桥架重量、电缆长度等工程量，采用相应的综合单价指标进行估算。

4. 工程建设其他费用

工程建设其他费用主要包括建设用地费（含征地补偿费用、拆迁补偿费用、出让金、土地转让金）、建设管理费（含建设单位管理费、工程总承包管理费、工程监理费、工程造价咨询费等）、前期工作咨询费、研究试验费、勘察设计费、专项评价及验收费（包括环境影响咨询及验收费、安全预评价及验收费、职业病危害预评价及控制效果评价费、地震安全性评价费、地质灾害危险性评价费、水土保持评价及验收费、压覆矿产资源评价费、节能评估及评审费、危险与可操作性分析及安全完整性评价费以及其他专项评价及验收费）、场地准备及临时设施费、引进技术和进口设备其他费（含引进项目图纸资料翻译复制费、备品备件测绘费；出国人员费用、来华人员费用、银行担保及承诺费等）、工程保险费、特殊设备安全监督检验费、市政公用设施费、联合试运转费、专利及专有技术使用费（含国外设计及技术资料费、引进有效专利、专有技术使用费和技术保密费；国内有效专利、专有技术使用费；商标权、商誉和特许经营权费等）、生产准备费（含人员培训费及提前进厂费、办公和生活家具购置费）。

工程建设其他费用的计算应结合拟建建设项目的具体情况，分不同项目类别，根据国家、各行业部门、工程所在地地方政府的有关工程建设其他费用定额（规定）和计算办法估算。

工程建设其他费用参考计算方法主要有：

（1）建设管理费

以建设投资中的工程费用为基数乘以建设管理费率计算；改扩建项目的建设管理费率应比新建项目适当降低。同时，建设管理费也可按所包含的各项费用内容分别列项计算。各项费用的计算方法如下：

1）建设单位管理费

可根据项目建设期及项目具体情况估算，也可参照国家或项目所在地有关部门发布的相关文件规定计算。

2）工程总承包管理费

如建设管理采用工程总承包方式，其工程总承包管理费由建设单位与总承包单位根据总承包工作范围在合同中商定，从建设管理费中支出。

3）工程监理费

由于工程监理是受建设单位委托的工程建设技术服务，属建设管理范畴。如采用监理，建设单位部分管理工作量转移至监理单位。工程监理费可参照国家或项目所在地有关部门发布的相关文件规定计算。

4）工程造价咨询费

可参照项目所在地有关部门发布的收费文件规定计算，从建设管理费中支出。

（2）建设用地费

1）计算基数

根据征用建设用地面积、临时用地面积，按建设项目所在省（直辖市、自治区）人民政府制定颁发的征地补偿费用（含土地补偿费、青苗补偿费和地上附着物补偿费、安置补助费、新菜地开发建设基金、耕地占用税、土地管理费）、拆迁补偿费用、出让金、土地转让金标准计算。

2）迁建补偿费

建设用地上的建（构）筑物如需迁建，其迁建补偿费应按迁建补偿协议计列或按新建同类工程造价计算。建设场地平整中的余物拆除清理费在"场地准备及临时设施费"中计算。

3）"长租短付"应支付的租地费

建设项目采用"长租短付"方式租用土地使用权，在建设期间支付的租地费用计入建设用地费，在生产经营期间支付的土地使用费应计入运营成本中核算。

（3）前期工作咨询费

前期工作咨询费依据委托合同计列，也可参照国家或项目所在地有关部门发布的相关文件规定计算。前期其他费用按实际发生额或分项预估。

（4）研究试验费

按照研究试验内容和要求进行编制。

（5）勘察设计费

依据勘察设计委托合同计列，也可参照国家或项目所在地有关部门发布的相关文件规定计算。

（6）专项评价及验收费

专项评价及验收费包括环境影响咨询及验收费、安全预评价及验收费、职业病危害预评价及控制效果评价费、地震安全性评价费、地质灾害危险性评价费、水土保持评价及验收费、压覆矿产资源评价费、节能评估及评审费、危险与可操作性分析及安全完整性评价费以及其他专项评价及验收费。具体建设项目应按实际发生的专项评价及验收项目计列，不得虚列项目费用。

1）环境影响咨询及验收费

环境影响咨询及验收费指为了全面、详细评价建设项目对环境可能产生的污染或造成的重大影响，编制环境影响报告书（含大纲）、环境影响报告表和评估等所需的费用，以及建设项目竣工验收阶段环境保护验收调查和环境监测、编制环境保护验收报告的费用。

其中，环境影响咨询及验收费的计算方法如下：

①环境影响咨询费

环境影响咨询费可参照国家或项目所在地有关部门发布的相关文件规定计算。有咨询专题的，可根据专题工作量另外计算专题收费。

②验收费

验收费按环境影响咨询费的比例计算，一般为环境影响咨询费的 0.6～1.3 倍。

2）安全预评价及验收费

安全预评价及验收费指为预测和分析建设项目存在的危害因素种类和危险危害程度，提出先进、科学、合理可行的安全技术管理对策，而编制评价大纲、编写安全评价报告书和评估等所需的费用，以及在竣工阶段验收时所发生的费用。其计算方法按照建设项目所在省（直辖市、自治区）人民政府有关规定计算。不需要评价的建设项目不计取此项费用。

3）职业病危害预评价及控制效果评价费

职业病危害预评价及控制效果评价费指建设项目因可能产生职业病危害而编制职业病危害预评价书、职业病危害控制效果评价书和评估所需的费用。其计算方法按照国家或建设项目所在省（直辖市、自治区）人民政府有关规定计算。不需要评价的建设项目不计取此项费用。

4）地震安全性评价费

地震安全性评价费指通过对建设场地和场地周围的地震活动与地震、地质环境的分析，而进行的地震活动环境评价、地震地质构造评价、地震地质灾害评价，编制地震安全评价报告书和评估所需的费用。其计算方法按照国家或建设项目所在省（直辖市、自治区）人民政府有关规定计算。不需要评价的建设项目不计取此项费用。

5）地质灾害危险性评价费

地质灾害危险性评价费指在灾害易发区对建设项目可能诱发的地质灾害和建设项目本身可能遭受的地质灾害危险程度的预测评价，编制评价报告书和评估所需的费用。其计算方法按照国家或建设项目所在省（直辖市、自治区）人民政府有关规定计算。不需要评价的建设项目不计取此项费用。

6）水土保持评价及验收费

水土保持评价及验收费指对建设项目在生产建设过程中可能造成水土流失进行预测，编制水土保持方案和评估所需的费用，以及在施工期间的监测、竣工阶段验收时所发生的费用。其计算方法按照国家或建设项目所在省（直辖市、自治区）人民政府有关规定计算。不需要评价的建设项目不计取此项费用。

7）压覆矿产资源评价费

压覆矿产资源评价费指对需要压覆重要矿产资源的建设项目，编制压覆重要矿床评价和评估所需的费用。其计算方法按照国家或建设项目所在省（直辖市、自治区）人民政府有关规定计算。不需要评价的建设项目不计取此项费用。

8）节能评估及评审费

节能评估及评审费指对建设项目的能源利用是否科学合理进行分析评估，并编制节能评估报告以及评估所发生的费用。其计算方法按照国家或建设项目所在省（直辖市、自治区）人民政府有关规定计算。不需要评价的建设项目不计取此项费用。

9）危险与可操作性分析及安全完整性评价费

危险与可操作性分析（HAZOP）及安全完整性评价（SIL）费是指对应用于生产具有流程性工艺特征的新建、改建、扩建项目进行工艺危害分析和对安全仪表系统的设置水平及可靠性进行定量评估所发生的费用。其计算方法按照国家或建设项目所在省（直辖市、自治区）人民政府有关规定，根据建设项目的生产工艺流程特点计算。

10）其他专项评价及验收费

指除以上 9 项评价及验收费外，根据国家法律法规、建设项目所在省（直辖市、自治区）人民政府有关规定，以及行业规定需进行的其他专项评价、评估、咨询和验收（如重大投资项目社会稳定风险评估、防洪评价等）所需的费用。其计算方法按照国家或建设项目所在省（直辖市、自治区）人民政府有关规定计算。不需要评价的建设项目不计取此项费用。

（7）场地准备及临时设施费

场地准备及临时设施应尽量与永久性工程统一考虑。建设场地的大型土石方工程应进入工程费用中的室外附属/总体、工程费用中。新建项目的场地准备和临时设施费应根据实际工程量估算，或按工程费用的比例计算。改扩建项目一般只计拆除清理费。

$$场地准备及临时设施费＝工程费用×费率＋拆除清理费 \tag{4-6}$$

发生拆除清理费时可按新建同类工程造价或主材费、设备费的比例计算。凡可回收材料的拆除工程采用以料抵工方式冲抵拆除清理费。此项费用不包括已列入工程费用中的施工单位临时设施费用。

（8）引进技术和进口设备其他费

1）引进项目图纸资料翻译复制费、备品备件测绘费

根据引进项目的具体情况计列，或按离岸价（FOB）的比例估列；引进项目发生备品备件测绘费时按具体情况估列。

2）出国人员费用

依据合同或协议规定的出国人次、期限以及相应的费用标准计算。

3）来华人员费用

依据引进合同或协议有关条款及来华技术人员派遣计划进行计算。来华人员接待费用可按每人次费用指标计算。引进合同价款中已包括的费用内容不得重复计算。

4）银行担保及承诺费

应按担保或承诺协议计取。编制投资估算时可以按担保余额或以承诺金额为基数乘以费率计算。

5）引进设备材料的有关费用

引进设备材料的国外运输费、国外运输保险费、进口关税、进口环节增值税、外贸手续费、银行财务费、国内运杂费、引进设备材料国内检验费等以离岸价（FOB）为基数乘以相应费税率计算后进入相应的设备材料费中，不在此项费用中计列。

6）单独引进软件的费用

单独引进的软件不计算关税，只计算增值税。

（9）工程保险费

不投保的工程不计取此项费用。不同的建设项目可根据工程特点选择投保险种，根据投保合同计列保险费用。编制投资估算时可按工程费用的比例估算。此项费用不包括已列入建筑安装工程费中企业管理费项下的财产保险费。

（10）联合试运转费

不发生试运转或试运转收入大于或等于费用支出的工程，不列此项费用。当联合试运转收入小于试运转支出时按下式计算：

$$联合试运转费＝联合试运转费用支出－联合试运转收入 \qquad (4-7)$$

联合试运转费不包括应由设备安装工程费用开支的单机调试及试车费用，以及在试运转中暴露出来的因施工原因或设备缺陷等发生的处理费用。试运行期依照以下规定确定：引进国外设备项目按建设合同中规定的试运行期执行；国内一般性建设项目试运行期原则上按照批准的设计文件所规定的期限执行。个别行业的建设项目试运行期需要超过规定试运行期的，应报项目设计文件审批机关批准。试运行期一经确定，建设单位应严格按规定执行，不得擅自缩短或延长。

（11）特殊设备安全监督检验费

按照建设项目所在省、直辖市、自治区安全监察部门的规定标准计算。无具体规定的，在编制投资估算时，可按受检设备现场安装费的比例估算。

（12）市政公用设施费

按工程所在地人民政府规定标准计列；不发生或按规定免征项目不计取。

（13）专利及专有技术使用费

按专利使用许可协议和专有技术使用合同的规定计列；专有技术的界定应以省、部级鉴定批准为依据；项目投资中只计取需在建设期支付的专利及专有技术使用费。协议或合同规定在生产期支付的使用在生产成本中核算。

一次性支付的商标权、商誉及特许经营权费按协议或合同规定计列。协议或合同规定在生产期支付的商标权或特许经营权费应在生产成本中核算。

（14）生产准备费

可采用综合的生产准备费指标进行计算，也可以按费用内容的分类指标计算。新建项目以设计定员为基数计算，改扩建项目以新增设计定员为基数用下式计算：

$$生产准备费＝设计定员×生产准备费指标(元/人) \tag{4-8}$$

5. 基本预备费

基本预备费估算，一般是以建设项目的工程费用和工程建设其他费用之和为基础，乘以基本预备费率进行计算。基本预备费率应根据建设项目的设计深度、采用的各项估算指标的精确度、项目所属行业主管部门的具体规定等综合确定。

6. 价差预备费

价差预备费的估算，应根据国家或行业主管部门的具体规定和发布的指数计算，其计算公式为：

$$P = \sum_{t=1}^{n} I_t \left[(1+f)^m \cdot (1+f)^{0.5} \cdot (1+f)^{t-1} - 1 \right] \tag{4-9}$$

式中　P——价差预备费（元）；

$\quad n$——建设期（年）；

$\quad I_t$——第 t 年投入的静态投资计划额（元）；

$\quad f$——年涨价率（％）；

$\quad m$——建设前期年限（从编制估算到开工建设）（年）。

价差预备费可按给定的公式计算，该公式已考虑了建设前期的涨价因素，在投资估算阶段，还要经过一定的设计和工程交易过程，时间一般较长，其建设前期涨价因素的影响是很大的。行业或地方对建设前期涨价费用不要求考虑建设前期的涨价因素时可将建设前期年限视为 0。式中 $(1+f)^{0.5}$ 是按第 t 年投资分期均匀投入考虑的涨价幅度。公式为方便理解没有进行简化，为计算方便可简化为下式：

$$P = \sum_{t=1}^{n} I_t \left[(1+f)^{m+t-0.5} - 1 \right] \tag{4-10}$$

7. 固定资产投资方向调节税

固定资产投资方向调节税的估算，以建设项目的工程费用、工程建设其他费用及预备费之和为基础（更新改造项目以建设项目的建筑工程费用为基础），根据国家适时发布的具体规定和税率计算。

8. 建设期利息

建设期利息的估算，根据建设期资金用款计划，可按当年借款在当年年中支用考虑，即当年借款按半年计息，上年借款按全年计息。利用国外贷款的利息计算时，年利率应综合考虑贷款协议中向贷款方加收的手续费、管理费、承诺费，以及国内代理机构向贷款方收取的转贷费、担保费和管理费等，项目资本金额度应符合同家或行业有关规定。其计算公式为：

$$q_j = (P_{j-1} + A_j/2)i \tag{4-11}$$

式中　q_j——建设期第 j 年应计利息；

$\quad P_{j-1}$——建设期第 $(j-1)$ 年末累计借款本金与利息和；

$\quad A_j$——建设期第 j 年借款金额；

$\quad i$——年利率。

4.5.3　投资估算过程中的方案比选、优化设计和限额设计

工程建设项目受资源、市场、建设条件等因素的限制，为了提高工程建设投资效果，

拟建项目可能存在建设场址、建设规模、产品方案、所选用的工艺流程不同的多个整体设计方案，而在一个整体设计方案中亦可存在总平面布置、建筑结构形式等不同的多个设计方案。当出现多个设计方案时，工程造价咨询机构和造价专业人员应与工程设计者配合，为建设项目投资决策者提供方案比选的意见。各设计方案的投资估算应根据设计深度，按项目建议书阶段投资估算和可行性研究阶段投资估算所述内容进行。

1. 设计方案比选

（1）设计方案比选的原则

建设项目设计方案比选应遵循以下3个原则：

1）建设项目设计方案比选要协调好技术先进性和经济合理性的关系，即在满足设计功能和采用先进可靠技术的条件下，尽可能地降低投资费用。

2）建设项目设计方案比选除考虑一次性建设投资的比选，还应考虑项目运营过程中的费用比选，即项目寿命期的总费用比选。

3）建设项目设计方案比选要兼顾近期与远期的要求，即建设项目的功能和规模应根据国家和地区远景发展规划，适当留有发展余地。

以上3条原则强调了建设项目设计方案比选应遵循和兼顾技术先进性和经济合理性的关系，建设投资与运营费用的关系，近期要求与远期发展的关系。

（2）设计方案比选的内容

建设项目设计方案比选的内容，在宏观方面有建设规模、建设场址、产品方案等；对于建设项目本身有总平面布置、主体工艺流程选择、主要设备选型等；微观方面有工程设计标准、工业与民用建筑的结构形式、建筑安装材料的选择等。

（3）建设项目设计方案比选的方法

在建设项目多方案整体宏观方面的比选，通常的方法有：①投资回收期法；②计算费用法；③净现值法；④净年值法；⑤内部收益率法，以及上述几种方法同时使用等。在建设项目本身局部多方案的比选中，除了可用上述宏观方案比较方法外，一般采用价值工程原理或多指标综合评分法比选。

2. 优化设计

优化设计的投资估算编制是在方案比选确定的设计方案基础上，通过设计招标、方案竞选、深化设计等措施，以降低成本或提高功能为目的，对已确定方案以成本降低或功能提高为前提的设计优化和深化过程。

3. 限额设计

限额设计主要是在合理的限额内根据项目的实施内容和标准，合理分解投资额度。

限额设计的投资估算编制的前提条件为：①严格按照基本建设程序进行；②前期设计的投资估算应准确和合理。

限额设计的投资估算编制进一步细化了建设项目的投资估算，为按项目实施内容和标准合理分解投资额度和预留调节金提供了技术保障。

4.5.4 流动资金的估算

流动资金估算一般可采用分项详细估算法和扩大指标估算法。

1. 分项详细估算法

根据周转额与周转速度之间的关系，对构成流动资金的各项流动资产和流动负债分别进行估算。流动资金分项详细估算法参照《建设项目经济评价方法与参数》（第三版）编写。

可行性研究阶段的流动资金估算应采用分项详细估算法，可按下述步骤及计算公式计算：

$$流动资金＝流动资产－流动负债 \tag{4-12}$$

$$流动资产＝应收账款＋预付账款＋存货＋现金 \tag{4-13}$$

$$流动负债＝应付账款＋预收账款 \tag{4-14}$$

$$周转次数＝360 天/流动资金最低周转天数 \tag{4-15}$$

$$应收账款＝年经营成本/应收账款周转次数 \tag{4-16}$$

$$预付账款＝外购商品或服务年费用金额/预付账款周转次数 \tag{4-17}$$

$$存货＝外购原材料、燃料＋其他材料＋在产品＋产成品 \tag{4-18}$$

$$外购原材料、燃料＝年外购原材料、燃料费用/分项周转次数 \tag{4-19}$$

$$其他材料＝年其他材料费用/其他材料周转次数 \tag{4-20}$$

$$在产品＝(年外购原材料、燃料动力费用＋年工资及福利费＋$$
$$年修理费＋年其他制造费用)/在产品周转次数 \tag{4-21}$$

$$产成品＝(年经营成本－年其他营业费用)/产成品周转次数 \tag{4-22}$$

$$现金＝(年工资及福利费＋年其他费用)/现金周转次数 \tag{4-23}$$

$$年其他费用＝制造费用＋管理费用＋营业费用－(以上 3 项费用中所含的工资及福利费、$$
$$折旧费、摊销费、修理费) \tag{4-24}$$

$$应付账款＝外购原材料、燃料动力及其他材料年费用/应付账款周转次数 \tag{4-25}$$

$$预收账款＝预收的营业收入年金额/预收账款周转次数 \tag{4-26}$$

$$流动资金本年增加额＝本年流动资金－上年流动资金 \tag{4-27}$$

2. 扩大指标估算法

根据销售收入、经营成本、总成本费用等与流动资金的关系和比例来估算流动资金。流动资金的计算公式为：

$$年流动资金额＝年费用基数×各类流动资金率 \tag{4-28}$$

3. 铺底流动资金的计算

对铺底流动资金有要求的建设项目，应按国家或行业的有关规定计算铺底流动资金。非生产经营性建设项目不列铺底流动资金。

铺底流动资金一般按项目建成后所需全部流动资金的 30% 计算。

复习思考题

1. 建设项目的投资估算过程中需要考虑哪些费用项？
2. 什么是设计方案比选？它的原则和方法是什么？
3. 优化设计和限额设计在投资估算中的作用是什么？
4. 什么是建设期利息？如何计算建设期利息？

5. 在投资估算过程中，为什么需要进行方案比选、优化设计和限额设计？

6. 为什么建设项目的设计方案比选要兼顾技术先进性和经济合理性？

7. 什么是环境影响咨询及验收费？它的计算方法是什么？

8. 为什么建设项目的设计方案比选要考虑项目运营过程中的费用比选？

9. 为什么建设项目的设计方案比选要兼顾近期与远期的要求？

10. 在投资估算过程中，如何确定基本预备费和价差预备费的估算方法？

第 5 章

建设项目设计概算

5.1　概述

建设项目设计概算是设计文件的重要组成部分，是确定和控制建设项目全部投资的文件，是编制固定资产投资计划、实行建设项目投资包干、签订承发包合同的依据，同时也是签订贷款合同、项目实施全过程造价控制管理以及考核项目经济合理性的依据。在报批设计文件时，必须同时报批设计概算文件。在项目设计阶段必须编制概算，在技术设计阶段和扩大初步设计阶段亦可编制。

设计概算额度控制、审批、调整应遵循国家、各省市地方政府或行业有关规定，一般应控制在立项批准的投资估算以内；如果设计概算值超过控制范围，以至于因概算投资额度变化影响项目的经济效益，使经济效益达不到预定收益目标值时，必须修改设计或重新立项审批。设计概算批准后不得任意修改和调整；如需修改或调整，须经原批准部门同意，并重新审批。

设计概算的编制应充分考虑项目所在地设备和材料市场供应情况、现场施工作业条件，以及能够承担项目施工的工程公司情况等因素；设计概算编制应按项目合理建设工期，预测在项目建设期内的设备和材料市场供应及价格变化、建筑安装施工市场变化、项目建设贷款和租赁设备在项目建设期间的时间价值等动态因素对项目投资的影响，合理地确定建设项目投资；建设项目概算总投资还应包括国家为调节投资方向和产业结构发生的费用，以及建设项目投产必需的铺底流动资金。

5.2　设计概算文件组成

设计概算文件是设计文件的组成部分，概算文件编制成册应与其他设计技术文件统一；目录、表格的填写要求概算文件的编号层次分明、方便查找（总页数应编流水号），由分到合、一目了然。只有一个单项工程的项目按二级概算编制形式编制，两个及以上单项工程的项目按三级概算编制形式编制。针对概算文件的编制形式，应按项目的功能、规模、独立性程度等确定采用三级编制（总概算、综合概算、单位工程概算）还是二级编制（总概算、单位工程概算）形式。

5-1　项目投
资概算表

概算表格格式分为工程量清单全价模式和费用构成模式两种，工程量清单全价模式为现行国家标准《建设工程造价咨询规范》GB/T 51095—2015 规定推广的表格，费用构成模式是暂时保留的表格。

按照"总概算""综合概算"和"单位工程概算"三级概算形式编制的设计概算由：①封面、签署页及目录；②编制说明；③总概算表；④工程建设其他费用表；⑤综合概算表；⑥单位工程概算表；⑦概算综合单价分析表；⑧附件等其他表格组成。一般由封面、签署页及目录、编制说明、总概算表、其他费用计算表、单项工程综合概算表组成总概算册；视项目具体情况由封面、单项工程综合概算表、单位工程概算表、附件组成各概算分册。

按照"总概算""单位工程概算"二级概算编制形式的设计概算由：①封面、签署页及目录；②编制说明；③总概算表；④工程建设其他费用表；⑤单位工程概算表；⑥概算综合单价分析表；⑦附件等其他表格组成。对于采用二级编制（总概算、单位工程概算）形式的设计概算文件，可将所有概算文件组成一册。

5.3 设计概算编制依据

概算编制依据是指编制项目概算所需的一切基础资料。概算编制依据涉及面很广，一般指编制项目概算所需的一切基础资料。不同项目的概算编制依据不尽相同。设计概算文件编制人员必须深入现场进行调研，收集编制概算所需的定额、价格、费用标准以及国家或行业、当地主管部门的规定、办法等资料。投资方（项目业主）应当主动配合，并向设计单位提供有关资料。

概算编制依据主要有以下方面：①批准的可行性研究报告；②工程勘察与设计文件或设计工程量；③项目涉及的概算指标或定额，以及工程所在地编制同期的人工、材料、机械台班市场价格，相应工程造价管理机构发布的概算定额（或指标）；④国家、行业和地方政府有关法律、法规或规定，政府有关部门、金融机构等发布的价格指数、利率、汇率、税率，以及工程建设其他费用等；⑤资金筹措方式；⑥正常的施工组织设计或拟定的施工组织设计和施工方案；⑦项目涉及的设备材料供应方式及价格；⑧项目的管理（含监理）、施工条件；⑨项目所在地区有关的气候、水文、地质地貌等自然条件；⑩项目所在地区有关的经济、人文等社会条件；⑪项目的技术复杂程度以及新技术、专利使用情况等；⑫有关文件、合同、协议等；⑬委托单位提供的其他技术经济资料；⑭其他相关资料。

概算文件中所列的编制依据有以下几个方面的要求：①定额和标准的时效性。使用概算文件编制期正在执行使用的定额和标准，禁止使用已经作废或还没有正式颁布执行的定额和标准。②具有针对性。要针对项目特点，使用相关的编制依据，并在编制说明中加以说明，使概算对项目造价（投资）有一个正确的认识。③合理性。概算文件中所使用的编制依据对项目的造价（投资）水平的确定应当是合理的，也就是说，按照该编制依据编制的项目造价（投资）能够反映项目实施的真实造价（投资）水平。④对影响造价或投资水平的主要因素或关键工程的必要说明。概算文件编制依据中应对影响造价或投资水平的主要因素作较为详尽的说明，对影响造价或投资水平关键工程造价（投资）水平的确定作较为详尽的说明。

5.4　设计概算编制办法

5.4.1　建设项目总概算的编制

编制总概算首先需要撰写编制说明。概算编制说明应包括以下主要内容：①项目概况。简述建设项目的建设地点、设计规模、建设性质（新建、扩建或改建）、工程类别、建设期（年限）、主要工程内容、主要工程量、主要工艺设备及数量等。②主要技术经济指标。项目概算总投资（有引进地给出所需外汇额度）及主要分项投资、主要技术经济指标（主要单位投资指标）等。③资金来源。按资金来源不同渠道分别说明，发生资产租赁的说明租赁方式及租金。④编制依据参考"5.3 设计概算的编制依据"的相关内容。⑤其他需要说明的问题。⑥总说明附表。

总概算的编制说明，要求文句通畅简练、内容具体确切，能说明问题。概算编制说明规定的内容为项目的共有特征，除此之外，概算编制说明应针对具体项目的独有特征进行阐述；编制依据应不与国家法律法规和各级政府部门、行业颁发的规定制度矛盾，应符合现行的金融、财务、税收制度，应符合国家或项目建设所在地政府经济发展政策和规划；概算编制说明还应对概算存在的问题和一些其他相关的问题进行说明，比如不确定因素、没有考虑的外部衔接等问题。

在编制说明之后，需要编制总概算表。总概算表中的概算总投资由工程费用、工程建设其他费用、预备费及应列入项目概算总投资中的几项费用组成：①工程费用；②工程建设其他费用；③预备费；④应列入项目概算总投资中的几项费用，包括建设期利息，固定资产投资方向调节税，铺底流动资金。

5.4.2　单项工程综合概算的编制

单项工程综合概算就是总概算中的工程费用。工程费用按单项工程综合概算组成编制，采用二级编制的按单位工程概算组成编制。其中，市政民用建设项目一般排列顺序为：①主体建（构）筑物；②辅助建（构）筑物；③配套系统。工业建设项目一般排列顺序为：①主要工艺生产装置；②辅助工艺生产装置；③公用工程；④总图运输；⑤生产管理服务性工程；⑥生活福利工程；⑦厂外工程。

5.4.3　单位工程概算的编制

单位工程概算就是单项工程中某一单位工程的概算，例如某主体建筑物概算，是概算文件的基本组成部分。单项工程概算文件由单位工程概算汇总编制，单位工程概算是编制单项工程综合概算（或项目总概算）的依据。单位工程概算一般分为建筑工程单位工程概算、设备及安装工程单位工程概算两大类。

建筑工程概算费用内容及组成见住房和城乡建设部、财政部发布的《建筑安装工程费用项目组成》（建标〔2013〕44 号）。建筑工程概算采用"建筑工程概算表"，按构成单位工程的主要分部分项工程编制，根据初步设计工程量按工程所在省（直辖市、自治区）颁发的概算定额（指标）或行业概算定额（指标），以及工程费用定额计算。以房屋建筑为例，根据初步设计工程量按工程所在省（直辖市、自治区）颁发的概算定额（指标）分土石方工程、基础工程、墙壁工程、梁柱工程、楼地面工程、门窗工程、屋面工程、保温防水工程、室外附属工程、装饰工程等项编制概算，编制深度宜达到现行国家标准《建设工程工程量清单计价规范》GB 50500—2013 的深度。

对于通用结构建筑可采用"造价指标"编制概算；对于特殊或重要的建构筑物，必须按构成单位工程的主要分部分项工程编制，必要时结合施工组织设计进行详细计算。

设备及安装工程概算费用的组成包括设备购置费和安装工程费。设备购置费的组成及计算方法为：

（1）定型或成套设备

$$设备费＝设备出厂价＋运输费＋采购保管费 \qquad (5\text{-}1)$$

（2）非标准设备

原价有多种不同的计算方法，如综合单价法、成本计算估价法、系列设备插入估价法、分部组合估价法、定额估价法等。一般采用不同种类设备综合单价法计算，计算公式如下：

$$设备费＝\sum 综合单价(元/t)\times 设备单重(t) \qquad (5\text{-}2)$$

（3）进口设备

进口设备费用应以与外商签订的合同（或询价）为依据；设计文件应提供能满足概算编制深度要求的有关数据，设计人员或概算编制人员充分考察或咨询引进设备所涉及的有关硬件和软件费用。设备合同总价一般包括以下内容：

1）硬件费：指设备、材料、备品备件、化学药剂、触媒、施工专用工具、机具等费用，以外币折合人民币后，列入第一部分工程费用，其中设备、备品备件、化学药剂、触媒、施工专用工具、机具等列入设备购置费；钢材、焊条等材料列入安装工程费。

2）软件费：指设计费、自控软件、技术资料费、专利费、技术秘密费、技术服务费用等，以外币折合人民币后，列入第二部分其他费用。

3）从属费用：指国外运输费、国外运输保险费、进口关税、增值税、银行财务费、外贸手续费等，国外运输费、国外运输保险费以外币折合人民币后，随货价性质分别列入第一部分工程费用的设备购置费或安装工程费中，进口关税、增值税、银行财务费、外贸手续费等按国家有关规定计算分别列入第一部分工程费用的设备购置费或安装工程费中。

（4）超限设备运输特殊措施费

超限设备运输特殊措施费指当设备质量、尺寸超过铁路、公路等交通部门所规定的限度，在运输过程中须进行路面处理、桥涵加固、铁路设施改造或造成正常交通中断进行补偿所发生的费用，应根据超限设备运输方案计算超限设备运输特殊措施费。

安装工程费用内容组成以及工程费用计算方法见住房和城乡建设部、财政部印发的《建筑安装工程费用项目组成》（建标〔2013〕44 号）；其中，辅助材料费按概算定额（指标）计算，主要材料费以消耗量按工程所在地概算编制期预算价格（或市场价）计算。

初步设计阶段概算编制深度宜参照《建设工程工程量清单计价规范》GB 50500—2013 深度执行，施工图设计概算编制深度应达到《建设工程工程量清单计价规范》GB 50500—2013 深度。

进口材料费用计算方法与进口设备费用计算方法相同。

设备及安装工程概算采用"设备及安装工程概算表"形式，按构成单位工程的主要分部分项工程编制，根据初步设计工程量，按工程所在省（直辖市、自治区）颁发的概算定额（指标）或行业概算定额（指标）以及工程费用定额计算。

单位工程概算编制深度可参照现行国家标准《建设工程工程量清单计价规范》GB 50500—2013深度执行。当概算定额或指标不能满足概算编制要求时，应编制"补充单位估价表"。

5.4.4 工程建设其他费用概算的编制

一般工程建设其他费用包括前期费用、建设用地费和赔偿费、建设管理费、专项评价及验收费、研究试验费、勘察设计费、场地准备及临时设施费、引进技术和进口设备材料其他费、工程保险费、联合试运转费、特殊设备安全监督检验及标定费、施工队伍调遣费、市政审查验收费及公用配套设施费、专利及专有技术使用费、生产准备及开办费等。

经常发生的工程建设其他费用，对于不同的建设项目是不同的，有的费用项目发生，有的不发生，还可能发生除上述以外的其他一些费用项目，例如，一般建设项目很少发生一些具有明显行业特征的工程建设其他费用项目，如移民安置费、河道占用补偿费、航道维护费、植被恢复费等，各省（直辖市、自治区）和各行业分会可在实施中针对具体项目其他费用发生的实际情况补充规定，或具体项目发生时依据有关政策规定列入。以下给出了参考计算方法，有合同或国家以及各省、市或行业有规定的，按合同和有关规定计算。

1. 前期费用

前期费用包括项目前期筹建、论证评估、立项批复、申报核准等费用。

（1）前期筹建费

1）费用内容

从筹备到前期工作结束（可行性研究报告批复或项目前期终止）筹建机构发生的费用，包括人员费用、办公费用、图书资料费用、合同契约公证费、调研及公关费、咨询费以及生活设施租赁费用等。

2）计算方法

可按费用构成明细经主管部门批准后计列。

（2）可行性研究报告（方案）编制及评估费

1）费用内容

可行性研究报告编制、项目建议书编制、预可行性研究报告编制以及评估所发生的费用。

2）计算方法

可行性研究报告编制及评估费、项目建议书编制费依据前期研究委托合同计列，或参照《国家计委关于印发建设项目前期工作咨询收费暂行规定的通知》（计价格〔1999〕1283号）规定计算。

编制预可行性研究报告参照编制项目建议书收费标准并可适当调增。

（3）申报核准费用

1）费用内容

申报核准费是指根据《国务院关于投资体制改革的决定》（国发〔2004〕20 号）的有关规定，需报国务院和省级投资主管部门核准的建设项目，编制项目申请报告费用以及为取得各项核准文件所发生的核准资料附件获取费。

2）计算方法

项目申请报告编制费依据委托合同计列，或参照《国家计委关于印发建设项目前期工作咨询收费暂行规定的通知》（计价格〔1999〕1283 号）规定计算。

核准资料附件获取费是指为了项目核准，需要取得相关资料和核准报告附件所发生的费用。除非所需，原则上不计取此项费用。

（4）建设用地费

1）费用内容

按照《中华人民共和国土地管理法》等规定，建设项目使用土地应支付的费用，分成为取得土地使用权缴纳的费用和临时用地费两部分。建设用地（使用权）一般通过行政划拨、土地使用权出让方式取得。

为取得土地使用权缴纳的费用包括土地使用权出让金等土地有偿使用费（划拨方式不缴纳）和其他费用。其他费用是指土地补偿费、安置补助费、征用耕地复垦费、土地上的附着物和青苗补偿费、土地预审登记及征地管理费、征用耕地按规定一次性缴纳的耕地占用税、征用城镇土地在建设期间按规定每年缴纳的城镇土地使用税、征用城市郊区菜地按规定缴纳的新菜地开发建设基金、契税及其他各项费用。临时用地费包括施工临时占地补偿费、租赁等费用。

2）计算方法

根据征用建设用地面积、临时用地面积，按建设项目所在省（直辖市、自治区）人民政府制定颁发的相关规定等计算土地费用。

建设用地上的建（构）筑物如需迁建，其迁建补偿费应按迁建补偿协议计列或按新建同类工程造价计算。建设场地平整中的余物拆除清理费在"场地准备及临时设施费"中计算。

建设项目采用"长租短付"方式租用土地使用权，在建设期间支付的租地费用计入建设用地费，在生产经营期间支付的土地使用费应进入营运成本中核算。

（5）建设用地赔偿费

1）费用内容

项目涉及对房屋、市政、铁路、公路、管道、通信、电力、河道、水利、林区、保护区、矿区等相关建（构）筑物或设施的赔偿费用。

2）计算方法

赔偿费按照国家和建设项目所在省（直辖市、自治区）人民政府有关规定或相关协议计算。

2. 建设管理费

建设管理费包括建设单位管理费、工程质量监管费、工程监理费、监造费、咨询费、项目管理承包费等。这些费用都属建设管理范畴，费用内容相互交叉，具体建设项目中应避免重复计算和漏算。

（1）建设单位管理费

1）费用内容

建设单位从可行性研究报告批复时至交付生产发生的管理性质的开支以及由竣工验收而发生的管理费用包括建设单位管理工作人员费用、办公费用、图书资料费用、设计审查费用、工程招标费用、咨询费用、合同契约公证费用、竣工验收相关费用、生产工人招聘费用、印花税及其他管理性质开支的费用。

2）计算方法

以建设投资中的工程费用为基数乘以建设管理费费率计算。

$$建设单位管理费＝工程费用×建设管理费费率 \tag{5-3}$$

（2）工程质量监管费

1）费用内容

工程质量监督行政机构接受委派，按照相关法律、法规异地承担建设项目的质量监察、督导等管理工作所收取的费用。

2）计算方法：

$$工程质量监管费＝工程费用×工程质量监管费费率 \tag{5-4}$$

（3）工程监理费

1）费用内容

受建设单位委托，工程监理机构为工程建设提供技术服务所发生的费用，属建设管理范畴；如采用监理，建设单位部分管理工作量转移至监理单位。

2）计算方法

监理费应根据委托的监理工作范围和监理深度在监理合同中商定或按当地或所属行业部门有关规定计算。依法必须实行监理的建设工程施工阶段的监理收费实行政府指导价，建设工程监理费按照国家发展改革委员会、建设部发布的《国家发展改革委、建设部关于印发〈建设工程监理与相关服务收费管理规定〉的通知》（发改价格〔2007〕670 号）计算；其他建设工程施工阶段的监理收费和其他阶段的监理与相关服务收费实行市场调节价。

（4）监造费

1）费用内容

按照法律、法规和标准对产品制造过程的质量实施监督服务所发生的费用。

2）计算方法

$$设备监造费＝需监造的设备出厂价×设备监造费费率 \tag{5-5}$$

$$设备监造费＝需监造的设备数量×设备监造费指标 \tag{5-6}$$

（5）咨询费

1）费用内容

项目建设单位委托第三方进行建设项目有关管理和技术支持等的咨询活动发生的费用。

2）计算方法

有合同或协议的按约定，没有合同或协议的按相关规定计算，可采取按工作量、设计费、工程造价等为依据计算。

（6）项目管理承包费

1）费用内容

项目管理承包费指项目业主委托工程公司或咨询公司在业主的授权下对项目全过程或阶段进行管理，并承担对相关承包商的管理和监督等的管理费用。

2）计算方法

项目管理承包费根据管理方式和承包范围按照相关规定计算，不发生时不计取。

3. 专项评价及验收费

专项评价及验收费包括环境影响评价及验收费、安全预评价及验收费、职业病危害预评价及控制效果评价费、地震安全性评价费、地质灾害危险性评价费、水土保持评价及验收费、压覆矿产资源评价费、节能评估费、危险与可操作性分析及安全完整性评价费以及其他专项评价及验收费。具体建设项目应按实际发生的专项评价及验收项目计列，不得虚列项目费用。

（1）环境影响评价及验收费

1）费用内容

环境影响评价及验收费包括为全面、详细评价建设项目对环境可能产生的污染或造成的重大影响而编制环境影响报告书（含大纲）、环境影响报告表和评估等所需的费用，以及建设项目竣工验收阶段环境保护验收调查和环境监测、编制环境保护验收报告的费用。

2）计算方法

环境影响评价费：按照国家计委、国家环境保护总局发布的《国家计委　国家环境保护总局关于规范环境影响咨询收费有关问题的通知》（计价格〔2002〕125号）规定计算，其中有评价专题的，可根据专题工作量另外计算专题收费。

验收费：按环境影响评价费的比例计算，一般可按环境影响评价费的一定比例计算。按合同或实际发生费用计列。

（2）安全预评价及验收费

1）费用内容

安全预评价及验收费包括为预测和分析建设项目存在的危害因素种类和危险危害程度，提出先进、科学、合理可行的安全技术和管理对策，而编制评价大纲、编写安全评价报告书和评估等所需的费用，以及在竣工阶段验收时所发生的费用。

2）计算方法

按照建设项目所在省（直辖市、自治区）人民政府有关规定计算，或者按合同或实际发生费用计列。不需要评价的建设项目不计取此项费用。

（3）职业病危害预评价及控制效果评价费

1）费用内容

职业病危害预评价及控制效果评价费包括建设项目因可能产生职业病危害而编制职业病危害预评价书、职业病危害控制效果评价书和评估所需的费用。

2）计算方法

按照国家或建设项目所在省（直辖市、自治区）人民政府有关规定计算，或者按合同或实际发生费用计列。不需要评价的建设项目不计取此项费用。

（4）地震安全性评价费

1）费用内容

地震安全性评价费包括通过对建设场地和场地周围的地震活动与地震、地质环境的分析，而进行的地震活动环境评价、地震地质构造评价、地震地质灾害评价，编制地震安全评价报告书和评估所需的费用。

2）计算方法

按照国家或建设项目所在省（直辖市、自治区）人民政府有关规定计算，或者按合同或实际发生费用计列。不需要评价的建设项目不计取此项费用。

（5）地质灾害危险性评价费

1）费用内容

地质灾害危险性评价费包括在灾害易发区对建设项目可能诱发的地质灾害和建设项目本身可能遭受的地质灾害危险程度的预测评价，编制评价报告书和评估所需的费用。

2）计算方法

按照国家或建设项目所在省（直辖市、自治区）人民政府有关规定计算，或者按合同或实际发生费用计列。不需要评价的建设项目不计取此项费用。

（6）水土保持评价及验收费

1）费用内容

水土保持评价及验收费包括对建设项目在生产建设过程中可能造成水土流失进行预测，编制水土保持方案和评估所需的费用，以及在施工期间的监测、竣工阶段验收时所发生的费用。

2）计算方法

按照国家或建设项目所在省（直辖市、自治区）人民政府有关规定计算，或者按合同或实际发生费用计列。不需要评价的建设项目不计取此项费用。

（7）压覆矿产资源评价费

1）费用内容

压覆矿产资源评价费包括对需要压覆重要矿产资源的建设项目，编制压覆重要矿床评价和评估所需的费用。

2）计算方法

按照国家或建设项目所在省（直辖市、自治区）人民政府有关规定计算，或者按合同或实际发生费用计列。不需要评价的建设项目不计取此项费用。

（8）节能评估费

1）费用内容

节能评估费包括对建设项目的能源利用是否科学合理进行分析评估，并编制节能评估报告以及评估所发生的费用。

2）计算方法

按照国家或建设项目所在省（直辖市、自治区）人民政府有关规定计算，或者按合同或实际发生费用计列。不需要评价的建设项目不计取此项费用。

（9）危险与可操作性分析及安全完整性评价费

1）费用内容

危险与可操作性分析（HAZOP）及安全完整性评价（SIL）费是指对应用于生产具

有流程性工艺特征的新、改、扩建项目进行工艺危害分析和对安全仪表系统的设置水平及可靠性进行定量评估所发生的费用。

2）计算方法

按照国家或建设项目所在省（直辖市、自治区）人民政府有关规定，根据建设项目的生产工艺流程特点计算。

（10）其他专项评价及验收费

1）费用内容

除以上9项评价及验收费外，根据国家法律法规、建设项目所在省（直辖市、自治区）人民政府有关规定，以及行业规定需进行的其他专项评价、评估、咨询和验收（如重大投资项目社会稳定风险评估、防洪评价等）所需的费用。

2）计算方法

按照国家、建设项目所在省（直辖市、自治区）人民政府或行业有关规定计算。不需要评价的建设项目不计取此项费用。

4. 研究试验费

（1）费用内容

研究试验费指为建设项目提供和验证设计参数、数据、资料等进行必要的研究和试验，以及设计规定在施工中必须进行试验、验证所需要费用。包括自行或委托其他部门的专题研究、试验所需人工费、材料费、试验设备及仪器使用费等。不包括应由科技三项费用（即新产品试制费、中间试验费和重要科学研究补助费）开支的费用和应在建筑安装费中列支的施工企业对建筑材料、构件和建筑物进行一般鉴定、检查所发生的费用，以及应由勘察设计费或工程费用中开支的费用。

（2）计算方法

按照设计提出需要研究试验的内容和要求计算。

5. 勘察设计费

（1）勘察费

1）费用内容

勘察费指为建设项目完成勘察作业，编制工程勘察文件和岩土工程设计文件等所需的费用。

2）计算方法

勘察费按照《国家计委、建设部关于发布〈工程勘察设计收费管理规定〉的通知》（计价格〔2002〕10号）有关规定计算。

（2）设计费

1）费用内容

设计费指为建设项目提供初步设计文件、施工图设计文件、非标准设备设计文件、施工图预算文件、竣工图文件、设备采购技术服务等所需的费用。

2）计算方法

按照《国家计委、建设部关于发布〈工程勘察设计收费管理规定〉的通知》（计价格〔2002〕10号）有关规定计算。

6. 场地准备费和临时设施费

（1）场地准备费

1）费用内容

场地准备费指建设项目为达到工程开工条件所发生的、未列入工程费用的场地平整以及对建设场地余留的有碍于施工建设的设施进行拆除清理所发生的费用。改扩建项目一般只计拆除清理费。

2）计算方法

应根据实际工程量估算，或按工程费用的比例计算。

场地平整费一般不计列。如有特殊情况需计列的，应按建设项目所在省（直辖市、自治区）颁发的定额及相关规定计算。

拆除清理费可按新建同类工程造价或主材费、设备费的比例计算，凡可回收材料的拆除工程采用以料抵工方式冲抵拆除清理费。

（2）临时设施费

1）费用内容

临时设施费指建设单位为满足施工建设需要而提供到场地界区的未列入工程费用的临时水、电、路、讯、气等工程和临时仓库、办公、生活等建（构）筑物的建设、维修、拆除、摊销费用或租赁费用，以及铁路、码头租赁等费用。场地准备及临时设施应尽量与永久性工程统一考虑。

建设场地的大型土石方工程应进入工程费用中的总图运输费用中。此项费用不包括已列入建筑安装工程费用中的施工单位临时设施费用。

2）计算方法

按工程量计算，或者按工程费用比例计算：

$$临时设施费＝工程费用×临时设施费费率 \tag{5-7}$$

临时设施费费率视项目特点确定。

7. 引进技术和进口设备材料其他费

引进技术和进口设备材料其他费包括图纸资料翻译复制费、备品备件测绘费、出国人员费用、来华人员费用、银行担保及承诺费、进口设备材料国内检验费等。

（1）图纸资料翻译复制费、备品备件测绘费

1）费用内容

图纸资料翻译复制费是指对标准、规范、图纸、操作规程、技术文件等资料的翻译、复制费用。

备品备件测绘费是指在建设项目中，为了确保设备的正常运转和维护，需要预先购置一定数量的备品备件，而这些备品备件在采购前需要进行详细的测绘工作，以确保其与设备完全匹配。测绘工作可能包括对备品备件尺寸、规格、性能等方面的测量和记录，以及与设备制造商进行沟通协调，确保备品备件的质量和适用性。这个过程所产生的费用，就是所谓的备品备件测绘费。

具体来说，备品备件测绘费主要包括以下几个方面：

①设备测绘费：对设备进行详细测绘，获取设备的尺寸、规格等信息所发生的费用。

②备件测绘费：对需要预先购置的备品备件进行测绘，确保其与设备匹配所发生的

费用。

③技术交流费：与设备制造商进行技术交流，获取设备和备件的技术资料所发生的费用。

④测绘人员费用：支付给参与测绘工作的技术人员的费用。

⑤测绘设备费：使用测绘设备（如测量仪器、绘图软件等）所产生的费用。

在建设项目总投资估算中，备品备件测绘费是设备购置费的一个组成部分，需要在项目预算中予以考虑。根据《建设项目投资估算编审规程》CECA/GC 1—2015，备品备件测绘费可以根据引进项目的具体情况计列，或按离岸价（FOB）的比例估列。这表明备品备件测绘费的估算应结合项目实际情况，考虑设备的特点、备件的需求等因素，合理确定费用的金额。

2）计算方法

根据引进项目的具体情况计列或按进口货价的比例估列；备品备件测绘费按具体情况估列。

（2）出国人员费用

1）费用内容

出国人员费用指因出国设计联络、出国考察、技术交流等所发生的差旅费、生活费等。

2）计算方法

依据合同或协议规定的出国人次、期限以及相应的费用标准计算。生活费按照财政部、外交部规定的现行标准计算，差旅费按中国民航公布的票价计算。

（3）来华人员费用

1）费用内容

来华人员费用指外国来华工程技术人员往返现场交通费、现场接待服务费等费用。

2）计算方法

依据引进合同或协议有关条款及来华技术人员派遣计划进行计算。来华人员接待费用可按每人次费用指标计算。引进合同价款中已包括的费用内容不得重复计算。

（4）银行担保及承诺费

1）费用内容

银行担保及承诺费指银行为引进技术和进口设备材料等商贸活动出具的担保及承诺书函所发生的费用。

2）计算方法

应按担保或承诺协议计取。概算编制时可以用担保金额或承诺金额为基数乘以费率计算。

（5）进口设备材料国内检验费

1）费用内容

进口设备材料国内检验费指进口设备材料根据国家有关文件规定的检验项目进行检验所发生的费用。

2）计算方法

进口设备材料国内检验费＝进口设备材料到岸价（CIF）×人民币外汇牌价（中间价）×

$$进口设备材料国内检验费费率 \tag{5-8}$$

（6）关税

单独引进软件不计关税只计增值税。

8. 工程保险费

（1）费用内容

工程保险费指建设项目在建设期间根据需要对建筑工程、安装工程及机器设备和人身安全进行投保而发生的保险费用，包括建筑安装工程一切险、进口设备财产保险和人身意外伤害险等。不同的建设项目可根据工程特点选择投保险种。

不包括已列入施工企业管理费中的施工管理用财产、车辆保险费。

（2）计算方法

根据投保合同计列保险费用或者按工程费用的比例估算。

$$工程保险费 = 工程费用 \times 工程保险费费率 \tag{5-9}$$

工程保险费费率按选择的投保险种综合考虑。

9. 联合试运转费

（1）费用内容

联合试运转费指建设项目在交付生产前按照批准的设计文件所规定的工程质量标准和技术要求，进行整个生产线或装置的负荷联合试运转或局部联动试车所发生的净支出费用（试运转支出大于收入的差额部分费用）。包括试运转所需材料、燃料及动力消耗、低值易耗品、其他物料消耗、机械使用费、联合试运转人员工资、施工单位参加试运转人工费、专家指导费以及必要的工业炉烘炉费。不包括由安装工程费项下开支的调试费及试车费用。

（2）计算方法

$$联合试运转费 = 联合试运转费用支出 - 联合试运转收入 \tag{5-10}$$

不发生试运转或试运转收入大于（或等于）费用支出的工程，不列此项费用。

也可按建筑工程费与安装工程费之和的比例计算：

$$联合试运转费 = (建筑工程费 + 安装工程费) \times 联合试运转费费率 \tag{5-11}$$

联合试运转费费率根据项目特点确定。

个别新工艺、新产品项目联合试运转发生的费用由建设单位组织编制投料试车计划和预算，经投资主管部门审定后列入设计概算。联合试运转费不包括应由设备安装工程费用开支的调试及试车费用，以及在试运转中暴露出来的因施工原因或设备缺陷等发生的处理费用。

（3）试运行期按照以下规定确定

引进国外设备项目按建设合同中规定的试运行期执行；国内一般性建设项目试运行期原则上按照批准的设计文件所规定的期限执行。个别行业的建设项目试运行期需要超过规定试运行期的，应报项目设计文件审批机关批准。试运行期一经确定，各建设单位应严格按规定执行，不得擅自缩短或延长。

10. 特殊设备安全监督检验、标定费

（1）特殊设备安全监督检验费

1）费用内容

特殊设备安全监督检验费指对在施工现场安装的列入国家特种设备检验检测和监督检

查范围的锅炉及压力容器、消防设备、燃气设备、起重设备、电梯、安全阀等特殊设备和设施进行安全检验、检测所发生的费用。

2）计算方法

一般按受检设备安装费或受检设备的设备费比例计算，如锅炉及压力容器安全监督检验费可按受检设备安装费的3%计取，其他设备安全监督检验费可按受检设备的设备费的1%计算。

（2）标定费

1）费用内容

列入国家或所在省（直辖市、自治区）计量标定范围的计量器具，进行计量标定所发生的费用。

2）计算方法

根据国家或所在省（直辖市、自治区）人民政府有关规定计算。不发生时不计取此项费用。

11. 施工队伍调遣费

（1）费用内容

施工队伍调遣费指施工企业因建设任务的需要，由已竣工的建设项目所在地或企业驻地调往新的建设项目所在地所发生的费用，包括调遣期间职工的差旅费、职工工资以及施工机械设备（不包括特大型吊装机械）、工具用具、生活设施、周转材料运输费和调遣期间施工机械的停滞台班费等。不包括应由施工企业自行负担的、在规定距离范围内调动施工力量以及内部平衡施工力量所发生的调遣费用。

（2）计算方法

一般按建筑工程费与安装工程费之和的比例计算。

$$施工队伍调遣费＝（建筑工程费＋安装工程费）×调遣费费率 \qquad (5\text{-}12)$$

根据建设项目特点及所处地理位置，确定施工队伍调遣费费率。

12. 市政审查验收费、公用配套设施费

（1）费用内容

市政审查验收费、公用配套设施费指按工程所在地政府规定收取的各项市政公用设施费，包括设计图纸审查费、防雷工程验收、消防工程验收、市政基础设施配套费、新型墙体材料基金、防空地下室场地建设改造费、白蚁预防工程费、声像档案制作费等。

（2）计算方法

按工程所在地人民政府规定标准计列；不发生或按规定免征项目不计取。

13. 专利及专有技术使用费

（1）费用内容

专利及专有技术使用费包括国外工艺包费、设计及技术资料费、有效专利、专有技术使用费、技术保密费和技术服务费等；国内有效专利、专有技术使用费；商标权、商誉和特许经营权费等。

（2）计算方法

专利及专有技术使用费按专利使用许可协议或专有技术使用合同规定计算。

专有技术的界定应以省、部级鉴定批准为依据。

项目投资中只计需在建设期支付的专利及专有技术使用费。协议或合同规定在生产期支付的使用费应在生产成本中核算。

一次性支付的商标权、商誉及特许经营权费按协议或合同规定计列。协议或合同规定在生产期支付的商标权或特许经营权费应在生产成本中核算。

国外工艺包费、设计及技术资料费、有效专利、专有技术使用费、技术保密费和技术服务费还需另行计算外贸手续费和银行财务费两项费用。

14. 生产准备及开办费

生产准备及开办费包括生产人员提前进厂费、生产人员培训费、工器具及生产家具购置费和办公及生活家具购置费。

（1）生产人员提前进厂费

1）费用内容

生产人员提前进厂费指生产单位人员为熟悉工艺流程、设备性能、生产管理等，提前进厂参与工艺设备、电气、仪表安装调试等生产准备工作而发生的人工费和社会保障费用。

2）计算方法

一般按不同项目人员指标法计算。

$$提前进厂费 = 提前进厂人员（人） \times 提前进厂指标 [元/(人 \cdot 年)] \times 提前进厂期（年）$$

$$(5-13)$$

（2）生产人员培训费

1）费用内容

生产人员培训费包括生产人员的培训费和学习资料费，以及异地培训发生的住宿费、伙食补助费、交通费等。

2）计算方法

一般按不同项目人员指标法计算：

$$生产人员培训费 = 培训人员（人） \times 培训费指标（元/人） \qquad (5-14)$$

（3）工器具及生产家具购置费

1）费用内容

工器具及生产家具购置费指为保证建设项目初期正常生产所必须购置的第一套不够固定资产标准的设备、仪器、工卡模具、器具等费用。

2）计算方法

一般按不同项目人员指标法计算，或者以设备购置费为计算基数，按照部门或行业规定的工具、器具及生产家具费率计算。

$$工器具及生产家具购置费 = 人员（人） \times 工器具及生产家具购置费指标（元/人）$$

$$(5-15)$$

$$工器具及生产家具购置费 = 设备购置费 \times 工器具及生产家具购置费指标费率 \qquad (5-16)$$

（4）办公及生活家具购置费

1）费用内容

办公及生活家具购置费指为保证建设项目初期正常生产（或营业、使用）所必须购置的生产、办公、生活家具用具等费用。

2）计算方法

一般按不同项目人员指标法计算。

办公及生活家具购置费＝人员（人）×办公及生活家具购置费指标（元/人） （5-17）

（5）生产准备及开办各项费用的计算

新建项目以设计定员为基数，改扩建项目以新增设计定员为基数。可采用综合的生产准备及开办费用指标进行计算，也可以按费用内容的分类指标计算。

15. 其他需要注意的事项

为项目配套的专用设施投资包括专用铁路线、专用公路、专用通信设施、送变电站、地下管道、专用码头等费用，如由项目建设单位负责投资但产权不归属本单位的，应作为无形资产处理。

引进技术其他费用中的国外技术人员现场服务费、出国人员旅费和生活费折合成人民币列入，用人民币支付的其他几项费用直接列入工程建设其他费用中。涉及技术引进的项目，在概算编制阶段一般已经签订合同或协议，国外技术人员现场服务费和接待费按已经签订合同或协议费用计算；出国人员差旅费和生活费按规定标准计算，引进设备材料国内检验费可按受检设备材料费的 1‰ 计算，图纸资料翻译复制费、银行担保及承诺费、国内安装保险费等按有关规定计算。

5.4.5 预备费、专项费用概算的编制

1. 预备费

预备费包括基本预备费和价差预备费，基本预备费以总概算第一部分"工程费用"和第二部分"工程建设其他费用"之和为基数的百分比计算；价差预备费一般按下式计算：

$$P = \sum_{t=1}^{n} I_t \left[(1+f)^m \cdot (1+f)^{0.5} \cdot (1+f)^{t-1} - 1 \right] \tag{5-18}$$

式中　P——价差预备费；

　　n——建设期年份数；

　　I_t——建设期第 t 年的投资计划额，包括工程费用、工程建设其他费用及基本预备费，即第 t 年的静态投资计划额；

　　f——投资价格指数；

　　t——建设期第 t 年；

　　m——建设前期年限（从编制概算到开工建设年数）。

基本预备费费率可根据项目特点确定；价差预备费中的投资价格指数按国家颁布的计取，当前暂时为零，计算式中 $(1+f)^{0.5}$ 表示建设期第 t 年当年投资分期均匀投入考虑涨价的幅度，对设计建设周期较短的项目价差预备费计算公式可简化处理。

2. 应列入项目概算总投资中的几项费用

（1）建设期利息：根据不同资金来源及利率分别计算。

$$Q = (P_{j-1} + A_j/2)i \tag{5-19}$$

式中　Q——建设期利息；

　　P_{j-1}——建设期第 $j-1$ 年末贷款累计金额与利息累计金额之和；

　　A_j——建设期第 j 年贷款金额；

i——贷款年利率。

自有资金额度应符合国家或行业有关规定。

（2）铺底流动资金按国家或行业有关规定计算。

（3）固定资产投资方向调节税（暂停征收）。

资金来源有多种渠道，如自有资金、基建贷款、外币贷款、合作投资、融资等，还有资产租赁等其他形式。除自有资金、合作投资外，要将这些资金或资产在建设期的时间价值列入概算，按贷款方式规定了建设期利息计算方法，其他资金或资产在建设期的时间价值按有关规定或实际发生额度计算。在编制说明中还应对资金渠道进行说明，发生资产租赁的，说明具体租赁方式及租金。

一般铺底流动资金按流动资金的 30% 计算，也可按其他方法计算。

固定资产投资方向调节税暂停征收，规定征收时计算，并计入概算。

5.4.6　调整概算的编制

设计概算批准后，一般不得调整。如果设计概算经批准后调整，需要经过原概算审批单位同意，方可编制调整概算。通常来说，调整概算的原因有：

1. 超出原设计范围的重大变更

某些重大自然灾害对已建工程造成巨大破坏，重建这些破坏工程费用超出基本预备费规定范围，可以调整概算。由于国家规定的安全设防标准提高引起的费用增加超出基本预备费规定范围，也可以调整概算。

2. 超出基本预备费规定范围不可抗拒的重大自然灾害引起的工程变动和费用增加

属国家重大政策性变动因素，如财务税收、金融、产业调整、安全环保等，同时包括在国家市场经济调控范围内的影响工程造价的主要设备材料的价格大幅度波动等因素。建设单位（项目业主）自行扩大建设规模、提高建设标准等而增加的费用不予调整。

3. 超出工程造价调整预备费的国家重大政策性的调整

如果发生超出原设计范围的重大变更而需调整概算时，需要先重新编制可行性研究报告，经论证评审可行审批后，才能编制调整概算。建设单位和设计单位在调查分析的基础上编制调整概算，按规定的审批程序报批。需要调整概算时，由建设单位调查分析变更原因，报主管部门审批同意后，由原设计单位核实编制调整概算，并按有关审批程序报批。影响工程概算的主要因素已经清楚，工程量完成了一定量后方可进行调整，一个工程只允许调整一次概算。

调整概算编制深度与要求、文件组成及表格形式同原设计概算，调整概算还应对工程概算调整的原因作详尽分析说明，所调整的内容在调整概算总说明中要逐项与原批准概算对比，并编制调整前后概算对比表，分析主要变更原因。当调整变化内容较多时，调整前后概算对比表，以及主要变更原因分析应单独成册，也可以与设计文件调整原因分析一起编制成册。在上报调整概算时，应同时提供原设计的批准文件、重大设计变更的批准文件、工程已发生的主要影响工程投资的设备和大宗材料购买货发票（复印件）和合同等作为调整概算的附件。在上报调整概算时，应同时提供有关文件和调整依据。

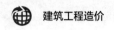

复习思考题

1. 工程保险费包括哪些内容?

2. 临时设施费的计算方法是什么?

3. 引进技术和进口设备材料其他费包括哪些内容?

4. 进口设备材料国内检验费的计算方法是什么?

5. 联合试运转费包括哪些内容?

6. 特殊设备安全监督检验费的计算方法是什么?

7. 建设管理费包括哪些内容,计算方法是什么?

8. 工程质量监管费的计算方法是什么?

9. 建设场地的大型土石方工程是否包括在工程费用中的总图运输费用中?

10. 来华人员费用的计算方法是什么?

第6章

建筑工程工程量清单计量

6.1 概述

工程量清单是载明拟建工程的分部分项工程、措施项目的名称及其相应数量和其他项目、规费项目、税金项目等内容的明细清单。工程造价设计及实施阶段计价活动主要的依据是《建设工程工程量清单计价规范》GB 50500—2013、《房屋建筑与装饰工程工程量计算规范》GB 50854—2013 和《通用安装工程工程量计算规范》GB 50856—2013 等规范的相关内容。工程计量，即工程项计算，指建设工程项目以工程设计图纸、施工组织设计或施工方案及有关技术经济文件为依据，按照相关工程国家标准的计算规则、计量单位等规定，进行工程数量的计算活动，在工程建设中简称工程计量。

本章主要介绍的是《房屋建筑与装饰工程工程量计算规范》GB 50854—2013 中分部分项工程、措施项目清单的编制，以及分部分项工程和措施项目的工程量计算方法。线路管道和设备安装工程等清单编制及工程量计算方法参考《通用安装工程工程量计算规范》GB 50856—2013 及其他相关书籍。

6.2 工程量清单的编制要点

6.2.1 工程计量要点

预算编制过程中的工程计量，除了应遵守《房屋建筑与装饰工程工程量计算规范》GB 50854—2013 的各项规定外，还应依据审定通过的施工设计图纸及说明、施工组织设计或施工方案以及其他有关技术经济文件。工程实施过程中的工程计量除了遵守《房屋建筑与装饰工程工程量计算规范》GB 50854—2013 外，还应符合国家现行有关标准的规定。

清单编制过程中有 2 个或 2 个以上计量单位的，应结合拟建工程项目的实际情况，确定其中一个为计量单位。同一工程项目的计量单位应一致。在同一个建设项目（或标段、合同段）中，有多个单位工程的相同项目计量单位必须保持一致。

工程计量时每一项目汇总的有效位数应遵守下列规定：①以"t"为单位，应保留小数点后 3 位数字，第 4 位小数四舍五入；②以"m""m²""m³""kg"为单位，应保留小数点后 2 位数字，第 3 位小数四舍五入；③以"个""件""根""组""系统"为单位，应

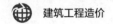

取整数。

在工程量清单中列出的主要工作内容，除另有规定和说明外，应视为已经包括完成该项目的全部工作内容，未列内容或未发生，不应另行计算。在工程量清单中也应包括施工过程中必然发生的机械移动、材料运输等《建设工程工程量清单计价规范》GB 50854—2013 未列出的辅助内容。现场预制的工作项目，应包括制作的工作内容。

6.2.2　工程量清单编制要点

编制工程量清单应依据以下文件：

(1)《房屋建筑与装饰工程工程量计算规范》GB 50854—2013 和现行国家标准《建设工程工程量清单计价规范》GB 50500—2013；

(2) 国家或省级、行业建设主管部门颁发的计价依据和办法；

(3) 建设工程设计文件；

(4) 与建设工程项目有关的标准、规范、技术资料；

(5) 拟定的招标文件；

(6) 施工现场情况、工程特点及常规施工方案；

(7) 其他相关资料。

其他项目（包括暂列金额、暂估价、计日工和总承包服务费）、规费（包括社会保险费和住房公积金）和税金（包括营业税、城市维护建设税、教育费附加和地方教育附加）等项目的清单应按照现行国家标准《建设工程工程量清单计价规范》GB　50500—2013 的相关规定编制。

编制工程量清单出现附录中未包括的项目，编制人应做补充，并报省级或行业工程造价管理机构备案，省级或行业工程造价管理机构应汇总报住房和城乡建设部标准定额研究所。

在编制工程量清单时，当出现《房屋建筑与装饰工程工程量计算规范》GB 50854—2013 附录中未包括的清单项目时，编制人应作补充。在编制补充项目时应注意以下内容：①补充项目的编码由《建设工程工程量清单计价规范》GB 50854—2013 的规范代码"01"与"B"和 3 位阿拉伯数字组成，并应从 01B001 起顺序编制，同一招标工程的项目不得重码；②在工程量清单中应附补充项目的项目名称、项目特征、计量单位、工程量计算规则和工作内容；③将编制的补充项目报省级或行业工程造价管理机构备案；④不能计量的措施项目，需附有补充项目的名称、工作内容及包含范围。

6.2.3　清单列项要点

1. 分部分项工程列项要点

(1) 5 个要件

工程量清单应根据附录规定的项目编码、项目名称、项目特征、计量单位和工程量计算规则进行编制。构成一个分部分项工程量清单的 5 个要件为"项目编码""项目名称""项目特征""计量单位"和"工程量"，这 5 个要件在分部分项工程量清单的组成中缺一不可。

1) 项目编码，应采用 12 位阿拉伯数字表示，1～9 位应按附录的规定设置，10～12

位应根据拟建工程的工程量清单项目名称和项目特征设置，同一招标工程的项目编码不得有重码。各位数字的含义是：第 1、2 位为专业工程代码（01—房屋建筑与装饰工程；02—仿古建筑工程；03—通用安装工程；04—市政工程；05—园林绿化工程；06—矿山工程；07—构筑物工程；08—城市轨道交通工程；09—爆破工程。以后进入国标的专业工程代码以此类推）；第 3、4 位为附录分类顺序码；第 5、6 位为分部工程顺序码；第 7、8、9 位为分项工程项目名称顺序码；第 10～12 位为清单项目名称顺序码。当同一标段（或合同段）的一份工程量清单中含有多个单位工程且工程量清单是以单位工程为编制对象时，在编制工程量清单时应特别注意对项目编码 10～12 位的设置不得有重码的规定。例如，一个标段（或合同段）的工程量清单中含有 3 个单位工程，每一单位工程中都有项目特征相同的实心砖墙砌体，在工程量清单中又需反映 3 个不同单位工程的实心砖墙砌体工程量时，则第 1 个单位工程的实心砖墙的项目编码应为 010401003001，第 2 个单位工程的实心砖墙的项目编码应为 010401003002，第 3 个单位工程的实心砖墙的项目编码应为 010401003003，并分别列出各单位工程实心砖墙的工程量。

2）项目名称，应按附录的项目名称结合拟建工程的实际情况确定。特别是归并或综合较大的项目应区分项目名称，分别编码列项。例如：门窗工程中特殊门应区分冷藏门、冷冻间门、保温门、变电室门、隔声门、防射线门、人防门和金库门等。

3）项目特征，应按附录中规定的项目特征，结合拟建工程项目的实际情况予以描述。工程量清单的项目特征是确定一个清单项目综合单价不可缺少的重要依据，在编制工程量清单时，必须对项目特征进行准确和全面描述，但有些项目特征用文字往往又难以准确和全面地描述，为了规范、简洁、准确、全面地描述项目特征，在描述工程量清单项目特征时应按以下原则进行：①项目特征描述的内容应按附录中的规定，结合拟建工程的实际，满足确定综合单价的需要；②若采用标准图集或施工图纸能够全部或部分满足项目特征描述的要求，项目特征描述可直接采用详见××图集或××图号的方式。对不能满足项目特征描述要求的部分，仍应用文字描述。

4）计量单位，应按附录中规定的计量单位确定。当计量单位有 2 个或 2 个以上时，应根据所编工程量清单项目的特征要求，选择最适宜表现该项目特征并方便计量和组成综合单价的单位。例如：门窗工程的计量单位为"樘"或"m^2"。在实际工作中，应选择最适宜、最方便计量和组价的单位来表示。

5）工程量，应按附录中规定的工程量计算规则计算。工程量的有效位数见 6.2.1 节。

（2）注意事项

现浇混凝土工程项目"工作内容"中包括模板工程的内容，同时又在措施项目中单列了现浇混凝土模板工程项目。对此，招标人应根据工程实际情况选用。若招标人在措施项目清单中未编列现浇混凝土模板项目清单，即表示现浇混凝土模板项目不单列，现浇混凝土工程项目的综合单价中应包括模板工程费用。

对现浇混凝土模板采用 2 种方式进行编制，既考虑了各专业的定额编制情况，又考虑了使用者计价方便。即对现浇混凝土工程项目，一方面"工作内容"中包括模板工程的内容，以 m^3 计量，与混凝土工程项目一起组成综合单价；另一方面又在措施项目中单列了现浇混凝土模板工程项目，以 m^2 计量，单独组成综合单价。上述规定包含三层意思：一是招标人应根据工程的实际情况在同一个标段（或合同段）中在两种方式中选择其一；二是招标人若采用单列现浇混凝土模板工程,必须按《房屋建筑与装饰工程工程量计算规范》GB 50854—2013 中所规定的计量单位、项目编码、项目特征描述列出清单,同时,现浇混凝土项目中不含模板的工程费用;三是招标人若不单列现浇混凝土模板工程项目,不再编列现浇混凝土模板项目清单,意味着现浇混凝土工程项目的综合单价中包括了模板的工程费用。

例如:现浇混土柱,招标人选择含模板工程,在编制清单时,不再单列现浇混凝土柱的模板清单项目,在组成综合单价或投标人报价时,现浇混凝土工程项目的综合单价中应包括模板工程的费用。反之,若招标人不选择含模板工程,在编制清单时,应按《建设工程工程量清单计价规范》GB 50500—2013 措施项目中"混凝土模板及支架(撑)"单列现浇混凝土柱的模板清单项目,并列出项目编码、项目特征和计量单位。

预制混凝土构件按现场制作编制项目,"工作内容"中包括模板工程,不再另列。若采用成品预制混凝土构件,构件成品价(包括模板、钢筋、混凝土等所有费用)应计入综合单价中。预制混凝土构件,《房屋建筑与装饰工程工程量计算规范》GB 50854—2013 只列不同构件名称的一个项目编码、项目特征描述、计量单位、工程量计算规则及工作内容,其中已综合了模板制作和安装、混凝土制作、构件运输、安装等内容,编制清单项目时,不得将模板、混凝土、构件运输、安装分开列项,组成综合单价时应包含如上内容。若采用现场预制,预制构件钢筋按《建设工程工程量清单计价规范》GB 50500—2013 中"钢筋工程"相应项目编码列项;若采用成品预制混凝土构件,组成综合单价中包括模板、钢筋、混凝土等所有费用。

金属结构构件按照目前市场多以工厂成品化生产的实际按成品编制项目,成品价应计入综合单价,若采用现场制作,包括制作的所有费用应进入综合单价,不得再单列金属构件制作的清单项目。

门窗(橱窗除外)等构件按照目前均以工厂化成品生产的市场情况,按成品编制项目,成品价(成品原价、运杂费等)应计入综合单价。若采用现场制作,包括制作的所有费用应计入综合单价。

2. 措施项目列项要点

措施项目分总价措施项目和单价措施项目。

(1)总价措施项目

仅列出项目编码、项目名称,不必列出项目特征、计量单位和工程量计算规则,编制工程量清单时,必须按《建设工程工程量清单计价规范》GB 50500—2013 规定的项目编码、项目名称确定清单项目(表 6-1)。

总价措施项目清单与计价表　　　　表 6-1

工程名称:某工程

序号	项目编码	项目名称	计算基础	费率(%)	金额(元)	调整费率(%)	调整后金额	备注
1	011707001001	安全文明施工	定额基价					
2	011707002001	夜间施工	定额人工费					

(2)单价措施项目

工程量清单编制同分部分项工程一样,必须列出项目编码、项目名称、项目特征、计量单位。按照分部分项工程列项要点有关规定执行（表 6-2）。

单价措施项目清单与计价表　　　　　　　　　　　　　　　表 6-2

工程名称：某工程

序号	项目编码	项目名称	项目特征描述	计量单位	工程量	金额（元）	
						综合单价	合价
1	011701001001	综合脚手架	1. 建筑结构形式:框剪 2. 檐口高度:60m	m²	18000		

6.3　土石方工程清单编制

6.3.1　土方工程（010101）

1. 清单条目设置

土方工程工程量清单项目设置、项目特征描述的内容、计量单位及工程量计算规则，应按二维码表 A.1 的规定执行。

2. 条目设置提示

（1）挖土方平均厚度应按自然地面测量标高至设计地坪标高间的平均厚度确定。基础土方开挖深度应按基础垫层底表面标高至交付施工场地标高确定，无交付施工场地标高时，应按自然地面标高确定。

6-1　工程量清单表

（2）建筑物场地厚度≤±300mm 的挖、填、运、找平，应按二维码表 A.1 中平整场地项目编码列项。厚度>±300mm 的竖向布置挖土或山坡切土应按二维码表 A.1 中挖一般土方项目编码列项。

（3）沟槽、基坑、一般土方的划分为：底宽≤7m 且底长>3 倍底宽为沟槽；底长≤3 倍底宽且底面积≤150m² 为基坑；超出上述范围则为一般土方。

（4）挖土方如需截桩头，应按桩基工程相关项目列项。

（5）桩间挖土不扣除桩的体积，并在项目特征中加以描述。

（6）弃、取土运距可以不描述，但应注明由投标人根据施工现场实际情况自行考虑和决定报价。

（7）土壤的分类应按表 6-3 确定，如土壤类别不能准确划分，招标人可注明为综合，由投标人根据地勘报告决定报价。

土壤分类表　　　　　　　　　　　　　　　表 6-3

土壤分类	土壤名称	开挖方法
一、二类土	粉土、砂土(粉砂、细砂、中砂、粗砂、砾砂)、粉质黏土、弱中盐渍土、软土(淤泥质土、泥炭、泥炭质土)、软塑红黏土、冲填土	用锹,少许用镐、条锄开挖。机械能全部直接铲挖满载者
三类土	黏土、碎石土(圆砾、角砾)混合土、可塑红黏土、硬塑红黏土、强盐渍土、素填土、压实填土	主要用镐、条锄,少许用锹开挖。机械需部分刨松后方能铲挖满载者或可直接铲挖但不能满载者

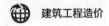

土壤分类	土壤名称	开挖方法
四类土	碎石土(卵石、碎石、漂石、块石)、坚硬红黏土、超盐渍土、杂填土	全部用镐、条锄挖掘,少许用撬棍挖掘。机械须普遍刨松方能铲挖满载者

注:本表土的名称及其含义按国家标准《岩土工程勘察规范(2009 年版)》GB 50021—2001 定义。

（8）土方体积应按挖掘前的天然密实体积计算。非天然密实土方应按表 6-4 折算。

土方体积折算系数表 表 6-4

天然密实度体积	虚方体积	夯实后体积	松填体积
0.77	1.00	0.67	0.83
1.00	1.30	0.87	1.08
1.15	1.50	1.00	1.25
0.92	1.20	0.80	1.00

注:1. 虚方指未经碾压、堆置时间不超过 1 年的土壤。
    2. 本表按《全国统一建筑工程预算工程量计算规则》GJDGZ—101—95 整理。
    3. 设计密实度超过规定的,填方体积按工程设计要求执行;无设计要求按各省、自治区、直辖市或行业建设行政主管部门规定的系数执行。

（9）挖沟槽、基坑、一般土方因工作面和放坡增加的工程量（管沟工作面增加的工程量）是否并入各土方工程量中,应按各省、自治区、直辖市或行业建设主管部门的规定实施,如并入各土方工程量中,办理工程结算时,按经发包人认可的施工组织设计规定计算,编制工程量清单时,可按表 6-5~表 6-7 规定计算。

放坡系数表 表 6-5

土类别	放坡起点(m)	人工挖土	机械挖土		
			在坑内作业	在坑上作业	顺沟槽在坑上作业
一、二类土	1.20	1：0.5	1：0.33	1：0.75	1：0.5
三类土	1.50	1：0.33	1：0.25	1：0.67	1：0.33
四类土	2.00	1：0.25	1：0.10	1：0.33	1：0.25

注:1. 沟槽、基坑中土类别不同时,分别按其放坡起点、放坡系数,依不同土类别厚度加权平均计算。
    2. 计算放坡时,在交接处的重复工程量不予扣除,原槽、坑作基础垫层时,放坡自垫层上表面开始计算。

基础施工所需工作面宽度计算表 表 6-6

基础材料	每边各增加工作面宽度(mm)	基础材料	每边各增加工作面宽度(mm)
砖基础	200	混凝土基础支模板	300
浆砌毛石、条石基础	150	基础垂直面做防水层	1000(防水层面)
混凝土基础垫层支模板	300		

注:本表按《全国统一建筑工程预算工程量计算规则》GJDGZ—101—95 整理。

管沟施工每侧所需工作面宽度计算表 表 6-7

管沟材料	管道结构宽(mm)			
	≤500	≤1000	≤2500	>2500
混凝土及钢筋混凝土管道(mm)	400	500	600	700
其他材质管道(mm)	300	400	500	600

注:1. 本表按《全国统一建筑工程预算工程量计算规则》GJDGZ—101—95 整理。
    2. 管道结构宽:有管座的按基础外缘,无管座的按管道外径。

（10）挖方出现流砂、淤泥时，如设计未明确，在编制工程量清单时，其工程数量可为暂估量，结算时应根据实际情况由发包人与承包人双方现场签证确认工程量。

（11）管沟土方项目适用于管道（给水排水、工业、电力、通信）、光（电）缆沟（包括人（手）孔、接口坑）及连接井（检查井）等。

3. 计算示例

【例6-1】某建筑层高2.5m，轴网轴距为15m，混凝土外墙厚200mm，外墙按轴线居中布置，平均挖土深度1.2m，计算平整场地工程量。

【解】平整场地清单工程量：$(15+0.2)×(15+0.2)=231.04m^2$

挖一般土方清单工程量：$(15+0.2)×(15+0.2)×1.2=277.248m^3$

6.3.2 石方工程（010102）

1. 清单条目设置

石方工程工程量清单项目设置、项目特征描述的内容、计量单位及工程量计算规则，应按二维码表A.2的规定执行。

2. 条目设置提示

（1）挖石应按自然地面测量标高至设计地坪标高的平均厚度确定。基础石方开挖深度应按基础垫层底表面标高至交付施工现场的标高确定，无交付施工场地标高时，应按自然地面标高确定。

（2）厚度>±300mm的竖向布置挖石或山坡凿石应按二维码表A.2中挖一般石方项目编码列项。

（3）沟槽、基坑、一般石方的划分为：底宽≤7m且底长>3倍底宽为沟槽；底长≤3倍底宽且底面积≤150m² 为基坑；超出上述范围则为一般石方。

（4）弃碴运距可以不描述，但应注明由投标人根据施工现场实际情况自行考虑，决定报价。

（5）岩石的分类应按表6-8确定。

岩石分类表　　　　　　　　　　　　　　　　　　　　　　表6-8

岩石分类		代表性岩石	开挖方法
极软岩		1. 全风化的各种岩石 2. 各种半成岩	部分用手凿工具、部分用爆破法开挖
软质岩	软岩	1. 强风化的坚硬岩或较硬岩 2. 中等风化—强风化的较软岩 3. 未风化—微风化的页岩、泥岩、泥质砂岩等	用风镐和爆破法开挖
	较软岩	1. 中等风化—强风化的坚硬岩或较硬岩 2. 未风化—微风化的凝灰岩、千枚岩、泥灰岩、砂质泥岩等	用爆破法开挖
硬质岩	较硬岩	1. 微风化的坚硬岩 2. 未风化—微风化的大理岩、板岩、石灰岩、白云岩、钙质砂岩等	用爆破法开挖

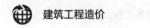

续表

岩石分类		代表性岩石	开挖方法
硬质岩	坚硬岩	未风化—微风化的花岗岩、闪长岩、辉绿岩、玄武岩、安山岩、片麻岩、石英岩、石英砂岩、硅质砾岩、硅质石灰岩等	用爆破法开挖

注：本表依据国家标准《工程岩体分级标准》GB/T 50218—2014和《岩土工程勘察规范（2009年版）》GB 50021—2001整理。

（6）石方体积应按挖掘前的天然密实体积计算。非天然密实石方应按表6-9折算。

石方体积折算系数表   表6-9

石方类别	天然密实度体积	虚方体积	松填体积	码方
石方	1.0	1.54	1.31	
块石	1.0	1.75	1.43	1.67
砂夹石	1.0	1.07	0.94	

注：本表按建设部颁发《爆破工程消耗量定额》GYD—102—2008整理。

（7）管沟石方项目适用于管道（给水排水、工业、电力、通信）光（电）缆沟（包括人（手）孔、接口坑）及连接井（检查井）等。

3. 计算示例

【例6-2】 某石质基坑底长15m，底宽12m，挖深2.5m。计算石方开挖工程量。

【解】 挖基坑石方清单工程量：$15 \times 12 \times 2.5 = 450 \text{m}^3$

6.3.3 回填（010103）

1. 清单条目设置

回填工程量清单项目设置、项目特征描述的内容、计量单位及工程量计算规则，应按二维码表A.3的规定执行。

2. 条目设置提示

（1）填方密实度要求，在无特殊要求情况下，项目特征可描述为满足设计和规范的要求。

（2）填方材料品种可以不描述，但应注明由投标人根据设计要求验方后方可填入，并符合相关工程的质量规范要求。

（3）填方粒径要求，在无特殊要求情况下，项目特征可以不描述。

（4）如需买土回填应在项目特征填方来源中描述，并注明买土方数量。

3. 计算示例

【例6-3】 筏板长20m，宽15m，底标高为−2.20m，筏板厚度为1500mm；垫层底标高为−2.300m，垫层厚度为100mm，出边为100mm，大开挖土方底标高为−2.300m，室外地坪标高为±0.000m。不计算工作面和放坡增加的工程量，计算土方回填工程量。

【解】 回填方清单工程量＝挖方工程量-室外地坪以下埋设的基础体积

挖方工程量＝$20.2 \times 15.2 \times 2.3 - (20 \times 15 \times 1.5 + 20.2 \times 15.2 \times 0.1) = 225.49 \text{m}^3$

6.4 地基处理与边坡支护工程清单编制

6.4.1 地基处理（010201）

1. 清单条目设置

地基处理工程量清单项目设置、项目特征描述的内容、计量单位及工程量计算规则，应按二维码表 B.1 的规定执行。

2. 条目设置提示

（1）地层情况按表 6-3 和表 6-8 的规定，并根据岩土工程勘察报告按单位工程各地层所占比例（包括范围值）进行描述。对无法准确描述的地层情况，可注明由投标人根据岩土工程勘察报告自行决定报价。

（2）项目特征中的桩长应包括桩尖，空桩长度＝孔深－桩长，孔深为自然地面至设计桩底的深度。

（3）高压喷射注浆类型包括旋喷、摆喷、定喷，高压喷射注浆方法包括单管法、双重管法、三重管法。

（4）如采用泥浆护壁成孔，工作内容包括土方、废泥浆外运，如采用沉管灌注成孔，工作内容包括桩尖制作、安装。

3. 计算示例

【例 6-4】 垫层材质为砾石，厚度为 200mm，长度为 16000mm，宽度为 12000mm，计算垫层的清单工程量。

【解】 垫层清单工程量＝长度×宽度×厚度

$$=16×12×0.2＝38.4m^3$$

【例 6-5】 砂石桩直径为 900mm，桩身长 7000mm，桩尖长 600mm，计算砂石桩工程量。

【解】 砂石桩清单工程量＝桩身长＋桩尖长

$$=7+0.6＝7.6m$$

$$或＝桩身体积＋桩尖体积$$

$$=\pi×R^2×h+\pi×R^2×h/3$$

$$=3.14×0.45^2×7+3.14×0.45^2×0.6/3＝4.58m^3$$

6.4.2 基坑与边坡支护（010202）

1. 清单条目设置

基坑与边坡支护工程量清单项目设置、项目特征描述的内容、计量单位及工程量计算规则，应按二维码表 B.2 的规定执行。

2. 条目设置提示

（1）地层情况按表 6-3 和表 6-8 的规定，并根据岩土工程勘察报告按单位工程各地层所占比例（包括范围值）进行描述。对无法准确描述的地层情况，可注明由投标人根据岩土工程勘察报告自行决定报价。

（2）土钉置入方法包括钻孔置入、打入或射入等。

（3）混凝土种类：指清水混凝土、彩色混凝土等，如在同一地区既使用预拌（商品）混凝土，又允许现场搅拌混凝土，也应注明（下同）。

（4）地下连续墙和喷射混凝土（砂浆）的钢筋网、咬合灌注桩的钢筋笼及钢筋混凝土支撑的钢筋制作、安装，按 6.7 节中相关项目列项。本分部未列的基坑与边坡支护的排桩按 6.5 节中相关项目列项。水泥土墙、坑内加固按二维码表 B.1 中相关项目列项。砖、石挡土墙、护坡按 6.6 节中相关项目列项。混凝土挡土墙按 6.7 节中相关项目列项。

3. 计算示例

【例 6-6】工字型钢桩桩身长 7000mm，规格为：H800×400×15×30，$r=26$mm（H 高度×宽度×腹板厚度×翼缘宽度，$r=$圆角半径）。计算桩工程量。

注：$W=0.00785\times[t_1(H-2t_2)+2Bt_2+0.858r^2]$

式中，W 为理论质量（kg/m），H 为高度，t_1 为腹板厚度，t_2 为翼缘厚度，r 为圆角半径（mm）。

【解】$W=0.00785\times[15\times(800-2\times30)+2\times400\times30+0.858\times26^2]=280$kg/m

工字型钢桩清单工程量＝桩身长×质量
$$=7\times280=1960\text{kg}$$

【例 6-7】地下室挡墙采用锚杆支护，锚杆成孔直径为 100mm，采用 1 根 HRB400、直径 25mm 的钢筋作为杆体，成孔深度均为 11m。锚杆支护面积，长 18000mm，宽 7000mm，锚杆间距为 900×900mm，计算锚杆工程量。

【解】清单工程量＝根数
$$=\text{面积/锚杆间距}$$
$$=(18000/900)\times(7000/900)=155 \text{ 根}$$
或＝孔深×根数
$$=11\times155=1705\text{m}$$

6.5 桩基工程清单编制

6.5.1 打桩（010301）

1. 清单条目设置

打桩工程量清单项目设置、项目特征描述的内容、计量单位及工程量计算规则，应按二维码表 C.1 的规定执行。

2. 条目设置提示

（1）地层情况按表 6-3 和表 6-8 的规定，并根据岩土工程勘察报告按单位工程各地层所占比例（包括范围值）进行描述。对无法准确描述的地层情况，可注明由投标人根据岩土工程勘察报告自行决定报价。

（2）项目特征中的桩截面、混凝土强度等级、桩类型等可直接用标准图代号或设计桩型进行描述。

（3）预制钢筋混凝土方桩、预制钢筋混凝土管桩项目以成品桩编制，应包括成品桩购置费，如果用现场预制，应包括现场预制桩的所有费用。

（4）打试验桩和打斜桩应按相应项目单独列项，并在项目特征中注明试验桩或斜桩（斜率）。

（5）截（凿）桩头项目适用于6.4节、6.5节所列桩的桩头截（凿）。

（6）预制钢筋混凝土管桩桩顶与承台的连接构造按6.7节相关项目列项。

3. 计算示例

【例6-8】某工程，桩基础施工后，进行截（凿）桩头，桩外径为 $\phi700\text{mm}$，截去桩长600mm，计算截桩头工程量。

【解】截（凿）桩头清单工程量＝单根截（凿）桩头体积

$$＝桩截面积×单根截（凿）桩头长度$$
$$＝3.14×0.35^2×0.6$$
$$＝0.23\text{m}^3$$

6.5.2 灌注桩（010302）

1. 清单条目设置

灌注桩工程量清单项目设置、项目特征描述的内容、计量单位及工程量计算规则，应按二维码表C.2的规定执行。

2. 条目设置提示

（1）地层情况按表6-3和表6-8的规定，并根据岩土工程勘察报告按单位工程各地层所占比例（包括范围值）进行描述。对无法准确描述的地层情况，可注明由投标人根据岩土工程勘察报告自行决定报价。

（2）项目特征中的桩长应包括桩尖，空桩长度＝孔深－桩长，孔深为自然地面至设计桩底的深度。

（3）项目特征中的桩截面（桩径）、混凝土强度等级、桩类型等可直接用标准图代号或设计桩型进行描述。

（4）泥浆护壁成孔灌注桩是指在泥浆护壁条件下成孔，采用水下灌注混凝土的桩。其成孔方法包括冲击钻成孔、冲抓锥成孔、回旋钻成孔、潜水钻成孔、泥浆护壁的旋挖成孔等。

（5）沉管灌注桩的沉管方法包括锤击沉管法、振动沉管法、振动冲击沉管法、内夯沉管法等。

（6）干作业成孔灌注桩是指不用泥浆护壁和套管护壁的情况下，用钻机成孔后，下钢筋笼，灌注混凝土的桩，适用于地下水位以上的土层使用。其成孔方法包括螺旋钻成孔、螺旋钻成孔扩底、干作业的旋挖成孔等。

（7）混凝土种类：指清水混凝土、彩色混凝土、水下混凝土等，如在同一地区既使用预拌（商品）混凝土，又允许现场搅拌混凝土，也应注明（下同）。

（8）混凝土灌注桩的钢筋笼制作、安装，按6.7节中相关项目编码列项。

3. 计算示例

【例6-9】泥浆护壁成孔灌注桩桩径为1200m，桩身长10000mm。计算泥浆护壁成孔灌注桩工程量。

【解】泥浆护壁成孔灌注桩清单工程量＝桩身长

$$=10m$$

或　泥浆护壁成孔灌注桩清单工程量＝体积

$$=3.14\times0.6^2\times10=11.3m^3$$

【例6-10】某工程采用C40现浇混凝土挖孔桩，桩径为1200mm，扩大头直径为1400mm，桩身长10000mm（含扩大头），扩大头深度为1200mm，扩大部分深度为200mm；桩基持力层为中风化泥岩，深1400mm，上方为三类土；桩护壁为C40现浇混凝土，深8000mm，护壁伤口厚150mm，下口厚75mm。计算挖孔桩土（石）方开挖工程量。

注：$V_{圆台}=\pi\times H\times(R^2+R\times r+r^2)/3$

式中，R为上底半径，r为下底半径，H为高度。

【解】$V_土=S\times H$

$$=3.14\times[(1.2+0.15\times2)/2]^2\times8$$

$$=14.13m^3$$

$V_石=V_{扩大}+V_{扩大头}$

$$=3.14\times0.2\times(0.7^2+0.7\times0.6+0.6^2)/3+3.14\times0.7^2\times1.2$$

$$=2.11m^3$$

6.6　砌筑工程清单编制

6.6.1　砖砌体（010401）

1. 清单条目设置

砖砌体工程量清单项目设置、项目特征描述的内容、计量单位及工程量计算规则，应按二维码表D.1的规定执行。

2. 条目设置提示

（1）"砖基础"项目适用于各种类型砖基础：柱基础、墙基础、管道基础等。

（2）基础与墙（柱）身使用同一种材料时，以设计室内地面为界（有地下室者，以地下室室内设计地面为界），以下为基础，以上为墙（柱）身。基础与墙身使用不同材料时，位于设计室内地面高度≤±300mm时，以不同材料为分界线，高度＞±300mm时，以设计室内地面为分界线。

（3）砖围墙以设计室外地坪为界，以下为基础，以上为墙身。

（4）框架外表面的镶贴砖部分，按零星项目编码列项。

（5）附墙烟囱、通风道、垃圾道应按设计图示尺寸以体积（扣除孔洞所占体积）计算并入所依附的墙体体积内。当设计规定孔洞内需抹灰时，应按6.14节中零星抹灰项目编码列项。

（6）空斗墙的窗间墙、窗台下、楼板下、梁头下等的实砌部分，按零星砌砖项目编码列项。

（7）"空花墙"项目适用于各种类型的空花墙，使用混凝土花格砌筑的空花墙，实砌墙体与混凝土花格应分别计算，混凝土花格按混凝土及钢筋混凝土中预制构件相关项目编码列项。

（8）台阶、台阶挡墙、梯带、锅台、炉灶、蹲台、池槽、池槽腿、砖胎模、花台、花池、楼梯栏板、阳台栏板、地垄墙、不超过 0.3m^2 的孔洞填塞等，应按零星砌砖项目编码列项。砖砌锅台与炉灶可按外形尺寸以个计算，砖砌台阶可按水平投影面积以平方米计算，小便槽、地垄墙可按长度计算、其他工程以立方米计算。

（9）砖砌体内钢筋加固，应按 6.7 节中相关项目编码列项。

（10）砖砌体勾缝按 6.14 节中相关项目编码列项。

（11）检查井内的爬梯按 6.7 节中相关项目编码列项；井内的混凝土构件按 6.7 节中混凝土及钢筋混凝土预制构件编码列项。

（12）当施工图设计标注做法见标准图集时，应在项目特征描述中注明标注图集的编码、页号及节点大样。

3. 计算示例

【例 6-11】轴距为 3000mm，240mm 厚的多孔砖墙，高度为 3.2m。轴线均居中布置。圈梁下、窗下、过梁下实砌 3 皮砖，门边、窗边实砌 120mm 宽。2 轴、4 轴墙上各有门一樘，门尺寸为 1200mm×2100mm，离地高度为 0mm；其余墙上均为窗，窗尺寸为 1200mm×1500mm，离地高度为 900mm。过梁高度为 240mm，伸入墙内长度为 250mm。圈梁尺寸为 240mm×300mm，顶标高为墙顶标高。板厚 120mm，顶标高为墙顶标高。构造柱尺寸为 240mm×240mm，马牙槎宽度为 60mm，计算多孔砖墙清单工程量。

【解】计算思路：先算出未设置洞口的墙体积，然后减去门窗洞、相交的柱梁板等体积。

计算公式：墙体体积＝长度×高度×厚度－扣减量

计算结果：内墙（2 轴、A-C 轴）长度按其净长线计算＝3＋3－0.12×2＝5.76m

外墙（A 轴、1-4 轴）长度按中心线计算＝9m

墙高＝3.2－0.3＝2.9m

内墙（2 轴、A-C 轴）体积＝实心墙体体积－门窗洞－过梁－构造柱（含马牙槎）

$$＝5.76×2.9×0.24－(1.2×2.1)×0.24$$
$$－0.24×0.24×(1.2＋0.25×2)$$
$$－0.24×0.06×2.9$$
$$＝3.26m^3$$

外墙（A 轴、1-4 轴）体积＝实心墙体体积－门窗洞－过梁－构造柱（含马牙槎）

$$＝9×2.9×0.24－(1.2×1.5)×0.24×2－0.24×0.24$$
$$×(1.2＋0.25×2)×2$$
$$－(0.24×0.24＋0.24×0.06)×2.9×2$$
$$＝4.79m^3$$

【例 6-12】散水宽度为 800mm，外墙厚度为 240mm，墙长同【例 6-11】，计算散水清单工程量。

【解】散水清单工程量＝散水面积

$$＝外墙外边线长度×散水宽＋4×散水宽×散水宽$$
$$＝(9＋0.24＋6＋0.24)×2×0.8＋4×0.8×0.8$$
$$＝27.33m^2$$

6.6.2　砌块砌体（010402）

1. 清单条目设置

砌块砌体工程量清单项目设置、项目特征描述的内容、计量单位及工程量计算规则，应按二维码表 D.2 的规定执行。

2. 条目设置提示

（1）砌体内加筋，墙体拉结的制作、安装，应按 6.7 节中相关项目编码列项。

（2）砌块排列应上、下错缝搭砌，如果搭错缝长度满足不了规定的压搭要求，应采取压砌钢筋网片的措施，具体构造要求按设计规定执行。若设计无规定，应注明由投标人根据工程实际情况自行考虑。钢筋网片按 6.8 节中相应编码列项。

（3）砌体垂直灰缝宽＞30mm 时，采用 C20 细石混凝土灌实。灌注的混凝土应按 6.7 节相关项目编码列项。

3. 计算示例

【例 6-13】柱截面为 500mm×500mm，柱高 3000mm，轴线中心布置。墙厚 240mm，墙长 4000mm，墙高 3000mm，墙上有一樘门尺寸为 1200mm×2100mm。计算墙体清单工程量。

【解】砌块墙清单工程量＝体积

$$＝(4－0.25×2)×0.24×3－1.2×2.1×0.24$$
$$＝1.92m^3$$

6.6.3　石砌体（010403）

1. 清单条目设置

石砌体工程量清单项目设置、项目特征描述的内容、计量单位及工程量计算规则，应按二维码表 D.3 的规定执行。

2. 条目设置提示

（1）石基础、石勒脚、石墙的划分：基础与勒脚应以设计室外地坪为界。勒脚与墙身应以设计室内地面为界。石围墙内外地坪标高不同时，应以较低地坪标高为界，以下为基础；内外标高之差为挡土墙时，挡土墙以上为墙身。

（2）"石基础"项目适用于各种规格（粗料石、细料石等）、各种材质（砂石、青石等）和各种类型（柱基、墙基、直形、弧形等）的基础。

（3）"石勒脚""石墙"项目适用于各种规格（粗料石、细料石等）、各种材质（砂石、青石、大理石、花岗石等）和各种类型（直形、弧形等）的勒脚和墙体。

（4）"石挡土墙"项目适用于各种规格（粗料石、细料石、块石、毛石、卵石等）、各种材质（砂石、青石、石灰石等）和各种类型（直形、弧形、台阶形等）的挡土墙。

（5）"石柱"项目适用于各种规格、各种石质、各种类型的石柱。

（6）"石栏杆"项目适用于无雕饰的一般石栏杆。

（7）"石护坡"项目适用于各种石质和各种石料（粗料石、细料石、片石、块石、毛石、卵石等）。

（8）"石台阶"项目包括石梯带（垂带），不包括石梯膀，石梯膀应按二维码表 D.3 石挡土墙项目编码列项。

（9）若施工图设计标注做法见标准图集，应在项目特征描述中注明标注图集的编码、页号及节点大样。

3. 计算示例

【例 6-14】 石挡土墙高 4000mm，每面墙长各为 1.2m，共两面，墙厚 250mm，计算墙体清单工程量。

【解】 石挡土墙清单工程量＝体积

$$= 1.2 \times 0.25 \times 4 \times 2$$
$$= 2.4 \text{m}^3$$

6.6.4　垫层（010404）

1. 清单条目设置

垫层工程量清单项目设置、项目特征描述的内容、计量单位及工程量计算规则，应按二维码表 D.4 的规定执行。

2. 条目设置提示

除混凝土垫层应按 6.7 节中相关项目编码列项外，没有包括垫层要求的清单项目应按二维码表 D.4 垫层项目编码列项。

3. 计算示例

【例 6-15】 基础下方的垫层宽度为 1000mm，垫层中心线长度为 3500mm，垫层厚度为 200mm。计算垫层清单工作量。

【解】 垫层清单工作量＝体积

$$= 1 \times 3.5 \times 0.2$$
$$= 0.7 \text{m}^3$$

6.6.5　相关问题及说明

（1）标准砖尺寸应为 240mm×115mm×53mm。

（2）标准砖墙厚度应按表 6-10 计算。

标准砖墙计算厚度表　　　　　　　　　　　　　　　　　　　表 6-10

砖数（厚度）	1/4	1/2	3/4	1	3/2	2	5/2	3
计算厚度（mm）	53	115	180	240	365	490	615	740

6.7 混凝土及钢筋混凝土工程清单编制

6.7.1 现浇混凝土基础（010501）

1. 清单条目设置

现浇混凝土基础工程量清单项目设置、项目特征描述的内容、计量单位及工程量计算规则应按二维码表 E.1 的规定执行。

2. 条目设置提示

（1）有肋带形基础、无肋带形基础应按二维码表 E.1 中相关项目列项，并注明肋高。

（2）箱式满堂基础中柱、梁、墙、板按二维码表 E.2～E.5 相关项目分别编码列项；箱式满堂基础底板按本表的满堂基础项目列项。

（3）框架式设备基础中柱、梁、墙、板分别按二维码表 E.2～E.5 相关项目编码列项；基础部分按二维码表 E.1 相关项目编码列项。

（4）如为毛石混凝土基础，项目特征应描述毛石所占比例。

3. 计算示例

【例 6-16】 轴距开间为 4000mm、4000mm，进深为 3000mm、2000mm. 带形基础截面尺寸 1000mm×600mm，矩形截面与梯形截面高度均为 300mm，按轴线居中布置。计算基础清单工程量。

注：T 形接头的搭接部分体积（梯形断面有）$V_T=(2b+B)/6×h_1×L_T$，式中 h_1 为梯形截面高度。

带形基础长度：外墙基础按中心线，内墙基础按净长线。

【解】 带形基础清单工程量＝体积 $V=S×L+V_T×n$

式中，S 为带形基础断面面积；L 为带形基础长度；V_T 为 T 形接头的搭接部分体积（梯形断面有）；n 为 T 形接头数量。

$$L=(4+4+3+2)×2+(4+4+3+2-3)=36m$$
$$V_T=(2×0.6+1)/6×0.3×0.2=0.022m^3$$
$$V=[(0.6+1)×0.3/2+1×0.3]×36+0.022×6$$
$$=20.76m^3$$

【例 6-17】 独立基础参数如下，$a=1200mm$，$b=1200mm$，$a_1=700mm$，$b_1=700mm$，$h=300mm$，$h_1=200mm$。计算单个独立基础清单工程量。

注：四棱锥台体积 $V=\{[A×B+(A+a)×(B+b)+a×b]×H/6+A×B×h\}$
$$=[(2×A×B+2×a×b+A×b+a×B)×H/6]+A×B×h$$
或 $=A×B×h_1+V_{四棱台体积}$

式中，A、B 为棱台底边长；a、b 为棱台顶边长；h 为棱台底部长方体高度，H 为四棱锥台高度。

【解】 独立基础清单工程量＝体积
$$=\{[1.2×1.2+(1.2+0.7)×(1.2+0.7)+0.7×0.7]×$$
$$0.2/6+1.2×1.2×0.3\}$$
$$=0.62m^3$$

6.7.2 现浇混凝土柱（010502）

1. 清单条目设置

现浇混凝土柱工程量清单项目设置、项目特征描述的内容、计量单位及工程量计算规则应按二维码表 E.2 的规定执行。

2. 条目设置提示

混凝土种类：指清水混凝土、彩色混凝土等，如在同一地区既使用预拌（商品）混凝土，又允许现场搅拌混凝土，也应注明（下同）。

3. 计算示例

【例 6-18】矩形柱截面尺寸为 400mm×400mm，柱高 3.6m。计算单个柱清单工程量。

【解】矩形柱清单工程量＝体积

$$=0.4×0.4×3.6$$
$$=0.58m^3$$

【例 6-19】构造柱截面尺寸为 240mm×240mm，砌体墙厚 240mm，柱高 3.6m，两面马牙槎。计算单个构造柱清单工程量。

【解】构造柱清单工程量＝体积

$$=0.24×0.24×3.6+0.06×0.24×3.6×2×0.5$$
$$=0.26m^3$$

6.7.3 现浇混凝土梁（010503）

1. 清单条目设置

现浇混凝土梁工程量清单项目设置、项目特征描述的内容、计量单位及工程量计算规则应按二维码表 E.3 的规定执行。

2. 清单编制示例

【例 6-20】轴距开间为 4000mm、4000mm，进深为 3000mm、2000mm。柱截面尺寸为 400mm×400mm，梁截面尺寸为 350mm×600mm，梁柱沿轴线中心布置。计算梁清单工程量。

【解】矩形梁清单工程量＝体积

$$=0.35×0.6×[(4-0.4+4-0.4+3-0.4+2-0.4)×3]$$
$$=7.18m^3$$

6.7.4 现浇混凝土墙（010504）

1. 清单条目设置

现浇混凝土墙工程量清单项目设置、项目特征描述的内容、计量单位及工程量计算规则应按二维码表 E.4 的规定执行。

2. 条目设置提示

短肢剪力墙是指截面厚度不大于 300mm、各肢截面高度与厚度之比的最大值大于 4 但不大于 8 的剪力墙；各肢截面高度与厚度之比的最大值不大于 4 的剪力墙按柱项目编码列项。

3. 计算示例

【例6-21】轴距开间为4000mm、4000mm，进深为3000mm、2000mm。内外墙厚均为200mm，M-1尺寸为1200mm×2100mm，于外墙设2樘，内墙设1樘，C-1尺寸为1200mm×1500mm，于外墙设2樘内墙无，板厚120mm，层高3.6m。计算墙体工程量。

【解】$V_{外墙} = [(8+5)×2×3.6 - 1.2×2.1×2 - 1.2×1.5×2]×0.2$

$\qquad = 16.99m^3$

$\qquad V_{内墙} = [(5-0.2+4-0.2)×3.6 - 1.2×2.1]×0.2$

$\qquad = 5.69m^3$

墙清单工程量 = 体积

$\qquad = V_{外墙} + V_{内墙}$

$\qquad = 22.68m^3$

6.7.5 现浇混凝土板（010505）

1. 清单条目设置

现浇混凝土板工程量清单项目设置、项目特征描述的内容、计量单位及工程量计算规则应按二维码表E.5的规定执行。

2. 条目设置提示

现浇挑檐、天沟板、雨篷、阳台与板（包括屋面板、楼板）连接时，以外墙外边线为分界线；与圈梁（包括其他梁）连接时，以梁外边线为分界线。外边线以外为挑檐、天沟、雨篷或阳台。

3. 计算示例

【例6-22】轴距开间为4000mm、4000mm，进深为3000mm、2000mm。柱截面尺寸为400mm×400mm，梁截面尺寸为350mm×600mm，板厚120mm。计算有梁板清单工程量。

【解】板体积 = $(8+0.35)×(5+0.35)×0.12 = 5.36m^3$

梁体积 = $0.35×(0.6-0.12)×(3.6×6+2.6×3+1.6×3) = 5.75m^3$

有梁板清单工程量 = 板体积 + 梁体积

$\qquad = 11.11m^3$

6.7.6 现浇混凝土楼梯（010506）

1. 清单条目设置

现浇混凝土楼梯工程量清单项目设置、项目特征描述的内容、计量单位及工程量计算规则应按二维码表E.6的规定执行。

2. 条目设置提示

整体楼梯（包括直形楼梯、弧形楼梯）水平投影面积包括休息平台、平台梁、斜梁和楼梯的连接梁，当整体楼梯与现浇楼板无梯梁连接时，以楼梯的最后一个踏步边缘加300mm为界。

3. 计算示例

【**例 6-23**】轴距开间为 4000mm、4000mm，进深为 3000mm、2000mm。外墙厚度为 240mm，楼梯宽度为 1800mm。计算楼梯清单工程量。

【**解**】楼梯清单工程量＝水平投影面积
$$=1.8\times(5-0.24)$$
$$=8.57\mathrm{m}^2$$

6.7.7　现浇混凝土其他构件（010507）

1. 清单条目设置

现浇混凝土其他构件工程量清单项目设置、项目特征描述的内容、计量单位及工程量计算规则应按二维码表 E.7 的规定执行。

2. 条目设置提示

（1）现浇混凝土小型池槽、垫块、门框等，应按二维码表 E.7 其他构件项目编码列项。

（2）架空式混凝土台阶，按现浇楼梯计算。

3. 计算示例

【**例 6-24**】轴距开间为 6000mm，进深为 6000mm，外墙厚度为 240mm，散水宽度为 900mm，散水厚度为 200mm。计算散水清单工程量。

【**解**】散水清单工程量＝面积
$$=(6+0.24+9)\times4\times0.9$$
$$=54.86\mathrm{m}^2$$

【**例 6-25**】台阶平台高度为 450mm，每个踏步高度为 150mm，踏步宽度为 300mm，台阶宽度为 3000mm，台阶总长度为 3000mm。计算楼梯清单工程量。注：楼梯台阶与楼地面分界线以最后一个踏步边缘加 300mm 计算。

【**解**】台阶体积＝台阶长度×台阶宽度×台阶高度＋踏步体积
$$=(3-0.6)\times3\times0.45+0.3\times0.15\times3$$
$$=3.38\mathrm{m}^3$$

6.7.8　后浇带（010508）

1. 清单条目设置

后浇带工程量清单项目设置、项目特征描述的内容、计量单位及工程量计算规则应按二维码表 E.8 的规定执行。

2. 清单编制示例

【**例 6-26**】后浇带长度为 6000mm，后浇带宽度为 1000mm，筏板厚度为 400mm。计算后浇带清单工程量。

【**解**】后浇带清单工程量＝体积
$$=6\times1\times0.4$$
$$=2.4\mathrm{m}^3$$

6.7.9 预制混凝土柱（010509）

1. 清单条目设置

预制混凝土柱工程量清单项目设置、项目特征描述的内容、计量单位及工程量计算规则应按二维码表 E.9 的规定执行。

2. 条目设置提示

以根计量，必须描述单件体积。

3. 计算示例

【例 6-27】某工程用带牛腿的钢筋混凝土柱 30 根，其下柱长 7m，断面尺寸为 600mm×600mm，上柱长 3m，断面尺寸为 500mm×500mm，牛腿高 700mm，凸出下柱 200mm，与水平的倾角为 56°。计算预制柱清单工程量。

【解】预制柱清单工程量＝体积

$$=0.6×0.6×7+0.5×0.5×3+(0.7-0.5×0.2×\tan56°)×0.2×0.6$$
$$=3.34m^3$$

6.7.10 预制混凝土梁（010510）

1. 清单条目设置

预制混凝土梁工程量清单项目设置、项目特征描述的内容、计量单位及工程量计算规则应按二维码表 E.10 的规定执行。

2. 条目设置提示

以根计量，必须描述单件体积。

3. 计算示例

【例 6-28】轴距开间为 4000mm、4000mm，进深为 3000mm、2000mm，柱截面尺寸为 400mm×400mm，梁截面尺寸为 350mm×600mm。计算梁清单工程量。

【解】梁清单工程量＝体积

$$=0.35×0.6×(3.6×6+2.6×3+1.6×3)$$
$$=7.18m^3$$

6.7.11 预制混凝土屋架（010511）

1. 清单条目设置

预制混凝土屋架工程量清单项目设置、项目特征描述的内容、计量单位及工程量计算规则应按二维码表 E.11 的规定执行。

2. 条目设置提示

（1）以榀计量，必须描述单件体积。

（2）三角形屋架按二维码表 E.11 中折线型屋架项目编码列项。

3. 计算示例

【例 6-29】厂房长边共 15 对牛腿柱。计算折线形预制混凝土屋架清单工程量。

【解】15 榀。

相关信息查阅国家建筑标准设计图集《预应力混凝土折线形屋架（预应力钢筋为钢绞

线 跨度 18m～30m）》04G415-1。

6.7.12 预制混凝土板（010512）

1. 清单条目设置

预制混凝土板工程量清单项目设置、项目特征描述的内容、计量单位及工程量计算规则应按二维码表 E.12 的规定执行。

2. 条目设置提示

（1）以块、套计量，必须描述单件体积。

（2）不带肋的预制遮阳板、雨篷板、挑檐板、拦板等，应按二维码表 E.12 平板项目编码列项。

（3）预制 F 形板、双 T 形板、单肋板和带反挑檐的雨篷板、挑檐板、遮阳板等，应按二维码表 E.12 带肋板项目编码列项。

（4）预制大型墙板、大型楼板、大型屋面板等，按二维码表 E.12 中大型板项目编码列项。

3. 计算示例

【例 6-30】 空心板矩形截面上底为 470mm，下底为 500mm，高 120mm，截面有 5 个空心，空心直径为 80mm，空心板长 3600mm。计算空心板清单工程量。

【解】 空心板清单工程量＝体积

$$= (0.47 + 0.5) \times 0.12/2 \times 3.6 - 3.14 \times 0.04^2 \times 3.6 \times 5$$
$$= 0.12 \text{m}^3$$

6.7.13 预制混凝土楼梯（010513）

1. 清单条目设置

预制混凝土楼梯工程量清单项目设置、项目特征描述的内容、计量单位及工程量计算规则应按二维码表 E.13 的规定执行。

2. 条目设置提示

以块计量，必须描述单件体积。

3. 计算示例

【例 6-31】 预制楼梯踏步板厚 60mm，踏步平面宽 460mm，踏步立面板厚 150mm，踏步立面总高 200mm，截面面积为 0.0576m²，踏步长度为 2m，共 8 个组成楼梯。计算楼梯清单工程量。

【解】 预制楼梯清单工程量＝体积

$$= 0.0576 \times 2 \times 8$$
$$= 0.92 \text{m}^3$$

6.7.14 其他预制构件（010514）

1. 清单条目设置

其他预制构件工程量清单项目设置、项目特征描述的内容、计量单位及工程量计算规则应按二维码表 E.14 的规定执行。

2. 条目设置提示

（1）以块、根计量，必须描述单件体积。

（2）预制钢筋混凝土小型池槽、压顶、扶手、垫块、隔热板、花格等，按二维码表 E.14 中其他构件项目编码列项。

3. 计算示例

【例 6-32】 轴网开间为 4000mm、4000mm，进深为 3000mm、2000mm，压顶为预制压顶，其截面尺寸为 350mm×80mm。计算压顶清单工程量。

【解】 预制压顶清单工程量＝体积

$$= 0.35 \times 0.08 \times (8+5) \times 2$$
$$= 0.73 \text{m}^3$$

6.7.15 钢筋工程（010515）

1. 清单条目设置

钢筋工程工程量清单项目设置、项目特征描述的内容、计量单位及工程量计算规则应按二维码表 E.15 的规定执行。

2. 条目设置提示

（1）现浇构件中伸出构件的锚固钢筋应并入钢筋工程量内。除设计（包括规范规定）标明的搭接外，其他施工搭接不计算工程量，在综合单价中综合考虑。

（2）现浇构件中固定位置的支撑钢筋、双层钢筋用的"铁马"在编制工程量清单时，如果设计未明确，其工程数量可为暂估量，结算时按现场签证数量计算。

3. 计算示例

【例 6-33】 独立基础参数如下：数量为 8，$x = 1600$mm，$y = 1600$mm，$h = 600$mm，X 向配筋三级钢 12@200，Y 向配筋三级钢 12@200，保护层厚 40mm。计算独立基础钢筋清单工程量。

【解】 X、Y 向单根钢筋长度 $1600 - 2 \times 40 = 1520$mm

X、Y 向每方向钢筋根数 $(1600/200 + 1) \times 8 = 72$ 根

单根钢筋重量 $= 0.00617 \times 12 \times 12 \times 1520 = 1350$g $= 1.35$kg

钢筋清单工程量＝质量

$$= 72 \times 2 \times 1.35 = 194.4 \text{kg}$$

【例 6-34】 钢筋混凝土框架梁，混凝土 C25，结构三级抗震，支座框柱为 800mm×800mm，梁截面信息如下：截面 300mm×500mm，4 根角筋为三级钢，直径为 18mm，梁保护层厚 25mm，梁箍筋为三级钢，直径为 8mm，间距为 100mm。计算梁钢筋清单工程量。

【解】 计算该梁清单工程量：

单根纵筋长度 $= 5000 + 42 \times 18 \times 2 = 6512$mm

纵筋根数 $= 4$ 根

纵筋工程量 $= 4 \times 6.512 \times 0.00617 \times 18 \times 18 = 52.07$kg

单根箍筋长度 $= (300 - 25 \times 2 + 500 - 25 \times 2) \times 2 + 2 \times 13.57 \times 8 = 1617.12$mm

箍筋根数：$(5000 - 50 \times 2)/100 + 1 = 50$ 根

箍筋工程量＝50×1.6172×0.00617×8×8＝31.93kg

合计＝52.07+31.93

　　　＝84kg

6.7.16　螺栓、铁件（010516）

1. 清单条目设置

螺栓、铁件工程量清单项目设置，项目特征描述的内容，以及计量单位和工程量计算规则应按二维码表 E.16 的规定执行。

2. 条目设置提示

编制工程量清单时，如果设计未明确，其工程数量可为暂估量，实际工程量按现场签证数量计算。

3. 计算示例

【例 6-35】共 12 个基础柱，每个基础柱预埋 9 个螺栓，螺栓规格为 30mm，伸入基础 1200mm，在底端弯折 150mm，基础柱外部伸出 300mm。计算螺栓清单工程量。

【解】螺栓清单工程量＝质量

　　　　　＝12×9×(1.2+0.15+0.3)×5.553

　　　　　＝989.54kg

6.7.17　相关问题及说明

（1）预制混凝土构件或预制钢筋混凝土构件，当施工图设计标注做法见标准图集时，项目特征注明标准图集的编码、页号及节点大样即可。

（2）现浇或预制混凝土和钢筋混凝土构件，不扣除构件内钢筋、螺栓、预埋铁件、张拉孔道所占体积，但应扣除劲性骨架的型钢所占体积。

6.8　金属结构工程清单编制

6.8.1　钢网架（010601）

1. 清单条目设置

钢网架工程量清单项目设置、项目特征描述、计量单位及工程量计算规则应按二维码表 F.1 的规定执行。

2. 清单编制示例

【例 6-36】钢管 PIP351×16，钢管长 23.072m。求钢管清单工程量。

注：钢管理论重量可查《五金手册》得到。

【解】PIP351×16 清单工程量＝23.072×132.19

　　　　　　　＝3049.89kg

6.8.2　钢屋架、钢托架、钢桁架、钢架桥（010602）

1. 清单条目设置

钢屋架、钢托架、钢桁架、钢架桥工程量清单项目设置，项目特征描述，以及计量单位和工程量计算规则应按二维码表 F.2 的规定执行。

2. 条目设置提示

以榀计量，按标准图设计的应注明标准图代号，按非标准图设计的项目特征必须描述单榀屋架的质量。

3. 计算示例

【例 6-37】钢屋架中有零件 359 个，已知厚度为 15mm。计算单个该零件清单工程量。

【解】零件 359 清单工程量＝[0.015(钢板厚)×0.283(钢板宽)×0.401(钢板长)

－0.5×0.042×0.215×0.015]×7850(钢材密度)×1

（零件数量）

＝12.83kg

6.8.3 钢柱（010603）

1. 清单条目设置

钢柱工程量清单项目设置、项目特征描述、计量单位及工程量计算规则应按二维码表 F.3 的规定执行。

2. 条目设置提示

（1）实腹钢柱类型指十字、T、L、H 形等。

（2）空腹钢柱类型指箱型、格构等。

（3）型钢混凝土柱浇筑钢筋混凝土，其混凝土和钢筋应按 6.7 节中相关项目编码列项。

3. 计算示例

【例 6-38】某钢结构钢管柱，直径为 0.8m，壁厚 0.03m，高度为 2m。求钢柱清单工程量。

【解】钢柱清单工程量＝0.03×3.14×(0.8－0.03)×2×7850＝1138.78kg

6.8.4 钢梁（010604）

1. 清单条目设置

钢梁工程量清单项目设置、项目特征描述、计量单位及工程量计算规则应按二维码表 F.4 的规定执行。

2. 条目设置提示

（1）梁类型指 H、L、T 形，以及箱型、格构式等。

（2）型钢混凝土梁浇筑钢筋混凝土，其混凝土和钢筋应按 6.7 节中相关项目编码列项。

6.8.5 钢板楼板、墙板（010605）

1. 清单条目设置

钢板楼板、墙板工程量清单项目设置，项目特征描述，以及计量单位及工程量计算规则应按二维码表 F.5 的规定执行。

2. 条目设置提示

(1) 钢板楼板上浇筑钢筋混凝土，其混凝土和钢筋应按6.7节相关项目编码列项。

(2) 压型钢楼板按二维码表F.5中钢板楼板项目编码列项。

3. 计算示例

【例6-39】某压型楼板建筑，长15m，宽12m。计算楼板工程量。

【解】钢板楼板清单工程量＝面积

$$= 15 \times 12$$
$$= 180 \text{m}^2$$

6.8.6 钢构件（010606）

1. 清单条目设置

钢构件工程量清单项目设置、项目特征描述、计量单位及工程量计算规则应按二维码表F.6的规定执行。

2. 条目设置提示

(1) 钢墙架项目包括墙架柱、墙架梁和连接杆件。

(2) 钢支撑、钢拉条类型指单式、复式；钢檩条类型指型钢式、格构式；钢漏斗形式指方形、圆形；天沟形式指矩形沟或半圆形沟。

(3) 加工铁件等小型构件，按二维码表F.6中零星钢构件项目编码列项。

3. 计算示例

【例6-40】某框架结构钢支撑，跨度为4.02m，支撑长度为3.88m。同一规格框架上有两根相同支撑，支撑截面规格为1.90mm×7mm的角钢。计算钢支撑工程量。

【解】支撑清单工程量＝3.88×9.656×2＝74.93kg

6.8.7 金属制品（010607）

1. 清单条目设置

金属制品工程量清单项目设置、项目特征描述、计量单位及工程量计算规则应按二维码表F.7的规定执行。

2. 条目设置提示

抹灰钢丝网加固按二维码表F.7中砌块墙钢丝网加固项目编码列项。

3. 计算示例

【例6-41】空调白页护栏，每个长度为1000mm，宽度为400mm，高度为500mm。计算单个护栏工程量。

【解】栏扣尺寸为30mm，护栏尺寸扣减尺寸后计算护栏工程量。

护栏清单工程量＝面积

$$= (1-0.06) \times (0.5-0.03) + (0.4-0.06) \times (0.5-0.03) \times 2$$
$$= 0.76 \text{m}^2$$

6.8.8 相关问题及说明

(1) 金属构件的切边、不规则及多边形钢板发生的损耗在综合单价中考虑。

（2）防火要求指耐火极限。

6.9 木结构工程清单编制

6.9.1 木屋架（010701）

1. 清单条目设置

木屋架工程量清单项目设置、项目特征描述、计量单位及工程量计算规则应按二维码表 G.1 的规定执行。

2. 条目设置提示

（1）屋架的跨度应以上、下弦中心线两交点之间的距离计算。

（2）带气楼的屋架和马尾、折角以及正交部分的半屋架，按相关屋架项目编码列项。

（3）以榀计量，按标准图设计的应注明标准图代号，按非标准图设计的项目特征必须按二维码表 G.1 要求予以描述。

3. 计算示例

【例 6-42】某普通木屋架，一面刨光。含 2 根上弦杆，每根长 3.354m，规格为 150mm×150mm；2 根腹杆，每根长 1.67m，规格为 100mm×100mm；1 根立杆长 1.5m，2 根长 0.75m，规格为 100mm×100mm；1 根下弦杆长 6m，规格为 150mm× 150mm。计算木屋架工程量。

【解】木屋架清单工程量＝体积

$$
\begin{aligned}
&=0.15×0.15×3.354×2+0.15×0.15×6 \\
&\quad +0.1×0.1×1.67×2+0.1×0.1×1.5+0.1×0.1×0.75×2 \\
&=0.35m^3
\end{aligned}
$$

6.9.2 木构件（010702）

1. 清单条目设置

木构件工程量清单项目设置、项目特征描述、计量单位及工程量计算规则应按二维码表 G.2 的规定执行。

2. 条目设置提示

（1）木楼梯的栏杆（栏板）、扶手，应按 6.17 节的相关项目编码列项。

（2）以米计量，项目特征必须描述构件规格尺寸。

3. 计算示例

【例 6-43】木梁尺寸为 120mm×180mm，木梁净长 4m。计算单根木梁清单工程量。

【解】木梁清单工程量＝体积

$$
\begin{aligned}
&=0.12×0.18×4 \\
&=0.09m^3
\end{aligned}
$$

6.9.3 屋面木基层（010703）

1. 清单条目设置

屋面木基层工程量清单项目设置、项目特征描述、计量单位及工程量计算规则应按二维码表 G.3 的规定执行。

2. 清单编制示例

【例 6-44】屋架跨度为 1900mm，长 6200mm，高 1200mm，屋架上有棱、椽子、屋面板、挂瓦条。屋面板厚度为 50mm。计算屋面木基层清单工程量。

【解】屋面木基层清单工程量＝面积

$$=2\times1.9\times(3.1^2+1.2^2)^{1/2}$$
$$=12.63m^2$$

6.10　门窗工程清单编制

6.10.1　木门（010801）

1. 清单条目设置

木门工程量清单项目设置、项目特征描述、计量单位及工程量计算规则应按二维码表 H.1 的规定执行。

2. 条目设置提示

（1）木质门应区分镶板木门、企口木板门、实木装饰门、胶合板门、夹板装饰门、木纱门、全玻门（带木质扇框）、木质半玻门（带木质扇框）等项目，分别编码列项。

（2）木门五金应包括：折页、插销、门碰珠、弓背拉手、搭机、木螺钉、弹簧折页（自动门）、管子拉手（自由门、地弹门）、地弹簧（地弹门）、角铁、门轧头（地弹门、自由门）等。

（3）木质门带套计量按洞口尺寸以面积计算，不包括门套的面积，但门套应计算在综合单价中。

（4）以樘计量，项目特征必须描述洞口尺寸；以平方米计量，项目特征可不描述洞口尺寸。

（5）单独制作安装木门框按木门框项目编码列项。

3. 计算示例

【例 6-45】木质防火门，门宽 1200mm，门高 2100mm，共 6 樘。计算防火门清单工程量。

【解】数量＝6 樘
面积＝1.2×2.2×6＝15.84m²

6.10.2　金属门（010802）

1. 清单条目设置

金属门工程量清单项目设置、项目特征描述、计量单位及工程量计算规则应按二维码表 H.2 的规定执行。

2. 条目设置提示

（1）金属门应区分金属平开门、金属推拉门、金属地弹门、全玻门（带金属扇框）、金属半玻门（带扇框）等项目，分别编码列项。

（2）铝合金门五金包括：地弹簧、门锁、拉手、门插、门铰、螺钉等。

（3）金属门五金包括L形执手插锁（双舌）、执手锁（单舌）、门轨头、地锁、防盗门机、门眼（猫眼）、门碰珠、电子锁（磁卡锁）、闭门器、装饰拉手等。

（4）以樘计量，项目特征必须描述洞口尺寸，没有洞口尺寸必须描述门框或扇外围尺寸，以平方米计量，项目特征可不描述洞口尺寸及框、扇的外围尺寸。

（5）以平方米计量，无设计图示洞口尺寸，按门框、扇外围以面积计算。

3. 计算示例

【例6-46】某仓库大门为金属平开门，门尺寸为3000mm×2400mm，共2樘。计算门工程量。

【解】数量＝2樘

面积＝$3\times2.4\times2=14.4m^2$

6.10.3 金属卷帘（闸）门（010803）

1. 清单条目设置

金属卷帘（闸）门工程量清单项目设置、项目特征描述、计量单位及工程量计算规则应按二维码表H.3的规定执行。

2. 条目设置提示

以樘计量，项目特征必须描述洞口尺寸；以平方米计量，项目特征可不描述洞口尺寸。

3. 计算示例

【例6-47】某车库铝合金卷帘门4樘，门洞口尺寸为3300mm×3000mm；经安装时测量，卷筒展开面积为$3m^2$。计算卷帘门工程量。

【解】数量＝4樘

面积＝$3.3\times3\times4=39.6m^2$

6.10.4 厂库房大门、特种门

1. 清单条目设置（010804）

厂库房大门、特种门工程量清单项目设置，项目特征描述，以及计量单位及工程量计算规则应按二维码表H.4的规定执行。

2. 条目设置提示

（1）特种门应区分冷藏门、冷冻间门、保温门、变电室门、隔声门、防射线门、人防门、金库门等项目，分别编码列项。

（2）以樘计量，项目特征必须描述洞口尺寸，没有洞口尺寸必须描述门框或扇外围尺寸；以平方米计量，项目特征可不描述洞口尺寸及框、扇的外围尺寸。

（3）以平方米计量，无设计图示洞口尺寸，按门框、扇外围以面积计算。

3. 计算示例

【例6-48】木板门尺寸为1200mm×2100mm，共7樘。计算木板大门工程量。

【解】数量＝7樘

$$面积＝1.2×2.1×7＝17.64m^2$$

6.10.5　其他门（010805）

1. 清单条目设置

其他门工程量清单项目设置、项目特征描述、计量单位及工程量计算规则应按二维码表 H.5 的规定执行。

2. 条目设置提示

（1）以樘计量，项目特征必须描述洞口尺寸，没有洞口尺寸必须描述门框或扇外围尺寸；以平方米计量，项目特征可不描述洞口尺寸及框、扇的外围尺寸。

（2）以平方米计量，无设计图示洞口尺寸，按门框、扇外围以面积计算。

3. 计算示例

【例 6-49】某酒店安装 1 樘 2 翼自动旋转门，总高度为 2500mm，外径为 3600mm。计算工程量。

【解】数量＝1 樘

$$面积＝3.6×2.5＝9m^2$$

6.10.6　木窗（010806）

1. 清单条目设置

木窗工程量清单项目设置、项目特征描述、计量单位及工程量计算规则应按二维码表 H.6 的规定执行。

2. 条目设置提示

（1）木质窗应区分木百叶窗、木组合窗、木天窗、木固定窗、木装饰空花窗等项目，分别编码列项。

（2）以樘计量，项目特征必须描述洞口尺寸，没有洞口尺寸必须描述窗框外围尺寸；以平方米计量，项目特征可不描述洞口尺寸及框的外围尺寸。

（3）以平方米计量，无设计图示洞口尺寸，按窗框外围以面积计算。

（4）木橱窗、木飘（凸）窗以樘计量，项目特征必须描述框截面及外围展开面积。

（5）木窗五金包括：折页、插销、风钩、木螺钉、滑轮滑轨（推拉窗）等。

3. 计算示例

【例 6-50】单层木窗，中间部分为框上装玻璃。框断面为 64cm^2，共 8 樘；窗尺寸为 2700mm×2700mm。计算工程量。

【解】数量＝8 樘

$$面积＝2.7×2.7×8＝58.32m^2$$

6.10.7　金属窗（010807）

1. 清单条目设置

金属窗工程量清单项目设置、项目特征描述、计量单位及工程量计算规则应按二维码表 H.7 的规定执行。

2. 条目设置提示

（1）金属窗应区分金属组合窗、防盗窗等项目，分别编码列项。

（2）以樘计量，项目特征必须描述洞口尺寸，没有洞口尺寸必须描述窗框外围尺寸；以平方米计量，项目特征可不描述洞口尺寸及框的外围尺寸。

（3）以平方米计量，无设计图示洞口尺寸，按窗框外围以面积计算。

（4）金属橱窗、飘（凸）窗以樘计量，项目特征必须描述框外围展开面积。

（5）金属窗五金包括：折页、螺钉、执手、卡锁、铰拉、风撑、滑轮、滑轨、拉把、拉手、角码、牛角制等。

3. 计算示例

【例 6-51】 采用单层带纱钢窗，框的外径尺寸高度为 1400mm，宽度为 1400mm，共 18 樘。计算工程量。

【解】 数量＝18 樘

面积＝$1.4 \times 1.4 \times 18 = 35.28 \mathrm{m}^2$

6.10.8　门窗套（010808）

1. 清单条目设置

门窗套工程量清单项目设置、项目特征描述、计量单位及工程量计算规则应按二维码表 H.8 的规定执行。

2. 条目设置提示

（1）以樘计量，项目特征必须描述洞口尺寸、门窗套展开宽度。

（2）以平方米计量，项目特征可不描述洞口尺寸、门窗套展开宽度。

（3）以米计量，项目特征必须描述门窗套展开宽度、筒子板及贴脸宽度。

（4）木门窗套适用于单独门窗套的制作、安装。

3. 计算示例

【例 6-52】 窗尺寸为 1600mm×1600mm，共计 3 樘，窗套设计宽度为 80mm。计算窗套工程量。

【解】 数量＝3 樘

窗套面积＝$(1.6 + 1.6) \times 2 + 0.08 \times 2 = 6.56 \mathrm{m}^2$

长度＝$(1.6 + 1.6) \times 2 \times 3 = 19.2 \mathrm{m}$

6.10.9　窗台板（010809）

1. 清单条目设置

窗台板工程量清单项目设置、项目特征描述、计量单位及工程量计算规则应按二维码表 H.9 的规定执行。

2. 清单编制示例

【例 6-53】 设计要求做宽度为 300mm 的硬木窗台板，窗尺寸为 1800mm×2000mm，共 18 个该类型窗。计算窗台板工程量。

【解】 面积＝$0.3 \times 1.8 \times 18 = 9.72 \mathrm{m}^2$

6.10.10　窗帘、窗帘盒、轨（010810）

1. 清单条目设置

窗帘、窗帘盒、轨工程量清单项目设置、项目特征描述、计量单位及工程量计算规则应按二维码表 H.10 的规定执行。

2. 条目设置提示

（1）窗帘若是双层，项目特征必须描述每层材质。

（2）窗帘以米计量，项目特征必须描述窗帘高度和宽。

3. 计算示例

【例 6-54】某工程有 18 个窗户，窗帘为双层布艺，按 1∶2 考虑褶皱，长度为 1.6m，高度为 1.8m，其窗帘盒为木质。计算窗帘工程量。

【解】窗帘长度＝1.6×2×18＝57.6m

窗帘面积＝1.6×1.8×2×18＝103.68m²

6.11　屋面及防水工程清单编制

6.11.1　瓦、型材及其他屋面（010901）

1. 清单条目设置

瓦、型材及其他屋面工程量清单项目设置，项目特征描述，以及计量单位及工程量计算规则应按二维码表 J.1 的规定执行。

2. 条目设置提示

（1）瓦屋面若是在木基层上铺瓦，项目特征不必描述黏结层砂浆的配合比，瓦屋面铺防水层，按二维码表 J.2 中相关项目编码列项。

（2）型材屋面、阳光板屋面、玻璃钢屋面的柱、梁、屋架，按 6.8 节、6.9 节中相关项目编码列项。

3. 计算示例

【例 6-55】某坡屋面长 9m，宽 6m，屋面坡度为 0.2，四边各挑出 600mm，屋面上烟囱尺寸为 500mm×600mm。计算瓦屋面工程量。

【解】斜边长度＝$[3.6^2+(3.6×0.2)^2]^{1/2}$×2

＝7.34m

屋面展开面积＝7.34×（9＋1.2）

＝74.87m²

6.11.2　屋面防水及其他（010902）

1. 清单条目设置

屋面防水及其他工程量清单项目设置、项目特征描述、计量单位及工程量计算规则应按二维码表 J.2 的规定执行。

2. 条目设置提示

（1）屋面刚性层无钢筋，其钢筋项目特征不必描述。

（2）屋面找平层按 6.13 节"平面砂浆找平层"项目编码列项。

（3）屋面防水搭接及附加层用量不另行计算，在综合单价中考虑。

（4）屋面保温找坡层按 6.12 节"保温隔热屋面"项目编码列项。

3. 计算示例

【例 6-56】某建筑长 10.5m，宽 7m，女儿墙高 0.3m，厚 200mm。计算卷材防水工程量。

【解】卷材防水工程量＝面积

$$＝水平投影面积＋女儿墙弯起部分面积$$
$$＝(7－0.4)\times(10.5－0.4)＋[(7－0.4)＋(10.5－0.4)]\times2\times0.3$$
$$＝76.68m^2$$

6.11.3 墙面防水、防潮（010903）

1. 清单条目设置

墙面防水、防潮工程量清单项目设置，项目特征描述，以及计量单位和工程量计算规则应按二维码表 J.3 的规定执行。

2. 条目设置提示

（1）墙面防水搭接及附加层用量不另行计算，在综合单价中考虑。

（2）墙面变形缝，若做双面，工程量乘系数 2。

（3）墙面找平层按 6.14 节"立面砂浆找平层"项目编码列项。

3. 计算示例

【例 6-57】某建筑尺寸参考【例 6-56】，墙高 1.6m，墙厚 240mm。计算墙面卷材防水工程量。

【解】面积＝$(10.5＋7)\times2\times1.6$
$$＝56m^2$$

6.11.4 楼（地）面防水、防潮（010904）

1. 清单条目设置

楼（地）面防水、防潮工程量清单项目设置，项目特征描述，以及计量单位和工程量计算规则应按二维码表 J.4 的规定执行。

2. 条目设置提示

（1）楼（地）面防水找平层按 6.13 节"平面砂浆找平层"项目编码列项。

（2）楼（地）面防水搭接及附加层用量不另行计算，在综合单价中考虑。

3. 计算示例

【例 6-58】某建筑尺寸参考【例 6-56】，墙高度为 3m，墙厚 240mm，居中布置；楼面整体铺卷材防水，计算楼面防水工程量。

【解】面积＝$(10.5－0.48)\times(7－0.48)＝65.33m^2$

6.12　保温、隔热、防腐工程清单编制

6.12.1　保温、隔热（011001）

1. 清单条目设置

保温、隔热工程量清单项目设置，项目特征描述，以及计量单位和工程量计算规则应按二维码表 K.1 的规定执行。

2. 条目设置提示

（1）保温隔热装饰面层，按 6.13、6.14、6.15、6.16、6.17 节中相关项目编码列项；仅做找平层按 6.13 节"平面砂浆找平层"或 6.14 节"立面砂浆找平层"项目编码列项。

（2）柱帽保温隔热应并入天棚保温隔热工程量内。

（3）池槽保温隔热应按其他保温隔热项目编码列项。

（4）保温隔热方式：内保温、外保温、夹心保温。

（5）保温柱、梁适用于不与墙、天棚相连的独立柱、梁。

3. 计算示例

【例 6-59】某建筑尺寸参考【例 6-56】，墙厚 240mm，保温隔热层厚度为 10mm，计算屋面保温隔热层工程量。

【解】面积 $=(10.5-0.48)\times(7-0.48)=65.33\text{m}^2$

6.12.2　防腐面层（011002）

1. 清单条目设置

防腐面层工程量清单项目设置、项目特征描述、计量单位及工程量计算规则应按二维码表 K.2 的规定执行。

2. 条目设置提示

防腐踢脚线，应按 6.13 节"踢脚线"项目编码列项。

3. 计算示例

【例 6-60】某建筑尺寸参考【例 6-56】，墙厚 240mm，独立柱截面尺寸为 400mm× 400mm，门尺寸为 1200mm×2100mm，门框宽度 60mm，居中布置，立面防腐高度为 400mm。计算防腐砂浆工程量。

【解】平面防腐面积 $=(10.5-0.48)\times(7-0.48)=65.33\text{m}^2$

立面防腐面积 = 立面面积-门洞口面积+门洞口侧壁面积

$$=[(10.02+6.52)\times2-1.2+(0.24-0.06)/2\times2]\times0.4$$

$$=12.82\text{m}^2$$

6.12.3　其他防腐（011003）

1. 清单条目设置

其他防腐工程量清单项目设置、项目特征描述、计量单位及工程量计算规则应按二维码表 K.3 的规定执行。

2. 条目设置提示

浸渍砖砌法指平砌、立砌。

3. 计算示例

【例 6-61】某建筑尺寸参考【例 6-56】，墙厚 240mm，下层铺设一层厚度为 60mm 的砌筑沥青浸渍砖。计算防腐工程量。

【解】体积＝(10.5－0.48)×(7－0.48)×0.06
　　　　　＝3.92m³

6.13　楼地面装饰工程清单编制

6.13.1　整体面层及找平层（011101）

1. 清单条目提示

整体面层及找平层工程量清单项目的设置、项目特征描述的内容、计量单位及工程量计算规则应按二维码表 L.1 的规定执行。

2. 条目设置提示

(1) 水泥砂浆面层处理是拉毛还是提浆压光应在面层做法要求中描述。

(2) 平面砂浆找平层只适用于仅做找平层的平面抹灰。

(3) 间壁墙指墙厚≤120mm 的墙。

(4) 楼地面混凝土垫层另按二维码表 E.1 垫层项目编码列项，除混凝土外的其他材料垫层按二维码表 D.4 垫层项目编码列项。

3. 计算示例

【例 6-62】某楼地面长 10.5m，宽 7m，墙厚 240mm，楼地面采用现浇水磨石。计算楼地面工程量。

【解】面积＝(7－0.48)×(10.5－0.48)＝65.33m²

6.13.2　块料面层（011102）

1. 清单条目设置

块料面层工程量清单项目的设置、项目特征描述的内容、计量单位及工程量计算规则应按二维码表 L.2 的规定执行。

2. 条目设置提示

(1) 在描述碎石材项目的面层材料特征时可不用描述规格、颜色。

(2) 石材、块料与黏结材料的结合面刷防渗材料的种类在防护层材料种类中描述。

(3) 二维码表 L.2 工作内容中的磨边指施工现场磨边，后面章节工作内容中涉及的磨边含义同。

3. 计算示例

【例 6-63】某楼地面长宽参考【例 6-62】，墙厚 240mm，采用石材楼地面，窗 C-1 为 2500mm×1600mm，离地高度为 900mm，居中布置，框厚 60mm，门 M-1 为 2500mm×2000mm，框厚 60mm，居中布置，门底面贴石材至外墙边。计算楼地面工程量。

【解】面积＝$(7-0.48)\times(10.5-0.48)+2.5\times0.24$

　　　　＝65.93m^2

6.13.3　橡塑面层（011103）

1. 清单条目设置

橡塑面层工程量清单项目的设置、项目特征描述的内容、计量单位及工程量计算规则应按二维码表 L.3 的规定执行。

2. 条目设置提示

二维码表 L.3 项目中如涉及找平层，另按二维码表 L.1 找平层项目编码列项。

3. 计算示例

【例 6-64】某楼地面长宽参考【例 6-62】，墙厚 240mm，采用橡胶板卷材楼地面，窗 C-1 为 2500mm×1600mm，离地高度为 900mm，居中布置，框厚 60mm，门 M-1 为 2500mm×2000mm，框厚 60mm，居中布置。计算楼地面工程量。

【解】面积＝$(7-0.48)\times(10.5-0.48)+0.09\times2.5\times2$

　　　　＝65.78m^2

6.13.4　其他材料面层（011104）

1. 清单条目设置

其他材料面层工程量清单项目的设置、项目特征描述的内容、计量单位及工程量计算规则应按二维码表 L.4 的规定执行。

2. 清单编制示例

【例 6-65】某楼地面长宽参考【例 6-62】，墙厚 240mm，无门窗，采用地毯楼地面，外墙留有宽 1400mm 洞口，框为 60mm。计算楼地面工程量。

【解】面积＝$(7-0.48)\times(10.5-0.48)+(1.4-0.06\times2)\times0.24$

　　　　＝65.64m^2

6.13.5　踢脚线（011105）

1. 清单条目设置

踢脚线工程量清单项目的设置、项目特征描述的内容、计量单位及工程量计算规则应按二维码表 L.5 的规定执行。

2. 条目设置提示

石材、块料与黏结材料的结合面刷防渗材料的种类在防护材料种类中描述。

3. 计算示例

【例 6-66】某楼地面长宽参考【例 6-62】，墙厚 240mm，无门窗，外墙留有宽 1400mm 洞口，框为 60mm。房间地面的一圈布置有水泥砂浆踢脚线，踢脚线高 150mm。计算踢脚线工程量。

【解】水泥砂浆踢脚线面积＝$(7-0.48+10.5-0.48)\times2\times0.15-1.4\times0.15+$

　　　　　　　　　　　　$(0.24-0.06)/2\times2\times0.15$

　　　　　　　　　　　＝4.78m^2

$$水泥砂浆踢脚线长度=(7-0.48+10.5-0.48)\times2-0.14+(0.24-0.06)/2\times2$$
$$=33.12m$$

6.13.6 楼梯面层（011106）

1. 清单条目设置

楼梯面层工程量清单项目的设置、项目特征描述的内容、计量单位及工程量计算规则应按二维码表 L.6 的规定执行。

2. 条目设置提示

（1）在描述碎石材项目的面层材料特征时可不用描述规格、颜色。

（2）石材、块料与黏结材料的结合面刷防渗材料的种类在防护材料种类中描述。

3. 计算示例

【例 6-67】 梯段宽度为 1500mm，进深为 4800mm，休息平台宽度为 1200mm。计算楼梯工程量。

【解】 楼梯水平投影面积$=1.5\times1.2+4.8\times1.5$
$$=9m^2$$

6.13.7 台阶装饰（011107）

1. 清单条目设置

台阶装饰工程量清单项目的设置、项目特征描述的内容、计量单位及工程量计算规则应按二维码表 L.7 的规定执行。

2. 条目设置提示

（1）在描述碎石材项目的面层材料特征时可不用描述规格、颜色。

（2）石材、块料与黏结材料的结合面刷防渗材料的种类在防护材料种类中描述。

3. 计算示例

【例 6-68】 一石材台阶，3 个踏步每个宽 300mm，台阶宽 1800mm，计算台阶装饰工程量。

【解】 踏步数为 3，最上一层加 300mm。
$$台阶装饰面积=1.8\times(0.3\times3+0.3)$$
$$=2.16m^2$$

6.13.8 零星装饰项目（011108）

1. 清单条目设置

零星装饰项目工程量清单项目的设置、项目特征描述的内容、计量单位及工程量计算规则应按二维码表 L.8 的规定执行。

2. 条目设置提示

（1）楼梯、台阶牵边和侧面镶贴块料面层，不大于 $0.5m^2$ 的少量分散的楼地面镶贴块料面层，应按二维码表 L.8 执行。

（2）石材、块料与黏结材料的结合面刷防渗材料的种类在防护材料种类中描述。

3. 计算示例

【例 6-69】楼地面地砖中，有 4 块正方形 1200mm×1200mm 的装饰蓝色石材。计算装饰石材工程量。

【解】面积＝4×1.2×1.2
　　　　　＝5.76m²

6.14　墙、柱面装饰与隔断、幕墙工程清单编制

6.14.1　墙面抹灰（011201）

1. 清单条目设置

墙面抹灰工程量清单项目的设置、项目特征描述的内容、计量单位及工程量计算规则应按二维码表 M.1 的规定执行。

2. 条目设置提示

（1）立面砂浆找平项目适用于仅做找平层的立面抹灰。

（2）墙面抹石灰砂浆、水泥砂浆、混合砂浆、聚合物水泥砂浆、麻刀石灰浆、石膏灰浆等按二维码表 M.1 中墙面一般抹灰列项；墙面水刷石、斩假石、干粘石、假面砖等按二维码表 M.1 中墙面装饰抹灰列项。

（3）飘窗凸出外墙面增加的抹灰并入外墙工程量内。

（4）有吊顶天棚的内墙面抹灰，抹至吊顶以上部分在综合单价中考虑。

3. 计算示例

【例 6-70】该房间开间为 3500mm×3，进深为 3500mm×2，门 M-1 尺寸为 900mm×2100mm，窗尺寸为 1500mm×1800mm，门窗均居中布置，框厚 60mm，墙厚 240mm，顶板厚 120mm，层高 3m。计算内墙抹灰工程量。

【解】内墙面抹灰面积＝(7－0.24)×4×(3－0.12)－1.5×1.8×4－0.9×2.1
　　　　　　　＋(3.5－0.24＋7－0.24)×2×(3－0.12)－1.5×1.8－0.9×2.1×2
　　　　　　　＝116.42m²

6.14.2　柱（梁）面抹灰（011202）

1. 清单条目设置

柱（梁）面抹灰工程量清单项目的设置、项目特征描述的内容、计量单位及工程量计算规则应按二维码表 M.2 的规定执行。

2. 条目设置提示

（1）砂浆找平项目适用于仅做找平层的柱（梁）面抹灰。

（2）柱（梁）面抹石灰砂浆、水泥砂浆、混合砂浆、聚合物水泥砂浆、麻刀石灰浆、石膏灰浆等按二维码表 M.2 中柱（梁）面一般抹灰编码列项；柱（梁）面水刷石、斩假石、干粘石、假面砖等按二维码表 M.2 中柱（梁）面装饰抹灰项目编码列项。

3. 计算示例

【例 6-71】柱截面尺寸为 360mm×360mm，柱高 3m，柱墩截面尺寸为 700mm×

700mm，高度为500mm，柱帽顶截面尺寸为1000mm×1000mm，柱头截面为400mm×400mm，柱帽高度为300mm。计算柱面抹灰工程量。

【解】柱身抹灰面积＝$0.36×3×4＝4.32m^2$

柱帽抹灰面积＝$(1＋0.4)/2×(0.3^2＋0.3^2)^{1/2}×4＝1.19m^2$

柱墩抹灰面积＝$(0.7×0.7－0.36×0.36)＋(0.7×0.5)×4＝1.76m^2$

合计＝$4.32＋1.19＋1.76＝7.27m^2$

6.14.3 零星抹灰（011203）

1. 清单条目设置

零星抹灰工程量清单项目的设置、项目特征描述的内容、计量单位及工程量计算规则应按二维码表 M.3 的规定执行。

2. 条目设置提示

（1）零星项目抹石灰砂浆、水泥砂浆、混合砂浆、聚合物水泥砂浆、麻刀石灰浆、石膏灰浆等按二维码表 M.3 中零星项目一般抹灰编码列项，水刷石、斩假石、干粘石、假面砖等按二维码表 M.3 中零星项目装饰抹灰编码列项。

（2）墙、柱（梁）面不超过 $0.5m^2$ 的少量分散的抹灰按二维码表 M.3 中零星抹灰项目编码列项。

3. 计算示例

【例6-72】某窗尺寸为 1200mm×1500mm，窗台线宽度为 120mm，伸入墙左右各 250mm，共有 10 扇窗。计算窗台线工程量。

【解】C-1 窗台线面积＝$0.12×(1.2＋0.25×2)×10$

$＝2.04m^2$

6.14.4 墙面块料面层（011204）

1. 清单条目设置

墙面块料面层工程量清单项目的设置、项目特征描述的内容、计量单位及工程量计算规则应按二维码表 M.4 的规定执行。

2. 条目设置提示

（1）在描述碎块项目的面层材料特征时可不用描述规格、颜色。

（2）石材、块料与黏结材料的结合面刷防渗材料的种类在防护层材料种类中描述。

（3）安装方式可描述为砂浆或黏结剂粘贴、挂贴、干挂等，不论哪种安装方式，都要详细描述与组价相关的内容。

3. 计算示例

【例6-73】外墙厚 240mm，内墙厚 200mm，门 M-1 尺寸为 900mm×2100mm，窗尺寸为 1200mm×1500mm，门窗均居中布置，框厚 60mm，层高 2800mm，石材墙面总厚度为 100mm（含结合层、面层），门窗框的框外边贴 100mm。计算外墙块料工程量。

【解】外墙面镶贴块料面积＝$[(7＋0.24＋0.1×2)＋(4＋0.24＋0.1×2)]×2×3$

$－(1.2－0.2)×3－(0.9－0.2)×(2.1－0.1)$

$＝66.88m^2$

$$门窗框贴块料面积＝[(1+1.3)\times2\times3+(0.7+2\times2)]\times0.1$$
$$=1.85\text{m}^2$$

6.14.5 柱（梁）面镶贴块料（011205）

1. 清单条目设置

柱（梁）面镶贴块料工程量清单项目的设置、项目特征描述的内容、计量单位及工程量计算规则应按二维码表 M.5 的规定执行。

2. 条目设置提示

（1）在描述碎块项目的面层材料特征时可不用描述规格、颜色。

（2）石材、块料与黏结材料的结合面刷防渗材料的种类在防护层材料种类中描述。

（3）柱梁面干挂石材的钢骨架按二维码表 M.4 相应项目编码列项。

3. 计算示例

【例 6-74】独立柱截面为 360mm×360mm，柱高 3m，在柱身一面贴上石材。总厚度为 100mm（含结合层、面层）。计算石柱装饰量。

【解】石材柱面面积＝(0.36+0.1×2)×4×3

$$=6.72\text{m}^2$$

6.14.6 镶贴零星块料（011206）

1. 清单条目设置

镶贴零星块料工程量清单项目的设置、项目特征描述的内容、计量单位及工程量计算规则应按二维码表 M.6 的规定执行。

2. 条目设置提示

（1）在描述碎块项目的面层材料特征时可不用描述规格、颜色。

（2）石材、块料与黏结材料的结合面刷防渗材料的种类在防护材料种类中描述。

（3）零星项目干挂石材的钢骨架按二维码表 M.4 相应项目编码列项。

（4）墙柱面不超过 0.5m² 的少量分散的镶贴块料面层按二维码表 M.6 中零星项目执行。

3. 计算示例

【例 6-75】墙面长 7.4m，宽 3m，墙上开 2200mm×2200mm 的洞，墙厚 240mm。计算墙面装饰量。

【解】装饰板墙面面积＝7.4×3－(2.2×2.2)

$$=17.36\text{m}^2$$

6.14.7 墙饰面（011207）

1. 清单条目设置

墙饰面工程量清单项目的设置、项目特征描述的内容、计量单位及工程量计算规则应按二维码表 M.7 的规定执行。

2. 清单编制示例

【例 6-76】同【例 6-75】。

6.14.8 柱（梁）饰面（011208）

1. 清单条目设置

柱（梁）饰面工程量清单项目的设置、项目特征描述的内容、计量单位及工程量计算规则应按二维码表 M.8 的规定执行。

2. 清单编制示例

【**例 6-77**】独立柱装饰，柱断面为 360mm×360mm，柱高 2.8m，在柱身上布置镭射玻璃饰面。计算柱面装饰量。

【**解**】柱面装饰面面积＝0.36×2.8×4＝4.03m²

6.14.9　幕墙工程（011209）

1. 清单条目设置

幕墙工程工程量清单项目的设置、项目特征描述的内容、计量单位及工程量计算规则应按二维码表 M.9 的规定执行。

2. 条目设置提示

幕墙钢骨架按二维码表 M.4 干挂石材钢骨架编码列项。

3. 计算示例

【**例 6-78**】幕墙高度为 30m，宽度为 16m；肋玻璃宽度为 250mm，间距为 1000mm。计算幕墙工程量。

【**解**】全玻璃幕墙面积＝30×16＋0.25×30×2＋0.25×16×2
　　　　　　　　　＝503m²

6.14.10　隔断（011210）

1. 清单条目设置

隔断工程量清单项目的设置、项目特征描述的内容、计量单位及工程量计算规则应按二维码表 M.10 的规定执行。

2. 清单编制示例

【**例 6-79**】同【例 6-75】。

6.15　天棚工程清单编制

6.15.1　天棚抹灰（011301）

1. 清单条目设置

天棚抹灰工程量清单项目的设置、项目特征描述的内容、计量单位及工程量计算规则应按二维码表 N.1 的规定执行。

2. 清单编制示例

【**例 6-80**】跌级天棚外缘尺寸为 5m×4m，标高为 3m，中间部分尺寸为 4.34m×3.24m，标高为 2.8m。计算天棚抹灰工程量。

【**解**】跌级天棚抹灰面积＝5×4＝20m²

6.15.2　天棚吊顶（011302）

1. 清单条目设置

天棚吊顶工程量清单项目的设置、项目特征描述的内容、计量单位及工程量计算规则应按二维码表 N.2 的规定执行。

2. 清单编制示例

【例 6-81】房间开间为 3500mm×3，进深为 3500mm×2，外墙厚 240mm，间壁墙厚 100mm，独立柱截面尺寸为 360mm×360mm，A、E 轴墙上有墙垛。计算天棚工程量。

【解】天棚工程量=(10.5−0.24)×(7−0.24)−0.36×0.36=69.23m²

6.15.3 采光天棚（011303）

1. 清单条目设置

采光天棚工程量清单项目的设置、项目特征描述的内容、计量单位及工程量计算规则应按二维码表 N.3 的规定执行。

2. 条目设置提示

采光天棚骨架不包括在本节中，应单独按 6.8 节相关项目编码列项。

3. 计算示例

【例 6-82】房间开间为 3500mm×3，进深为 3500mm×2，外墙厚 240mm，采光天棚距离楼板的距离为 300mm。计算采光天棚工程量。

【解】采光天棚面积=(10.5−0.24)×(7−0.24)=69.36m²

6.15.4 天棚其他装饰（011304）

1. 清单条目设置

天棚其他装饰工程量清单项目的设置、项目特征描述的内容、计量单位及工程量计算规则应按二维码表 N.4 的规定执行。

2. 清单编制示例

【例 6-83】天棚上有两个框外围尺寸为 1.4m×0.4m 的灯带，计算灯带的工程量。

【解】灯带面积=1.4×0.4×2=1.12m²

6.16 油漆、涂料、裱糊工程清单编制

6.16.1 门油漆（011401）

1. 清单条目设置

门油漆工程量清单项目设置、项目特征描述的内容、计量单位及工程量计算规则应按二维码表 P.1 的规定执行。

2. 条目设置提示

（1）木门油漆应区分木大门、单层木门、双层（一玻一纱）木门、双层（单裁口）木门、全玻自由门、半玻自由门、装饰门及有框门或无框门等项目，分别编码列项。

（2）金属门油漆应区分平开门、推拉门、钢制防火门等项目，分别编码列项。

（3）以平方米计量，项目特征可不必描述洞口尺寸。

3. 计算示例

【例 6-84】单层木门 M-1 尺寸为 1200mm×2100mm，双面刷油，油漆为底油 1 遍，

调和漆 3 遍。计算木门油漆工程量。

【解】数量＝1 樘

洞口面积＝1.2×2.1＝2.52m²

6.16.2 窗油漆（011402）

1. 清单条目设置

窗油漆工程量清单项目设置、项目特征描述的内容、计量单位及工程量计算规则应按二维码表 P.2 的规定执行。

2. 条目设置提示

（1）木窗油漆应区分单层木门、双层（一玻一纱）木窗、双层框扇（单裁口）木窗、双层框三层（二玻纱）木窗、单层组合窗、双层组合窗、木百叶窗、木推拉窗等项目，分别编码列项。

（2）金属窗油漆应区分平开窗、推拉窗、固定窗、组合窗、金属隔栅窗等项目，分别编码列项。

（3）以平方米计量，项目特征可不必描述洞口尺寸。

3. 计算示例

【例 6-85】窗为双层（一玻一纱）木窗，洞口尺寸为 1500mm×1500mm，共 8 樘，设计为刷油粉 1 遍，刮腻子、调和漆 1 遍，磁漆 2 遍。计算窗油漆工程量。

【解】数量＝8 樘

洞口面积＝1.5×1.5×8＝18m²

6.16.3 木扶手及其他板条、线条油漆（011403）

1. 清单条目设置

木扶手及其他板条、线条油漆工程量清单项目设置，项目特征描述的内容，以及计量单位及工程量计算规则应按二维码表 P.3 的规定执行。

2. 条目设置提示

木扶手应区分带托板与不带托板，分别编码列项，若是木栏杆带扶手，木扶手不应单独列项，应包含在木栏杆油漆中。

3. 计算示例

【例 6-86】楼梯木扶手经计算长度为 18mm，刷调和漆 2 遍。计算楼梯木扶手的油漆工程量。

【解】木扶手刷油漆＝18m

6.16.4 木材面油漆（011404）

1. 清单条目设置

木材面油漆工程量清单项目设置、项目特征描述的内容、计量单位及工程量计算规则应按二维码表 P.4 的规定执行。

2. 清单编制示例

【例 6-87】某会议室的一面墙做 2000mm 高的凹凸木墙裙，该木墙裙长 50m，凹凸面层贴普通贴面板，油漆、润油粉 2 遍，刮腻子，漆片，清漆。计算木墙裙油漆工程量。

【解】墙裙油漆面积＝2×50＝100m²

6.16.5　金属面油漆（011405）

1. 清单条目设置

金属面油漆工程量清单项目设置、项目特征描述的内容、计量单位及工程量计算规则应按二维码表 P.5 的规定执行。

2. 清单编制示例

【例 6-88】某大型框架栏杆，材质为 48mm×3.5mm 钢管，每米重为 3.84kg，栏杆长 1.7m。计算栏杆的油漆工程量。

【解】质量＝1.7×3.84＝6.53kg

6.16.6　抹灰面油漆（011406）

1. 清单条目设置

抹灰面油漆工程量清单项目设置、项目特征描述的内容、计量单位及工程量计算规则应按二维码表 P.6 的规定执行。

2. 清单编制示例

【例 6-89】在阅读室抹灰面上刷油漆墙裙，底油 1 遍、调和漆 2 遍。墙裙高度为900mm，墙为砌块墙，厚度为 240mm，其上有门一樘，尺寸为 1200mm×2100mm，框厚 60mm。计算墙裙油漆工程量。

【解】墙裙抹灰面油漆＝(6−0.24)×0.9×4−1.2×2.1
$$=18.22m^2$$

6.16.7　喷刷涂料（011407）

1. 清单条目设置

喷刷涂料工程量清单项目设置、项目特征描述的内容、计量单位及工程量计算规则应按二维码表 P.7 的规定执行。

2. 条目设置提示

喷刷墙面涂料部位要注明内墙或外墙。

3. 计算示例

【例 6-90】铁栅门顶空花格，外围高度为 550mm，长度为 3600mm，刷涂料。计算其涂料工程量。

【解】涂料面积＝0.5×3.6＝1.8m²

6.16.8　裱糊（011408）

1. 清单条目设置

裱糊工程量清单项目设置、项目特征描述的内容、计量单位及工程量计算规则应按二维码表 P.8 的规定执行。

2. 清单编制示例

【例 6-91】某房间轴线间距为 6m，其中墙为砖墙，墙厚 240mm，门尺寸为 900mm×

2100mm，窗尺寸为 1500mm×1200mm，门窗框均厚 90mm，内墙面贴拼花墙纸，层高为 3m，板厚 120mm。计算墙纸工程量。

【解】墙纸裱糊＝5.76×(3−0.12)−1.5×1.2+6.6×0.075+5.76×2.88−0.9×
2.1+6.2×0.075+5.76×2.88×2
＝63.63m²

6.17　其他装饰工程清单编制

6.17.1　柜类、货架（011501）

1. 清单条目设置

柜类、货架工程量清单项目设置、项目特征描述的内容、计量单位及工程量计算规则应按二维码表 Q.1 的规定执行。

2. 清单编制示例

【例 6-92】某商店柜台，长 1.5m，宽 1m，高 0.9m，共 4 个，计算柜台工程量。

【解】柜台个数＝4 个
柜台长度＝1.5×4＝6m
柜台体积＝1×1.5×0.9×4＝5.4m³

6.17.2　压条、装饰线（011502）

1. 清单条目设置

压条、装饰线工程量清单项目设置、项目特征描述的内容、计量单位及工程量计算规则应按二维码表 Q.2 的规定执行。

2. 清单编制示例

【例 6-93】在长 6m、宽 4m、墙厚 240mm 的房间中贴金属装饰线，计算金属装饰线工程量。

【解】金属装饰线长度＝(6−0.24)×4＝23.04m

6.17.3　扶手、栏杆、栏板装饰（011503）

1. 清单条目设置

扶手、栏杆、栏板装饰工程量清单项目的设置，项目特征描述的内容，以及计量单位及工程量计算规则应按二维码表 Q.3 的规定执行。

2. 清单编制示例

【例 6-94】楼梯金属扶手，总长度为 15m，刷调和漆 2 遍。计算楼梯扶手工程量。

【解】楼梯金属扶手长度＝15m

6.17.4　暖气罩（011504）

1. 清单条目设置

暖气罩工程量清单项目设置、项目特征描述的内容、计量单位及工程量计算规则应按二维码表 Q.4 的规定执行。

2. 清单编制示例

【例 6-95】平墙式暖气罩，长 1500mm，宽 900mm，五合板基层，榉木板面层，机制木花格散热口，共 20 个。计算暖气罩工程量。

【解】暖气罩垂直投影面积＝1.5×0.9×20＝27m^2

6.17.5　浴厕配件（011505）

1. 清单条目设置

浴厕配件工程量清单项目设置、项目特征描述的内容、计量单位及工程量计算规则应按二维码表 Q.5 的规定执行。

2. 清单编制示例

【例 6-96】大理石洗漱台尺寸为 1900mm×900mm，其支架和配件的品种、规格为角钢 40mm×3mm。计算洗漱台工程量。

【解】洗漱台工程量＝1.9×0.9＝1.71m^2

6.17.6　雨篷、旗杆（011506）

1. 清单条目设置

雨篷、旗杆工程量清单项目设置，项目特征描述的内容，以及计量单位和工程量计算规则应按二维码表 Q.6 的规定执行。

2. 清单编制示例

【例 6-97】雨棚长 2800mm，宽 1600mm，雨棚悬挑部分采用红色有机玻璃板，计算雨棚装饰工程量。

【解】雨棚吊挂饰面面积＝2.8×1.6＝4.48m^2

6.17.7　招牌、灯箱（011507）

1. 清单条目设置

招牌、灯箱工程量清单项目设置，项目特征描述的内容，以及计量单位和工程量计算规则应按二维码表 Q.7 的规定执行。

2. 清单编制示例

【例 6-98】设计要求做钢结构箱式招牌，立面尺寸为 4500mm×800mm，剖面尺寸为 400mm×800mm。计算招牌工程量。

【解】箱式招牌基层工程量＝4.5×0.8＝3.6m^2

6.17.8　美术字（011508）

1. 清单条目设置

美术字工程量清单项目设置、项目特征描述的内容、计量单位及工程量计算规则应按二维码表 Q.8 的规定执行。

2. 清单编制示例

【例 6-99】某服装店采用钢结构箱式招牌，点名采用泡沫塑料字，规格为 400mm×

400mm，共 8 个。计算塑料泡沫字的工程量。

【解】塑料泡沫字工程量＝8 个

6.18 拆除工程清单编制

6.18.1 砖砌体拆除（011601）

1. 清单条目设置

砖砌体拆除工程量清单项目的设置、项目特征描述的内容、计量单位及工程量计算规则应按二维码表 R.1 的规定执行。

2. 条目设置提示

（1）砌体名称指墙、柱、水池等。

（2）砌体表面的附着物种类指抹灰层、块料层、龙骨及装饰面层等。

（3）以米计量，如砖地沟、砖明沟等必须描述拆除部位的截面尺寸；以立方米计量，截面尺寸则不必描述。

3. 计算示例

【例 6-100】墙按轴线居中布置，墙中心线围成的矩形尺寸为 4000mm×4000mm，墙厚 240mm，墙高 3m。计算墙体拆除工程量。

【解】体积＝$4×4×0.24×3=11.52m^3$

6.18.2 混凝土及钢筋混凝土构件拆除（011602）

1. 清单条目设置

混凝土及钢筋混凝土构件拆除工程量清单项目的设置、项目特征描述的内容、计量单位及工程量计算规则应按二维码表 R.2 的规定执行。

2. 条目设置提示

（1）以立方米作为计量单位时，可不描述构件的规格尺寸；以平方米作为计量单位时，则应描述构件的厚度；以米作为计量单位时，则必须描述构件的规格尺寸。

（2）构件表面的附着物种类指抹灰层、块料层、龙骨及装饰面层等。

3. 计算示例

【例 6-101】墙按轴线居中布置，墙中心线围成的矩形尺寸为 4000mm×4000mm，墙厚 240mm，墙高 3m、门高 2100mm、宽 1200mm。计算混凝土拆除工程量。

【解】体积＝$4×4×0.24×3-2.1×1.2×0.24=10.92m^3$

6.18.3 木构件拆除（011603）

1. 清单条目设置

木构件拆除工程量清单项目的设置、项目特征描述的内容、计量单位及工程量计算规则应按二维码表 R.3 的规定执行。

2. 条目设置提示

（1）拆除木构件应按木梁、木柱、木楼梯、木屋架、承重木楼板等分别在构件名称中描述。

（2）以立方米作为计量单位时，可不描述构件的规格尺寸，以平方米作为计量单位时，则应描述构件的厚度，以米作为计量单位时，则必须描述构件的规格尺寸。

（3）构件表面的附着物种类指抹灰层、块料层、龙骨及装饰面层等。

3. 计算示例

【例6-102】 木屋顶尺寸为4000mm×4000mm，顶板厚度为200mm，屋顶下四周为木梁，梁截面为400mm×400mm。计算屋顶拆除工程量。

【解】 体积$=4\times4\times0.2+(4-0.4)\times4\times0.4\times0.4=5.50m^3$

6.18.4　抹灰层拆除（011604）

1. 清单条目设置

抹灰层拆除工程量清单项目的设置、项目特征描述的内容、计量单位及工程量计算规则应按二维码表R.4的规定执行。

2. 条目设置提示

（1）单独拆除抹灰层应按二维码表R.4中的项目编码列项。

（2）抹灰层种类可描述为一般抹灰或装饰抹灰。

3. 计算示例

【例6-103】 墙按轴线居中布置，围成的区域为4000mm×4000mm，墙厚240mm，拆除室内地面。计算抹灰层拆除工程量。

【解】 面积$=(4-0.24)\times(4-0.24)=14.14m^2$

6.18.5　块料面层拆除（011605）

1. 清单条目设置

块料面层拆除工程量清单项目的设置、项目特征描述的内容、计量单位及工程量计算规则应按二维码表R.5的规定执行。

2. 条目设置提示

（1）如仅拆除块料层，拆除的基层类型不用描述。

（2）拆除的基层类型的描述指砂浆层、防水层、干挂或挂贴所采用的钢骨架层等。

3. 计算示例

【例6-104】 墙按轴线居中布置，围成的区域为4000mm×4000mm，墙厚240mm，室内铺地砖地面，地面上有1000mm×1000mm的独立基础。计算拆除工程量。

【解】 面积$=(4-0.24)\times(4-0.24)-1\times1=13.14m^2$

6.18.6　龙骨及饰面拆除（011606）

1. 清单条目设置

龙骨及饰面拆除工程量清单项目的设置、项目特征描述的内容、计量单位及工程量计算规则应按二维码表R.6的规定执行。

2. 条目设置提示

（1）基层类型的描述指砂浆层、防水层等。

（2）如仅拆除龙骨及饰面，拆除的基层类型不用描述。

（3）如只拆除饰面，不用描述龙骨材料种类。

3. 计算示例

【例 6-105】墙按轴线居中布置，围成的区域为 5000mm × 3000mm，墙厚度为 240mm，室内地板为龙骨木地板，中间墙上的门尺寸为 1200mm×2100mm。现拆除地板，计算拆除工程量。

【解】面积＝(3−0.24)×(2.5−0.24)×2＋0.24×1.2＝12.76m^2

6.18.7　屋面拆除（011607）

1. 清单条目设置

屋面拆除工程量清单项目的设置、项目特征描述的内容、计量单位及工程量计算规则应按二维码表 R.7 的规定执行。

2. 清单编制示例

【例 6-106】墙按轴线居中布置，围成的区域为 4000mm×4000mm，墙厚 240mm，屋面为刚性屋面，屋面中间有 1000mm×1000mm 的设备基础。现拆除屋面，计算拆除工程量。

【解】面积＝(4−0.24)×(4−0.24)−1×1＝13.14m^2

6.18.8　铲除油漆涂料裱糊面（011608）

1. 清单条目设置

铲除油漆涂料裱糊面工程量清单项目的设置、项目特征描述的内容、计量单位及工程量计算规则应按二维码表 R.8 的规定执行。

2. 条目设置提示

（1）单独铲除油漆涂料裱糊面的工程按二维码表 R.8 中的项目编码列项。

（2）铲除部位名称的描述指墙面、柱面、天棚、门窗等。

（3）按米计量，必须描述铲除部位的截面尺寸；以平方米计量时，则不用描述铲除部位的截面尺寸。

3. 计算示例

【例 6-107】楼梯栏杆长度为 8m，现需要铲除楼梯栏杆上的油漆，计算油漆铲除工程量。

【解】长度＝8m

6.18.9　栏杆栏板、轻质隔断隔墙拆除（011609）

1. 清单条目设置

栏杆栏板、轻质隔断隔墙拆除工程量清单项目的设置，项目特征描述的内容，以及计量单位和工程量计算规则应按二维码表 R.9 的规定执行。

2. 条目设置提示

以平方米计量，不用描述栏杆（板）的高度。

3. 计算示例

【例6-108】楼梯栏杆长度为8m，计算拆除栏杆工程量。

【解】长度＝8m

6.18.10　门窗拆除（011610）

1. 清单条目设置

门窗拆除工程量清单项目的设置、项目特征描述的内容、计量单位及工程量计算规则应按二维码表R.10的规定执行。

2. 条目设置提示

门窗拆除以平方米或樘计量，不用描述门窗的洞口尺寸。室内高度指室内楼地面至门窗的上边框。

3. 计算示例

【例6-109】门的数量为3樘。计算门窗拆除量。

【解】数量＝3樘

6.18.11　金属构件拆除（011611）

1. 清单条目设置

金属构件拆除工程量清单项目的设置、项目特征描述的内容、计量单位及工程量计算规则应按二维码表R.11的规定执行。

2. 清单编制示例

【例6-110】钢梁围成的区域为5000mm×3000mm。计算钢梁拆除量。

【解】长度＝(5+3)×2＝16m

6.18.12　管道及卫生洁具拆除（011612）

1. 清单条目设置

管道及卫生洁具拆除工程量清单项目的设置、项目特征描述的内容、计量单位及工程量计算规则应按二维码表R.12的规定执行。

2. 清单编制示例

【例6-111】钢管道水平段长度为3500mm，斜长4000mm。计算管道拆除量。

【解】长度＝3.5+4＝7.5m

6.18.13　灯具、玻璃拆除（011613）

1. 清单条目设置

灯具、玻璃拆除工程量清单项目的设置，项目特征描述的内容，以及计量单位和工程量计算规则应按二维码表R.13的规定执行。

2. 条目设置提示

拆除部位的描述指门窗玻璃、隔断玻璃、墙玻璃、家具玻璃等。

3. 计算示例

【例6-112】3个卫生间顶灯为3套。计算灯具拆除量。

【解】数量=3套

6.18.14 其他构件拆除（011614）

1. 清单条目设置

其他构件拆除工程量清单项目的设置、项目特征描述的内容、计量单位及工程量计算规则应按二维码表 R.14 的规定执行。

2. 条目设置提示

双轨窗帘轨拆除按双轨长度分别计算工程量。

3. 计算示例

【例 6-113】靠墙暖气罩长度为 3000mm。计算暖气罩拆除量。

【解】长度=3m

6.18.15 开孔（打洞）（011615）

1. 清单条目设置

开孔（打洞）工程量清单项目的设置、项目特征描述的内容、计量单位及工程量计算规则应按二维码表 R.15 的规定执行。

2. 条目设置提示

(1) 部位可描述为墙面或楼板。

(2) 打洞部位材质可描述为页岩砖或空心砖或钢筋混凝土等。

3. 计算示例

【例 6-114】墙上开孔 6 个。计算开孔工程量。

【解】数量=6个

6.19 措施项目清单编制

6.19.1 脚手架工程（011701）

1. 清单条目设置

脚手架工程工程量清单项目设置、项目特征描述的内容、计量单位及工程量计算规则，应按二维码表 S.1 的规定执行。

2. 条目设置提示

(1) 使用综合脚手架时，不再使用外脚手架、里脚手架等单项脚手架；综合脚手架适用于能够按"建筑面积计算规则"计算建筑面积的建筑工程脚手架，不适用于房屋加层、构筑物及附属工程脚手架。

(2) 同一建筑物有不同檐高时，根据建筑物竖向切面分别按不同檐高编列清单项目。

(3) 整体提升架已包括 2m 高的防护架体设施。

(4) 脚手架材质可以不描述，但应注明由投标人根据工程实际情况按照国家现行标准《建筑施工扣件式钢管脚手架安全技术规范》JGJ 130—2011、《建筑施工附着升降脚手架管理暂行规定》（建建〔2000〕230 号）等规范自行确定。

3. 计算示例

【例 **6-115**】开间为 4000mm×2，进深为 4500mm，墙厚 240mm。计算综合脚手架工程量。

【解】面积＝（8＋0.24）×（4.5＋0.24）＝39.06m²

6.19.2 混凝土模板及支架（撑）（011702）

1. 清单条目设置

混凝土模板及支架（撑）工程量清单项目设置、项目特征描述的内容、计量单位和工程量计算规则及工作内容，应按二维码表 S.2 的规定执行。

2. 条目设置提示

（1）原槽浇灌的混凝土基础，不计算模板。

（2）混凝土模板及支撑（架）项目，只适用于以平方米计量，按模板与混凝土构件的接触面积计算。以立方米计量的模板及支撑（支架），按混凝土及钢筋混凝土实体项目执行，其综合单价中应包含模板及支撑（支架）。

（3）采用清水模板时，应在特征中注明。

（4）若现浇混凝土梁、板支撑高度超过 3.6m 时，项目特征应描述支撑高度。

3. 计算示例

【例 **6-116**】轴网开间为 3600mm、3600mm，进深为 3000mm、1500mm，柱截面尺寸为 400mm×400mm，高度为 400mm×500mm，无板连接，计算柱模板面积。

【解】柱模板面积＝0.4×3×4×9－0.4×0.5×（2×4＋3×4＋4×1）＝38.4m²

6.19.3 垂直运输（011703）

1. 清单条目设置

垂直运输工程量清单项目设置、项目特征描述的内容、计量单位及工程量计算规则应按二维码表 S.3 的规定执行。

2. 条目设置提示

（1）建筑物的檐口高度是指设计室外地坪至檐口滴水的高度（平屋顶指屋面板底高度），突出主体建筑物屋顶的电梯机房、楼梯出口间、水箱间、瞭望塔、排烟机房等不计入檐口高度。

（2）垂直运输指施工工程在合理工期内所需的垂直运输机械。

（3）同一建筑物有不同檐高时，按建筑物的不同檐高做纵向分割，分别计算建筑面积，以不同檐高分别编码列项。

3. 计算示例

【例 **6-117**】某建筑物长 50m，宽 20m，墙厚为 200mm，墙体居中布置，计算垂直运输工程量。

【解】面积＝（50＋0.2）×（20＋0.2）＝1014.04m²

6.19.4 超高施工增加（011704）

1. 清单条目设置

超高施工增加工程量清单项目设置、项目特征描述的内容、计量单位及工程量计算规则应按二维码表 S.4 的规定执行。

2. 条目设置提示

（1）单层建筑物檐口高度超过 20m，多层建筑物超过 6 层时，可按超高部分的建筑面积计算超高施工增加。计算层数时，地下室不计入层数。

（2）同一建筑物有不同檐高时，可按不同高度的建筑面积分别计算建筑面积，以不同檐高分别编码列项。

3. 计算示例

【例 6-118】 开间为 4000mm×2，进深为 4500mm，墙厚 240mm。计算施工超高增加量。

【解】 面积=$(8+0.24)×(4.5+0.24)=39.06m^2$

6.19.5 大型机械设备进出场及安拆（011705）

1. 清单条目设置

大型机械设备进出场及安拆工程量清单项目设置、项目特征描述的内容、计量单位及工程量计算规则应按二维码表 S.5 的规定执行。

2. 清单编制示例

【例 6-119】 有 6 台塔吊自停放地点运至施工现场的运输、装卸、辅助材料及架线等费用总额为 40000 元。计算大型机械设备进出场及安拆工程量。

【解】 工程量=6 台

6.19.6 施工排水、降水（011706）

1. 清单条目设置

施工排水、降水工程量清单项目设置，项目特征描述的内容，以及计量单位和工程量计算规则应按二维码表 S.6 的规定执行。

2. 条目设置提示

相应专项设计不具备时，可按暂估量计算。

3. 计算示例

【例 6-120】 某工程中，排水降水共设置 30 个井点，每个井的钻孔深度为 12m。计算工程量。

【解】 深度=12×30=360m

6.19.7 安全文明施工及其他措施项目（011707）

1. 清单条目设置

安全文明施工及其他措施项目工程量清单项目设置，计量单位、工作内容及包含范围应按二维码表 S.7 的规定执行。

2. 条目设置提示

二维码表 S.7 所列项目应根据工程实际情况计算措施项目费用，需分摊的应合理计算摊销费用。

复习思考题

1. 内墙面抹灰面积的计算公式是什么？
2. 柱（梁）面抹灰的工程量计算规则是什么？
3. 柱、梁面砂浆找平的工程量清单项目设置包括哪些内容？
4. 螺栓、铁件工程量清单项目设置包括哪些内容？
5. 预埋铁件的工程量清单项目设置包括哪些内容？
6. 吊顶天棚的工程量清单项目设置包括哪些内容？
7. 藤条造型悬挂吊顶的工程量清单项目设置包括哪些内容？
8. 金属结构工程清单编制的规定是什么？
9. 施工排水和降水工程的工程量计算规则是什么？
10. 混凝土模板及支架（撑）的工程量计算规则是什么？

第 7 章

建筑工程工程量信息化建模

7.1 概述

上一章介绍了《房屋建筑与装饰工程工程量计算规范》GB 50854—2013 中分部分项工程、措施项目清单的编制和工程量计算方法。实际工程中，需要根据设计文件，从《房屋建筑与装饰工程工程量计算规范》GB 50854—2013 中挑选出适合的条目，编制工程量清单。由于三维算量技术日益成熟，本章将使用广联达 BIM 土建计量平台 GTJ 版计算某框架结构工程量，为后续施工图预算的编制打下基础。

7.2 项目介绍及图纸分析

7.2.1 项目介绍

本教材案例建设地点为江苏省南京市，建筑面积 $3389.97m^2$，层数 3 层，建筑高度为 12m，结构类型为框架结构，工程的抗震设防烈度为 7 度、抗震等级为 2 级，设计使用年限为 50 年，图 7-1 为该项目的三维计算模型。

7-1 项目建筑施工图

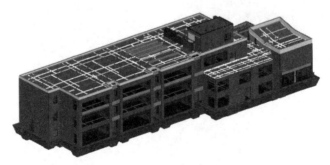

图 7-1 项目三维计算模型

一套施工图纸中包含的信息有很多，这些信息几乎都对造价有影响。建模前，需要仔细阅读图纸目录、设计总说明、建筑施工图、结构施工图等设计文件，以了解工程的整体概况。通常需要认真细致地了解以下几点信息：①项目设计所遵循的标准、规范、规程；②工程概况，如工程建筑面积、层数、结构类型、工程的抗震等级、抗震设防烈度等；

③钢筋信息、混凝土信息及具体构件的详细做法，它们在新建工程和后期具体构件的定义绘制上都需要用到。广联达 BIM 土建建模顺序一般是先结构，后建筑，先主体，后装饰，先地上，后地下，先主要构件，后零星构件。

7.2.2　工程设计所遵循的标准、规范、规程

本教材案例所遵循的结构设计技术规范、标准以及技术规定有：《建筑结构可靠性设计统一标准》GB 50068—2018、《建筑工程抗震设防分类标准》GB 50223—2008、《建筑结构荷载规范》GB 50009—2012、《建筑抗震设计标准》（2024 年版）GB/T 50011—2010、《混凝土结构设计标准》（2024 年版）GB/T 50010—2010、《高层建筑混凝土结构技术规程》JGJ 3—2010、《钢结构设计标准》GB 50017—2017、《建筑地基基础设计规范》GB 50007—2011、《南京地区建筑地基基础设计规范》DGJ32/J12—2005、《建筑桩基技术规范》JGJ 94—2008、《建筑基桩检测技术规范》DB 37/T 5044—2015、《建筑地基基础检测规程》DB 32/T 3916—2020、《建筑地基处理技术规范》JGJ 79—2012、《砌体结构设计规范》GB 50003—2011、《混凝土结构工程施工质量验收规范》GB 50204—2015 等。

本教材案例所遵循的标准图有：《混凝土结构施工图平面整体表示方法制图规则和构造详图（现浇框架、剪力墙、梁、板）》（22G101-1）、《混凝土结构施工图平面整体表示方法制图规则和构造详图（现浇混凝土板式楼梯）》（22G101-2）、《混凝土结构施工图平面整体表示方法制图规则和构造详图（独立基础、条形基础、筏形基础、桩基础）》（22G101-3）、《建筑物抗震构造详图（多层和高层钢筋混凝土房屋）》（20G329-1）等。

7.2.3　结构设计说明分析

本教材案例混凝土强度等级见表 7-1，受力钢筋的保护层厚度不应小于钢筋的公称直径，且最外层钢筋的保护层厚度应符合表 7-2 的规定，板的分布筋设置见表 7-3，钢筋混凝土过梁的配筋图如图 7-2 所示，不同位置过梁选用见表 7-4。

工程各构件混凝土强度　　　　　　　　　　表 7-1

	部位	基础～一层		一层～屋面	
墙、柱	标高	标高：基础～3.750		标高：3.750～屋面	
	等级	C40		C30	
梁、板	部位	地上各层楼面			
	标高	见平面			
	等级	C30			
部位或构件	部位	基础垫层	过梁构造柱圈梁	承台、底板、筏板	基础梁
	等级	C15	C25	C35	C30

钢筋保护层厚度　　　　　　　　　　表 7-2

环境类别	一	二 a	二 b	三 a	三 b
板墙壳	15	20	25	30	40
梁柱杆	20	25	35	40	50

注：1. 混凝土保护层指结构和构件中钢筋外边缘至构件表面范围用于保护钢筋的混凝土。

　　2. 退换土强度等级不大于 C25 时，表中保护层厚度数值应增加 5mm。

板的分布筋设置 表7-3

板厚	100	110	120	130	140	150	160	180	200	220
板分布筋	A6@180	A6@170	A6@150	A8@250	A8@220	A8@220	A8@200	A8@180	A8@160	A8@150

钢筋混凝土过梁选用表 表7-4

洞净跨 L_0(mm)	h(mm)	①	②
$L_0 \leqslant 1000$	120	2Φ10	2Φ8
$1000 < L_0 \leqslant 1500$	120	2Φ12	2Φ8
$1500 < L_0 \leqslant 2000$	150	2Φ14	2Φ10
$2000 < L_0 \leqslant 2500$	180	2Φ14	2Φ10
$2500 < L_0 \leqslant 3000$	240	3Φ14	2Φ10
$3000 < L_0 \leqslant 3500$	300	3Φ14	2Φ12

当洞口大于 3500mm 时，离主梁距离小于 1000mm 时，按"梁下挂钢筋混凝土板"做法施工（图7-3），当距梁底距离大于 1000mm 时，可采用吊梁吊柱方法，位置与做法详见二维码 7-2 中的"结构设计总说明"，其中 3 号钢筋，不得采用绑扎搭接接头。

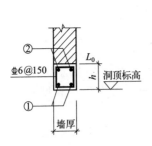

图 7-2 钢筋混凝土过梁

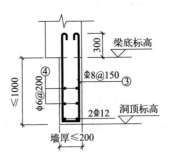

图 7-3 梁下挂钢筋混凝土板

由于不同的连接方式对应的造价不同，所以需要结合图纸进行区分，本教材案例钢筋的连接方式为：对于框架柱纵向受力钢筋，一、二级抗震等级及三级抗震等级的底层，宜采用机械连接接头，三级抗震等级的其他部位和四级抗震等级，可采用绑扎搭接或焊接接头。框支梁、框支柱纵向受力钢筋应采用机械连接接头。对于框架梁纵向受力钢筋，一级宜采用机械连接接头，二、三、四级可采用绑扎搭接或焊接接头。轴心受拉及小偏心受拉杆件（桁架和拱的拉杆、偏心受拉框支梁、下挂板等）的纵向受力钢筋，不得采用绑扎搭接接头。

7.3 建模前的准备工作

7.3.1 打开软件及新建工程

双击鼠标左键，打开广联达土建计量软件，弹出"欢迎使用"界面；单击"新建向导"，弹出"新建工程"（图 7-4）。

在"新建工程"对话框中，完成以下内容的选择：①将"工程名称"改成"某框架建筑"；②按项目所在地分别选择"清单规则""定额规则""清单库""定额库"；③选择"平法图集"（16系平法规规则）、"汇总方式"（按照钢筋图示尺寸即外皮汇总），如图 7-4 所示。单击"创建工程"进入"工程信息"对话框。

图 7-4　新建工程

编辑"工程信息"对话框。该对话框中有 4 个选项卡："工程信息""计算规则""编制信息""自定义"。由于对话框中蓝色字体影响钢筋工程量计算，因此需根据图纸的相关要求填写结构类型、设防烈度、抗震等级。

计算檐高。檐高是指室外设计地坪至檐口的高度，建筑物檐高以室外设计地坪标高作为计算起点，其计算规则是：①平屋顶带挑檐者，算至挑檐板下皮标高；②平屋顶带女儿墙者，算至屋顶结构板上皮标高；③坡屋面或其他曲面屋顶均算至墙的中心线与屋面板交点的高度；④阶梯式建筑物按高层的建筑物计算檐高；⑤凸出屋面的水箱间、电梯间、亭台楼阁等均不计算檐高。根据 11.300 和 -0.100，将室外地坪相对标高修改为 -0.100，则檐高 = 11.3 - (-0.100 室外地坪标高) = 11.400m。黑色字体对计算工程量没有影响，可以不填写，如图 7-5 所示。

7.3.2　新建楼层

因为建筑工程施工时以结构标高为标准，所以使用结构标高建立楼层。通常从梁配筋图和板配筋图可以看出每层的结构标高是多少。

从二维码 7-2 中的"主楼基础梁平面图"可以看出，基础梁顶标高为 -1.250m，首层的底标高为 -0.150m，也就是说基础层层高为 1.1m。

7-2　项目结构施工图

根据二维码 7-2 中的"2 层板平面图"，首层结构顶标高为 3.680m；根据二维码 7-2 中的"3 层板平面图"，二层结构顶标高为 7.480m；根据二维码 7-2 中的"屋面层板平面图"，三层结构顶标高为 11.400m。由此可以列出该项目的结构层高计算表，见表 7-5。

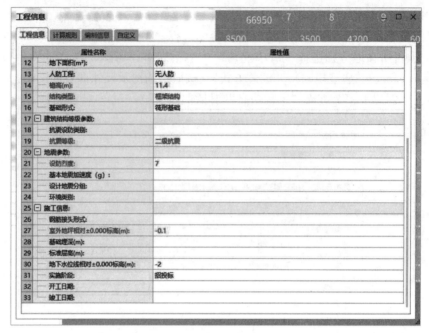

图 7-5　填写工程信息

结构层高计算表　　　　　　　　　　　　　　　表 7-5

层号	层顶结构标高	层底结构标高	结构层高（层顶－层底）
3 层	11.400	7.480	3.92
2 层	7.480	3.680	3.8
1 层	3.680	−0.150	3.83
基础层	−0.150	−1.250	1.1

根据表 7-5 建立层高，操作步骤如下：

单击上部工具栏→工程设置→楼层设置→插入楼层进行调整，如图 7-6 所示，注意：底标高只有首层可以修改，然后把楼层设置调整到基础层，如图 7-7 所示。

插入楼层	删除楼层	↑ 上移	↓ 下移		
首层	编码	楼层名称	层高(m)	底标高(m)	相同层数	板厚(mm)
☐	4	屋面层	3.72	11.4	1	120
☐	3	第3层	3.92	7.48	1	120
☐	2	第2层	3.8	3.68	1	120
☑	1	首层	3.83	-0.15	1	120
☐	0	基础层	1.1	-1.25	1	500

图 7-6　首层调整

插入楼层	删除楼层	↑ 上移	↓ 下移		
首层	编码	楼层名称	层高(m)	底标高(m)	相同层数	板厚(mm)
☐	4	屋面层	3.72	11.4	1	120
☐	3	第3层	3.92	7.48	1	120
☐	2	第2层	3.8	3.68	1	120
☑	1	首层	3.83	-0.15	1	120
☐	0	基础层	1.1	-1.25	1	500

图 7-7　基础层调整

楼层下面的"混凝土强度等级及保护层设置"根据二维码 7-2 中的"结构设计总说明"中关于混凝土强度等级及保护层的规定进行调整，对混凝土强度等级及保护层进行设置，如图 7-8 所示。

若基础层～首层混凝土强度等级及保护层厚度一样，则可用复制到其他层功能。单击屏幕右下角：复制到其他楼层→目标楼层选择→勾选首层→单击确定，如图 7-9 所示。其余楼层用以上方法设置。

楼层混凝土强度和锚固搭接设置 (华侨城幼儿园 基础层, -1.25 ~ -0.15 m)

	抗震等级	混凝土强度等级	混凝土类型	砂浆标号	砂浆类型	锚固 HPB235(A)	HRB335(B)	HRB400(C)	HRB500(E)	冷轧带肋	冷轧扭	搭接 HPB235(A)	HRB335(B)	HRB400(C)	HRB500(E)	冷轧带肋	冷轧扭	保护层厚度(m
垫层	(非抗震)	C15	粒径31.5砼	M5	混合砂浆	(39)	(38/42)	(40/44)	(48/53)	(45)	(45)	(55)	(53/59)	(56/62)	(67/74)	(63)	(63)	(25)
基础	(非抗震)	C35	粒径31.5砼	M5	混合砂浆	(28)	(27/30)	(32/35)	(39/43)	(35)	(35)	(39)	(38/42)	(45/49)	(55/60)	(49)	(49)	(40)
基础梁 / 承台梁	非抗震	C30	粒径31.5砼			(30)	(29/32)	(35/39)	(43/47)	(35)	(35)	(42)	(41/45)	(50/66)	(60/66)	(49)	(49)	(40)
柱	(二级抗震)	C40	粒径31.5砼	M5	混合砂浆	(29)	(29/32)	(33/37)	(41/46)	(35)	(35)	(41)	(41/45)	(46/52)	(57/64)	(49)	(49)	25
剪力墙	(二级抗震)	C40	粒径31.5砼			(29)	(29/32)	(33/37)	(41/46)	(35)	(35)	(41)	(35/38)	(40/44)	(49/55)	(42)	(42)	20
人防门框墙	(二级抗震)	C40	粒径31.5砼			(29)	(29/32)	(33/37)	(41/46)	(35)	(35)	(41)	(41/45)	(46/52)	(57/64)	(49)	(49)	20
暗柱	(二级抗震)	C40	粒径31.5砼			(29)	(29/32)	(33/37)	(41/46)	(35)	(35)	(41)	(41/45)	(46/52)	(57/64)	(49)	(49)	20
端柱	(二级抗震)	C40	粒径31.5砼			(29)	(29/32)	(33/37)	(41/46)	(35)	(35)	(41)	(41/45)	(46/52)	(57/64)	(49)	(49)	20
墙梁	(二级抗震)	C40	粒径31.5砼			(29)	(29/32)	(33/37)	(41/46)	(35)	(35)	(41)	(41/45)	(46/52)	(57/64)	(49)	(49)	20
框架梁	(二级抗震)	C30	粒径31.5砼			(35)	(33/37)	(40/45)	(49/54)	(41)	(35)	(49)	(46/52)	(56/63)	(69/76)	(57)	(49)	25
非框架梁	(非抗震)	C30	粒径31.5砼			(30)	(29/32)	(35/39)	(43/47)	(35)	(35)	(42)	(41/45)	(50/66)	(60/66)	(49)	(49)	20
现浇板	(非抗震)	C30	粒径31.5砼			(30)	(29/32)	(35/39)	(43/47)	(35)	(35)	(42)	(41/45)	(49/55)	(60/66)	(49)	(49)	15
楼梯	非抗震	C30	粒径31.5砼			(30)	(29/32)	(35/39)	(43/47)	(35)	(35)	(42)	(41/45)	(50/66)	(60/66)	(49)	(49)	(20)
构造柱	(非抗震)	C25	粒径31.5砼			(34)	(33/36)	(40/44)	(48/53)	(40)	(40)	(48)	(46/50)	(56/62)	(67/74)	(56)	(56)	20
圈梁 / 过梁	(非抗震)	C25	粒径31.5砼			(34)	(33/36)	(40/44)	(48/53)	(40)	(40)	(48)	(46/50)	(56/62)	(67/74)	(56)	(56)	20
砌体墙柱	(非抗震)	C25	粒径31.5砼	M5	混合砂浆	(34)	(33/36)	(40/44)	(48/53)	(40)	(40)	(48)	(46/50)	(56/62)	(67/74)	(56)	(56)	20
其它	(非抗震)	C25	粒径31.5砼	M5	混合砂浆	(34)	(33/36)	(40/44)	(48/53)	(40)	(40)	(48)	(46/50)	(56/62)	(67/74)	(56)	(56)	20

图 7-8　混凝土强度及保护层设置

图 7-9　复制到其他楼层

7.3.3　设置清单和定额的工程量计算规则

由于每个省的清单和定额都有明确的工程量计算规则，因此需要在建模前对其进行设置。图 7-10 为构造柱所选用的清单工程量计算规则。图 7-11 为圈梁的定额工程量计算规则，当图纸设计、合同中无另外的规定时，不需要修改。

7.3.4　设置钢筋计算规则

图 7-12 为设置钢筋计算规则界面，它分为"计算规则""节点设置""箍筋设置""搭接设置""箍筋公式" 5 个选项卡（图 7-13），每个选项卡中默认的计算规则均符合"混凝土结构施工图平面整体表示方法制图规则和构造详图"的要求。因此，除非合同内容与计算规则不同，以及图纸中钢筋设置与图集不符合，需要按合同、图纸实际调整，否则不需要调整。

图 7-10　设置清单计算规则

图 7-11　设置定额计算规则

图 7-12　钢筋计算设置

需要注意的是，"搭接设置"选项卡用于设置不同直径钢筋所需要的连接形式，设置依据是二维码 7-2 中的"结构设计总说明"。通常来说，定尺长度为钢筋出厂长度，其常用值为 8m、9m、12m，本教材采用定尺长度 9m，如图 7-13 所示，跟搭接设置结构说明一致时可以不调整。

计算设置

计算规则　节点设置　箍筋设置　搭接设置　箍筋公式

钢筋直径范围		连接形式									墙柱垂直筋定尺	其余钢筋定尺
		基础	框架梁	非框架梁	柱	板	墙水平筋	墙垂直筋	其它	基坑支护		
1	HPB235,HPB300											
2	3~10	绑扎	绑扎	绑扎	直螺纹连接	绑扎	绑扎	绑扎	绑扎	绑扎	9000	9000
3	12~14	绑扎	绑扎	绑扎	直螺纹连接	绑扎	绑扎	绑扎	绑扎	绑扎	9000	9000
4	16~22	直螺纹连接	电渣压力焊	电渣压力焊	直螺纹连接	直螺纹连接	直螺纹连接	电渣压力焊	电渣压力焊	9000	9000	
5	25~32	套管挤压	电渣压力焊	电渣压力焊	直螺纹连接	套管挤压	套管挤压	套管挤压	套管挤压	9000	9000	
6	HRB335,HRB335E,HRBF335,HRBF335E											
7	3~10	绑扎	绑扎	绑扎	直螺纹连接	绑扎	绑扎	绑扎	绑扎	绑扎	9000	9000
8	12~14	绑扎	绑扎	绑扎	直螺纹连接	绑扎	绑扎	绑扎	绑扎	绑扎	9000	9000
9	16~22	直螺纹连接	电渣压力焊	电渣压力焊	直螺纹连接	直螺纹连接	直螺纹连接	电渣压力焊	电渣压力焊	直螺纹连接	9000	9000
10	25~50	套管挤压	电渣压力焊	电渣压力焊	直螺纹连接	套管挤压	套管挤压	套管挤压	套管挤压	9000	9000	
11	HRB400,HRB400E,HRBF400,HRBF400E…											
12	3~10	绑扎	绑扎	绑扎	直螺纹连接	绑扎	绑扎	绑扎	绑扎	绑扎	9000	9000
13	12~14	绑扎	绑扎	绑扎	直螺纹连接	绑扎	绑扎	绑扎	绑扎	绑扎	9000	9000
14	16~22	直螺纹连接	电渣压力焊	电渣压力焊	直螺纹连接	直螺纹连接	直螺纹连接	电渣压力焊	电渣压力焊	直螺纹连接	9000	9000
15	25~50	套管挤压	电渣压力焊	电渣压力焊	直螺纹连接	套管挤压	套管挤压	套管挤压	套管挤压	9000	9000	
16	冷轧带肋钢筋											
17	4~12	绑扎	绑扎	绑扎	直螺纹连接	绑扎	绑扎	绑扎	绑扎	9000	9000	
18	冷轧扭钢筋											
19	6.5~14	绑扎	绑扎	绑扎	直螺纹连接	绑扎	绑扎	绑扎	绑扎	9000	9000	

□单（双）面焊统计搭接长度

导入规则　导出规则　恢复默认值

图 7-13　钢筋搭接设置

7.3.5　制作轴网

制作轴网的方法通常有两种，一种是新建轴网。主要过程是：单击屏幕左侧"模块导航栏"下的"绘图输入"进入绘图输入界面→单击轴线前面"＋"→单击"轴网"→单击"构件列表"下的"新建"下拉菜单→单击"新建正交轴网"进入建立轴网界面，软件默认构件名称为"轴网—l"，鼠标默认在"下开间"界面，根据二维码7-2中的"1层板平面图"来建立轴网。单击"新建正交轴网"进入定义界面，按下开间数据修改轴距；单击"左进深"按钮→单击"插入"，按照二维码 7-2 中的"1 层板平面图"下开间数据依次修改轴距，如图 7-14 所示。从二维码 7-2 中的"1 层板平面图"可以看出，上开间和下开间一样，右进深和左进深一样，为方便建模，本教材案例将上开间和下开间合并只设置为上开间，将左进深和右进深合并只设置为右进深，后期修改轴号位置即可（如后操作方法）。关闭界面，弹出"请输入角度"界面，因为本图属于正交轴网，坐标轴的角度为0，软件默认就是0，单击"确定"，如图 7-15 所示。接着选择建模中的轴网二次编辑→修改轴号位置→长按左键拉框选择所有轴网后放开→单击右键→两端标注。至此轴网就建立好了，建立好的轴网如图 7-16 所示。轴网建立后就可以计算每层的工程量。按照施工顺序、建模习惯、图纸顺序，一般从基础层开始算起，本教材案例选择从基础层开始计算。

下开间	左进深	上开间	右进深	添加(A)
轴号	轴距	级别	3000	
1	3350	2	常用值(mm)	
2	8500	1		
3	3500	1	600	
4	8500	1	900	
5	3500	1	1200	
6	8500	1	1500	
7	3500	1	1800	
8	4200	1	2100	
9	3800	1	2400	
10	2200	1	2700	
11	2650	1	3000	
1/11	3450	1	3300	
12	2400	1	3600	
13	8900	1	3900	
14		2		

(a)

下开间	左进深	上开间	右进深	添加(A)
轴号	轴距	级别	3000	
1	3350	2	常用值(mm)	
2	8500	1		
3	3500	1	600	
4	8500	1	900	
5	3500	1	1200	
6	8500	1	1500	
7	3500	1	1800	
8	4200	1	2100	
9	3800	1	2400	
10	2200	1	2700	
11	2650	1	3000	
1/11	3450	1	3300	
12	2400	1	3600	
13	8900	1	3900	
14		2		

(b)

图 7-14　设置开间和进深

（a）设置下开间轴距；（b）设置左进深轴距

图 7-15　输入角度

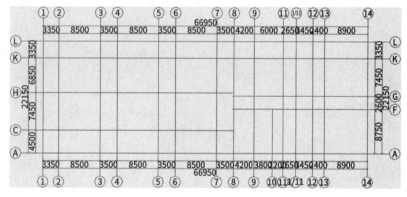

图 7-16　绘制轴网

第二种制作轴网的方式是识别轴网，主要过程是：①导入图纸，依次点击"图纸管理"→"添加图纸"，将建筑图与结构图都导入，注意图纸说明和大样图不用导入。②打开建筑或者结构图，点击"手动分割"，框选图纸后右键选择"修改图纸名称"。③识别轴网及相关信息，此过程主要涉及 2 个步骤的操作，选择轴网比较齐全的图纸提取轴线，以及将图纸中的轴号、轴距、表注等相关信息也提取出来。④定位图纸，在图纸信息识别完成后，需将软件的轴网与图纸的轴网对应，以验证轴网识别的正确性。具体操作过程见二维码 7-3。

7-3　识别轴网
操作过程

7.4　绘制框架柱

7.4.1　定义柱

首先需要识别柱大样。在软件界面的最左边，找到导航栏，选择导航栏中显示的柱，在建模模块里选择识别柱大样，提取柱边线，提取钢筋线，提取标注，在图纸中点选识别框架柱，修改并核对各个框架柱的属性信息。然后定义首层框架柱。根据柱表信息，在属性栏里修改框架柱信息。以首层为例，修改顶标高为层顶标高，底标高为层底标高，如图 7-17 所示。

7.4.2 绘制柱

首先，绘制首层框架柱。在左侧构件列表选择柱配筋图上标注的框架柱进行绘制。然后，选择从其他层复制，目标楼层选择 2、3 层，图元选择柱，点击确定完成复制。复制后根据柱表的要求将 2～3 层柱 KZ1 的角筋更改为 4C25，1 层的角筋仍为 8C25。根据图纸标注将复制完成的柱子进行删减调整，可切换 3D 立体视角查看创建的框架柱，检查柱子的相关信息和位置。

图 7-17 定义首层框架柱 KZ2

7.5 绘制梁

7.5.1 定义梁

绘制首层的梁，构件列表新建矩形梁，属性列表立面根据图纸填写梁的截面、箍筋、混凝土强度等，起点标高为层顶标高 3.68m。定义如图 7-18 所示。

图 7-18 定义梁

7.5.2 绘制梁

梁属于线性构件，其绘制方法有 2 种，第 1 种是先新建构件，再直线绘制图元。楼层在首层，图纸打开二层梁配筋图图纸上根据图纸标注，然后在左侧构件列表中选择相应的梁，采用直线绘制梁。绘制完成后在工具栏中选择"点选识别原位标注"，左键单击梁，点击梁的原位标注，把原位标注上，最后在绘图区进行梁的绘制。

第 2 种绘制方法是点选识别梁。先将当前列表切换成梁构件，工具栏选择点选识别梁→提取梁边线：左键单击梁边线，右键确认→提取标注：左键单击梁标注，右键确认→点选识别梁：左键点击梁的集中标注，确定梁的名称、类别、截面尺寸及配筋信息等，如图 7-19 和图 7-20 所示，在完成首层梁的识别后，点击单构件识别原位标注，左键单击梁，右键确定，依次操作其余梁。根据上述操作，可以完成其他楼层框架梁的绘制。

图 7-19　识别梁

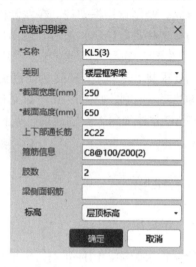

图 7-20　点选识别梁 KL5（3）

7.5.3　生成吊筋

工具栏→选择生成吊筋→输入信息→确定→框选所有梁→右键确认（图 7-21）。

图 7-21　生成吊筋

7.6　绘制板

7.6.1　创建并绘制现浇板构件

在左侧导航栏中选择板→现浇板，在构件列表中新建板，根据图纸中板的厚度与高度要求（$t=280$mm，板底 C14@100 双向通长），创建板如图 7-22 所示。设置混凝土强度等级为 C30，钢筋 C8@200 双向通长布置，根据图纸要求（图 7-23）设置板的标高。

	属性名称	属性值	附加
1	名称	B-120	
2	结构类别	现浇板	☐
3	厚度(mm)	(120)	☐
4	类别	有梁板	☐
5	是否叠合板后浇	否	☐
6	是否是楼板	是	☐
7	混凝土类型	(粒径31.5砼32....	☐
8	混凝土强度等级	(C30)	☐
9	混凝土外加剂	(无)	
10	混凝土类别	泵送商品砼	☐
11	泵送类型	(混凝土泵)	
12	泵送高度(m)		
13	顶标高(m)	层顶标高	☐
14	备注		☐

图中 ▨ 填充墙、梁、板顶标高为-0.70mm,板厚120mm,

图中 ▨ 板厚150mm，板面标高-1.00m,

图中 ▨ 为混凝土墙。

图 7-22　创建现浇板构件　　　图 7-23　混凝土板的设置要求

定义板构件后，先在左侧构件列表选择相应厚度的板，绘图区选择点选，完成绘制板，然后在左侧导航栏选择板洞，扣除如图 7-24（a）所示的标注的板洞。同理完成 2、3 层板的绘制，首层板构件绘制完成后如图 7-24（b）所示。

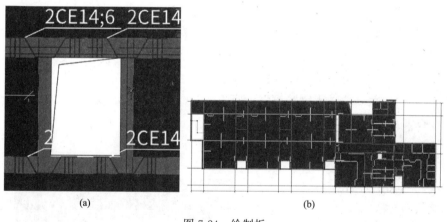

（a）　　　　　　　　　　　（b）

图 7-24　绘制板
（a）板洞的定义；（b）扣除板洞以后的板构件

7.6.2　设置并绘制板的钢筋

板构件中的钢筋通常有受力筋、负筋、马凳筋等。本教材案例 1 层板的受力筋有 3 种底筋，分别为 C8@200、C10@100、C12@100，根据图纸要求，创建板的底筋。其中受力筋有 C8@150、C8@200、C10@100、C10@150、C10@200、C12@100、C14@100 7 种，跨板受力筋有 C6@200、C8@200、C8@150、C10@150、C10@200、C18@200 6 种，创建受力筋和跨板受力筋构件，在属性列表设置对应的钢筋信息完成创建。同理，根据其他楼板的配筋信息创建受力筋。选择对应的受力筋，点击页面上方导航栏布置受力筋在图纸上进行绘制。

设置负筋首先需要在构件列表创建板的负筋构件，本教材案例中的负筋种类有 C6 @200、C8@200、C10@200、C12@200 等。在属性列表设置对应的钢筋信息完成负筋创建（图 7-25a）。在"板负筋二次编辑"分组中点击"布置负筋"。负筋的布置方法有按梁布置、按圈梁布置、按连梁布置、按墙布置、按边布置、画线布置等，选择画线布置（图 7-25b），在需要布置负筋的位置画出负筋。同理，依次完成其他楼层负筋的绘制。

(a)

(b)

图 7-25　负筋布置

（a）设置板的负筋信息；（b）负筋布置界面

本教材案例的马凳筋属于Ⅰ型，长度水平段为 200mm，竖直段长度等于板厚先减去保护层再减去上下部钢筋最大直径＝120－2×15－10－8＝72mm。单击马凳筋参数图后的三点方块，修改尺寸，输入钢筋信息，如图 7-26（a）所示，定义完成后属性栏信息如图 7-26（b）所示。同理可定义其他板的马凳筋。

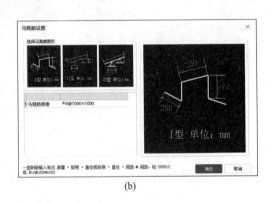

(a)　　　　　　　　　　　　　　　　(b)

图 7-26　定义马凳筋

（a）马凳筋属性；（b）定义马凳筋界面

受力筋、负筋与马凳筋全部绘制完成后如图 7-27 所示：

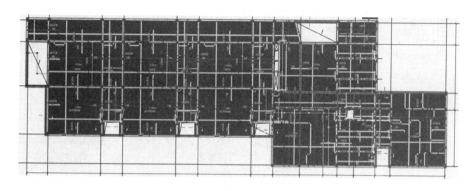

图 7-27　板的钢筋布置完成

7.7　绘制基础

7.7.1　定义及绘制桩承台

　　左侧导航栏选择基础→桩承台，在构件列表中新建桩承台→新建桩承台单元（图 7-28），根据桩基平面图标注的桩承台尺寸（图 7-29），选择相应的桩承台类型。以矩形桩承台为例，新建桩承台并修改尺寸（图 7-30）；在配筋形式中选择"均不翻起二"（图 7-31），修改承台厚度。在属性栏里修改桩承台名称，顶高度为－1.25m（图 7-32）。在构件列表选择相应的桩承台在主楼桩基平面图图纸上进行绘制，绘制完成后如图 7-33 所示。

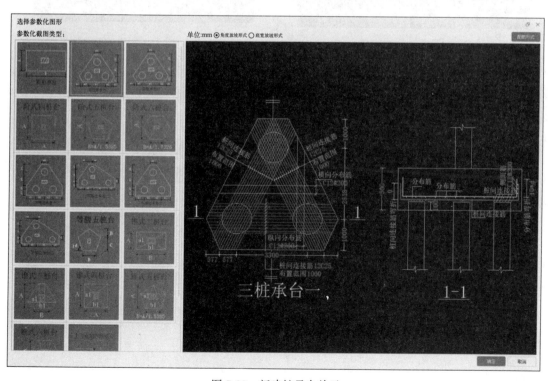

图 7-28　新建桩承台单元

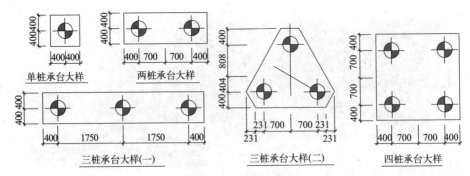

图 7-29 桩承台尺寸

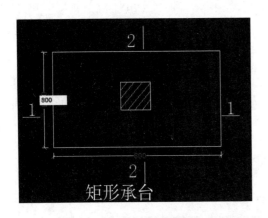

图 7-30 新建桩承台并修改尺寸

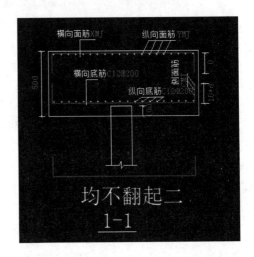

图 7-31 选择配筋形式修改承台厚度

	属性名称	属性值	附加
1	名称	ZCT-1-1	
2	截面形状	矩形承台	☐
3	长度(mm)	800	
4	宽度(mm)	800	
5	高度(mm)	700	
6	相对底标高(m)	(0)	
7	材质	现浇混凝土	☐
8	混凝土类型	(粒径31.5砼32.5级…	☐
9	混凝土强度等级	(C35)	☐
10	混凝土外加剂	(无)	
11	泵送类型	(混凝土泵)	
12	截面面积(m²)	0.64	☐
13	混凝土类别	泵送商品砼	☐
14	备注		☐
15	⊞ 钢筋业务属性		

图 7-32 修改桩承台属性

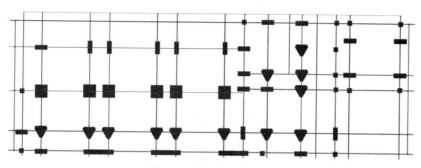

图 7-33　桩承台绘制完成

7.7.2　定义及绘制桩

在左侧导航栏选择基础→桩，在构件列表按桩表（表 7-6）新建桩，在属性栏里点击参数图修改桩的尺寸，如图 7-34 所示。在构件列表选择刚刚创建的桩 ZH1，在主楼桩基平面图图纸上绘制，绘制完成后如图 7-35 所示。

桩表　　　　　　　　　　　　　　　　　　　　　　　　表 7-6

桩表：

桩号	图例	桩型号	预估桩长(m)	单桩竖向抗压承载力特征值(kN)	桩顶绝对标高(m)	桩端持力层	桩端入持力层深度(m)	桩尖型号	桩数
ZH1	⊕	PHC-400(100)AB-C80-13、13	26	950	10.00	2-5细粉砂	≥1	A 型（开口型100mm）钢桩尖	131

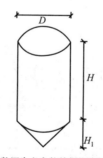

(参数图中各参数单位均为mm)

图 7-34　属性栏里点击参数图修改桩的尺寸

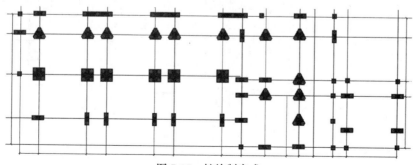

图 7-35　桩绘制完成

7.8 绘制砌块墙

7.8.1 定义及绘制 1~3 层墙体

在左侧导航栏选择墙→砌体墙，在构件列表创建 240mm 厚度的外墙、100mm 厚度和 200mm 厚度的内墙。在图纸列表中选择一层平面图，根据图纸中的墙体厚度选择相应的砌体墙构件，绘制砌块墙：绘图→直线→绘制，注意有门窗的地方直接贯通绘制。应用"单对齐"命令把墙与柱对齐，按照同样方法即可完成第 1 层~3 层的砌块墙绘制。绘制完成后如图 7-36 所示。

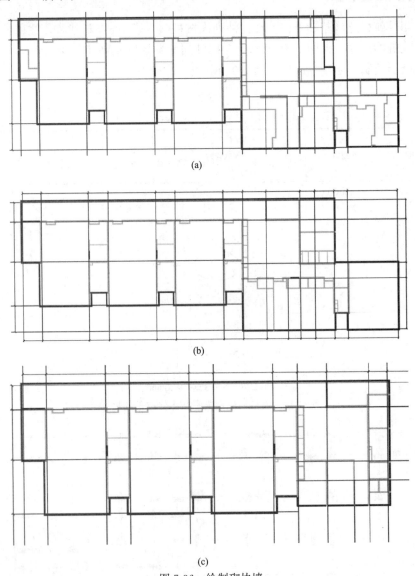

图 7-36 绘制砌块墙

（a）首层；（b）第 2 层；（c）第 3 层

7.8.2　定义及绘制女儿墙

在左侧构件列表中创建 200mm 厚外墙作为女儿墙构件，设置属性如图 7-37 所示。绘制女儿墙步骤为：绘图→女儿墙-200→直线→绘制（注意对齐及延伸），绘制好的女儿墙如图 7-38 所示。

图 7-37　定义女儿墙

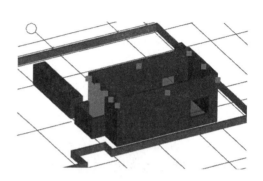

图 7-38　绘制好的女儿墙

7.8.3　定义及绘制女儿墙压顶

本教材案例中的女儿墙顶有压顶，其绘制方法如下：模块导航栏→梁→圈梁→新建矩形圈梁，绘制压顶→绘图→智能布置→砌体墙中心线→批量选择→砌体墙里面选择女儿墙→单击右键确定，这样压顶就绘制完了（不用压顶构件绘制主要是模板工程量不准确）。完成后，屋面层平面图墙体布置如图 7-39 所示。

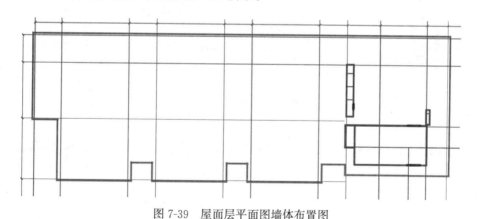

图 7-39　屋面层平面图墙体布置图

7.9　绘制门窗洞及过梁、构造柱、抱框柱、圈梁

7.9.1　定义及绘制门窗

首先需要定义门。在左侧导航栏选择门窗洞→门→新建矩形门，根据门窗列表中门的

型号、尺寸及其他属性信息创建门构件并修改属性（图 7-40）。

	属性名称	属性值	附加
1	名称	FM甲1424	
2	洞口宽度(mm)	1400	☐
3	洞口高度(mm)	2400	☐
4	离地高度(mm)	0	☐
5	框厚(mm)	60	☐
6	立樘距离(mm)	0	☐
7	洞口面积(m²)	3.36	☐
8	是否随墙变斜	否	☐

属性列表　图层管理

(a)

▾门
FM甲1424 <3>　　M0922 <1>
FM甲1222 <2>　　M1024 <0>
FM甲1622 <1>　　M1424 <7>
FM甲0822 <1>　　TLM1224 <1>
FM甲1124 <1>　　TLM1024 <1>
FM甲0810 <0>　　M1724 <1>
FMZ1624 <1>　　M1230 <1>
FMZ1124 <3>　　M1630 <3>
FMZ1822 <0>　　M1437 <1>
FMZ1424 <0>　　M4130 <1>
M1124 <4>　　　M1622 <0>
M0922 <1>　　　M1428 <1>

(b)

图 7-40　门的定义
(a) 门属性；(b) 门构件

然后定义窗。在左侧导航栏选择门窗洞→窗→新建矩形窗，根据门窗列表中窗的型号、尺寸及其他属性信息创建门构件并修改属性，如图 7-41 所示。

	属性名称	属性值	附加
1	名称	C0918	
2	类别	普通窗	☐
3	顶标高(m)	层底标高+2.7	☐
4	洞口宽度(mm)	900	☐
5	洞口高度(mm)	1800	☐
6	离地高度(mm)	900	☐
7	框厚(mm)	60	☐
8	立樘距离(mm)	0	☐
9	洞口面积(m²)	1.62	☐
10	是否随墙变斜	是	☐

属性列表　图层管理

(a)

▾窗
　　　　　　　　C1224a <0>
C0918 <9>　　　C2418 <1>
C1218 <36>　　C8029a <0>
C2424 <0>　　　C8029 <0>
C2424a <1>　　C8035 <3>
C3324 <1>　　　C8430 <1>
C3924 <1>　　　C8439 <0>
C3322 <0>　　　C1816 <0>
C1824 <1>　　　C0615 <3>
C1224 <6>　　　C3328 <1>
C1224a <0>　　C1819 <1>

(b)

图 7-41　窗户的定义
(a) 窗属性；(b) 窗构件

最后绘制门窗。以图中 FM 乙 1424 为例，在左侧构件列表中选择图纸中标注的门窗类型，如图 7-42 所示，单击放置在图纸中，同理放置好其他门窗，门窗放置好后如图 7-43 所示。

FM乙1424[3394]

图 7-42　绘制门窗（FM 乙 1424）

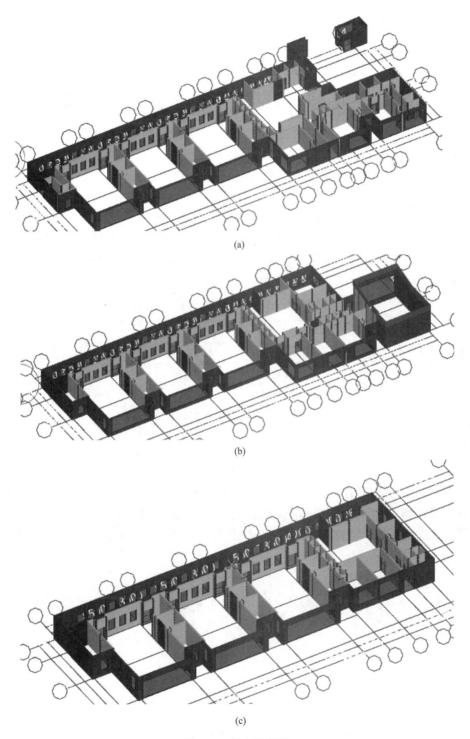

(a)

(b)

(c)

图 7-43 门窗示意图

（a）1 层门窗示意图；（b）2 层门窗示意图；（c）3 层门窗示意图

7.9.2 定义及绘制过梁

在定义及绘制过梁前，需要判断洞口上有无过梁。一般来说，洞口上有无过梁从建筑平面图上看不出来，判断有无过梁需要 2 个条件：①砌块墙（含砖墙）上有洞口（门、窗、门联窗、门洞、窗洞）；②洞口顶标高与梁底（无梁底时是板底）标高之间有高差。

从本教材案例立面图可以计算出，外墙窗上应该有过梁。根据结构说明以及钢筋混凝土过梁选用表，确定过梁尺寸。钢筋混凝土过梁：采用 C25 混凝土；支座长度应不小于250mm，当支座长度＜250mm 时，应在钢筋混凝土竖向构件的相应位置，预留连接钢筋；门、窗等洞顶应无集中荷载（有集中荷载时另行设计）；钢筋混凝土过梁的选用见表7-7。当洞口大于 3500mm 时，离主梁距离小于 1000mm 时，按梁下挂钢筋混凝土板的做法施工，具体为：洞顶距楼面梁底距离小于洞顶过梁高度时，或洞顶非水平线时（圆弧线等），采用梁下挂钢筋混凝土板兼洞顶过梁；下挂钢筋混凝土板的混凝土强度等级同梁。梁下挂钢筋混凝土板的选用如图 7-44 所示，其中 3 号钢筋，不得采用绑扎搭接接头。当距梁底距离大于 1000mm 时，可采用吊梁吊柱方法。

钢筋混凝土过梁选用表　　　　　　　　　　　　　　　表 7-7

洞净跨 L_0 (mm)	h (mm)	①	②
$L_0 \leqslant 1000$	120	2Φ10	2Φ8
$1000 < L_0 \leqslant 1500$	120	2Φ12	2Φ8
$1500 < L_0 \leqslant 2000$	150	2Φ14	2Φ10
$2000 < L_0 \leqslant 2500$	180	2Φ14	2Φ10
$2500 < L_0 \leqslant 3000$	240	3Φ14	2Φ10
$3000 < L_0 \leqslant 3500$	300	3Φ14	2Φ12

在确定过梁的位置后，点击上方导航栏生成过梁，根据钢筋混凝土过梁选用表修改生成信息如图 7-45 所示，点击确定，鼠标左键点击图中所有需要生成过梁的洞口，单击鼠标右键完成过梁绘制，绘制完成后如图 7-46 所示。同理，完成其他楼层过梁的绘制。

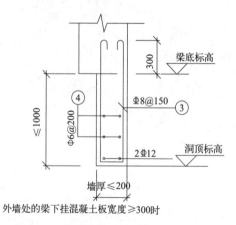

图 7-44　外墙处梁下挂混凝土板示意图

图 7-45 修改过梁信息

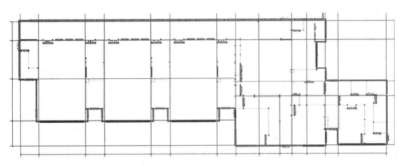

图 7-46 完成过梁绘制

7.9.3 定义及绘制圈梁

案例结构说明中，圈梁设置要求如下：

（1）腰梁设置位置：①砌体填充墙高度＞4m 且墙厚≥180 时，应设置与柱连接且沿墙全长贯通的钢筋混凝土水平系梁，其竖向间距≤4m。②砌体填充墙高度＞3m 且墙厚＜180mm 时，应设置与柱连接且沿墙全长贯通的钢筋混凝土水平系梁，其竖向间距≤3m。

（2）圈梁、DQL 配筋如图 7-47 所示，纵筋两端锚入钢筋混凝土竖向构件内 500mm，梁宜在墙体半高处设置。

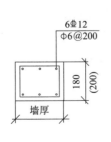

图 7-47 腰梁配筋

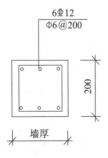

图 7-48 窗台梁配筋

（3）窗台梁设置位置：外墙凡有窗台处应设置通长现浇钢筋混凝土窗台梁，配筋图如图 7-48 所示。

（4）止水坎设置位置：卫生间四周设置 200mm 混凝土翻边。

圈梁的设置方法为：点击左侧导航栏梁→圈梁，在构件列表中新建→矩形圈梁，修改圈梁属性信息如图 7-49 所示。

(a)

(b)

(c)

(d)

图 7-49 设置圈梁属性

（a）设置腰梁属性；（b）设置窗台梁属性；（c）设置止水坎属性；（d）构件列表

设置好圈梁后，在构件列表中选择创建好的圈梁，进行智能布置。止水坎→智能布置→墙中心线→F3 批量选择，对应墙厚带有坎的墙体→确定→右键。窗台梁→智能布置→墙中心线→F3 批量选择，对应墙厚的外墙→确定→右键。腰梁→智能布置→墙中心线→F3 批量选择，对应墙厚的内墙→确定→右键。还可以采用手动直线绘制。两种方法选择其一即可。绘制完成后如图 7-50、图 7-51 所示。

7.9.4 定义及绘制构造柱和抱框柱

本教材案例砌体填充墙内钢筋混凝土构造柱，当图中未注明时，应在下列部位设置：

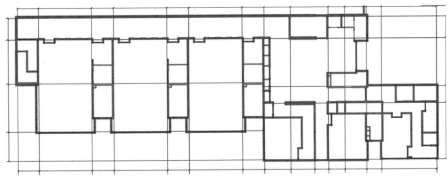

图 7-50　平面图中的圈梁

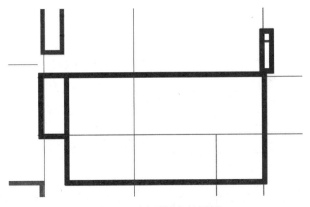

图 7-51　屋顶层中的圈梁

①内外墙、门、窗、洞两侧，电梯间四角无混凝土墙、柱处；②"L""T""+""Z"形墙相交处，单片墙端部；③墙长超过 5m，或墙长超过层高 2 倍时，在墙中间部位设置，内墙构造柱间距不大于 4m，外墙构造柱间距不大于 3m；④楼梯间和人流通道的填充墙，应设间距不大于 4m 且不大于层高的构造柱，并应采用钢丝网砂浆面层加强，构造柱的配筋如图 7-52 所示。

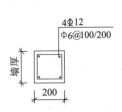

图 7-52　构造柱配筋

　　绘制构造柱的方法是：切换至首层，在左侧导航栏中选择柱→构造柱→上方工具栏（构造柱二次编辑）→生成构造柱（图 7-53）。

　　本教材案例门洞边框（<1.2m）抱框柱的做法是：100mm×墙宽，内配 4C10，A6@250，（单体设计有具体注明，以具体注明为准），门窗顶过梁伸入两端，门窗顶过梁伸入两端墙内不小于 300mm，顶层不小于 600mm。抱框柱的属性设置如图 7-54 所示。

　　绘制抱框柱的基本流程是：因墙厚不同，故先选择一个抱框柱构件智能布置。左侧构件列表选择抱框柱－100×240→工具栏→点击智能布置下面的小三角→选择门窗洞→拉框全选→右键→弹出提示重叠布置，点击关闭（因布置了框架柱或者构造柱的位置不能再重复布置抱框柱，故提示重叠，可直接忽略）；所有门窗洞口的位置均布置上了抱框柱，但 200mm 厚及 100mm 厚的墙上抱框柱构件为 100×240，尺寸偏大，需要修改。修改方法：选中 200mm 墙厚上的抱框柱图元—属性列表—名称下拉选择抱框柱－100×200，同理修改抱框柱－100×100；三维查看抱框柱的标高，门、窗有多高抱框柱就有多高，一般智能

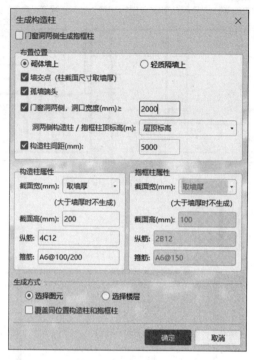

图 7-53　生成构造柱

属性列表　图层管理

	属性名称	属性值	附加
1	名称	抱框柱-100*200	
2	类别	抱框	☐
3	截面宽度(B边)(...	100	☐
4	截面高度(H边)(...	200	☐
5	马牙槎设置	不带马牙槎	☐
6	全部纵筋	4⌀10	☐
7	角筋		☐
8	B边一侧中部筋		☐
9	H边一侧中部筋		☐
10	箍筋	⌀6@250(2*2)	☐
11	箍筋肢数	2*2	
12	材质	现浇混凝土	☐
13	混凝土类型	(粒径31.5砼32.5级...	☐
14	混凝土强度等级	(C25)	☐
15	混凝土外加剂	(无)	
16	混凝土类别	泵送商品砼	☐
17	泵送类型	(混凝土泵)	
18	泵送高度(m)		

属性列表　图层管理

	属性名称	属性值	附加
1	名称	抱框柱-100*240	
2	类别	抱框	☐
3	截面宽度(B边)(...	100	☐
4	截面高度(H边)(...	240	☐
5	马牙槎设置	不带马牙槎	☐
6	全部纵筋	4⌀10	☐
7	角筋		☐
8	B边一侧中部筋		☐
9	H边一侧中部筋		☐
10	箍筋	⌀6@250(2*2)	☐
11	箍筋肢数	2*2	
12	材质	现浇混凝土	☐
13	混凝土类型	(粒径31.5砼32.5级...	☐
14	混凝土强度等级	(C25)	☐
15	混凝土外加剂	(无)	
16	混凝土类别	泵送商品砼	☐
17	泵送类型	(混凝土泵)	
18	泵送高度(m)		

属性列表　图层管理

	属性名称	属性值	附加
1	名称	抱框柱-100*100	
2	类别	抱框	☐
3	截面宽度(B边)(...	100	☐
4	截面高度(H边)(...	100	☐
5	马牙槎设置	不带马牙槎	☐
6	全部纵筋	4⌀10	☐
7	角筋		☐
8	B边一侧中部筋		☐
9	H边一侧中部筋		☐
10	箍筋	⌀6@250(2*2)	☐
11	箍筋肢数	2*2	
12	材质	现浇混凝土	☐
13	混凝土类型	(粒径31.5砼32.5级坍...	☐
14	混凝土强度等级	(C25)	☐
15	混凝土外加剂	(无)	
16	混凝土类别	泵送商品砼	☐
17	泵送类型	(混凝土泵)	
18	泵送高度(m)		

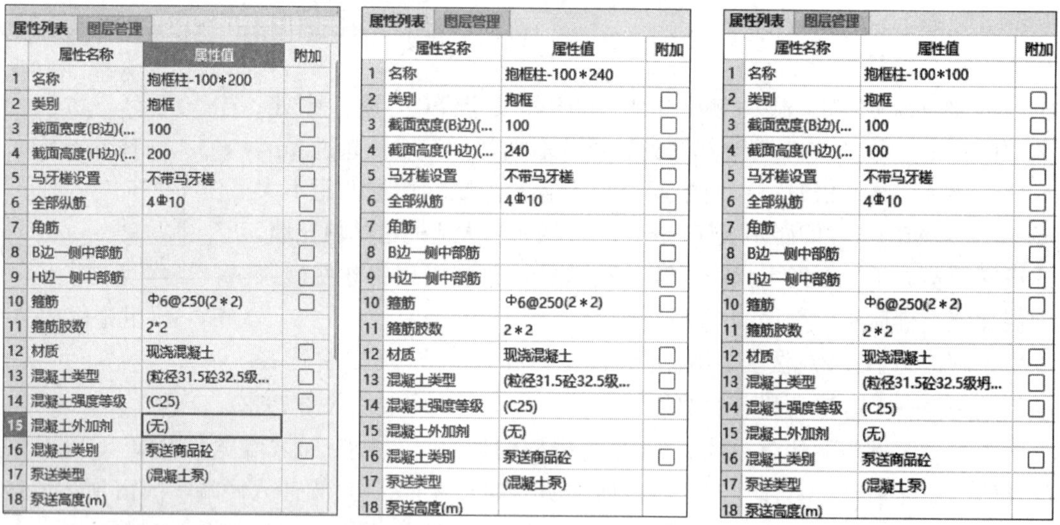

图 7-54　抱框柱的属性

布置，窗户两侧的抱框柱底标高为层底标高，故窗户两侧的抱框柱的底标高需要修改至窗底。绘制完成的构造柱、抱框柱布置如图 7-55(a) 所示（局部）。按照类似的步骤，完成其余楼层构造柱、抱框柱的绘制，如图 7-55(b)～图 7-55(d) 所示。

7.9.5　基础层二次结构

首层的底标高为－0.15m，地梁的顶标高为－1.25m，存在高差。因墙体不可砌在土

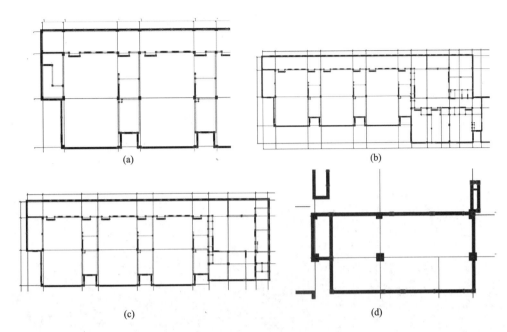

图 7-55　构造柱、抱框柱布置图

（a）一层构造柱、抱框柱布置图；（b）二层构造柱、抱框柱布置图；

（c）三层构造柱、抱框柱布置图；（d）屋面层构造柱、抱框柱布置图

上，土的不均匀沉降会导致墙体开裂，所以墙体需要承接在地梁上，故基础层需要绘制砖基础。

　　将楼层切至基础层→打开一层平面图，新建外墙砌体墙→直线绘制（图 7-56），选中所有墙体→属性列表→修改底标高为 -1.25m。构造柱的绘制方式是：从其他层复制→只复制构造柱，不要抱框柱→确定→选中修改底标高为 -1.25m 即可。

	属性名称	属性值	附加
1	名称	砖基础-200-砼普通砖	
2	类别	砌体墙	☐
3	结构类别	砌体墙	☐
4	厚度(mm)	200	☐
5	轴线距左墙皮…	(100)	☐
6	砌体通长筋	2Φ6@500	☐
7	横向短筋		☐
8	材质	砖	☐
9	砂浆类型	(混合砂浆)	☐
10	砂浆标号	(M5)	☐
11	内/外墙标志	外墙	☑
12	起点顶标高(m)	层顶标高	☐
13	终点顶标高(m)	层顶标高	☐
14	起点底标高(m)	基础底标高	☐
15	终点底标高(m)	基础底标高	☐
16	备注		☐

（a）

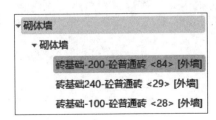

（b）

图 7-56　设置基础层二次结构

（a）基础层二次结构定义；（b）基础层二次结构列表

7.10 绘制楼梯

7.10.1 新建及绘制楼梯

由楼梯结构详图可以看出，楼梯是从一层到三层。需要预处理的有以下几部分：楼梯斜板、梯梁、休息平台、楼层平台、具体方法是：切换至一层，左侧导航栏中选择楼梯→楼梯→新建→楼梯，点击属性栏下方参数图进行参数修改，如图 7-57 所示。

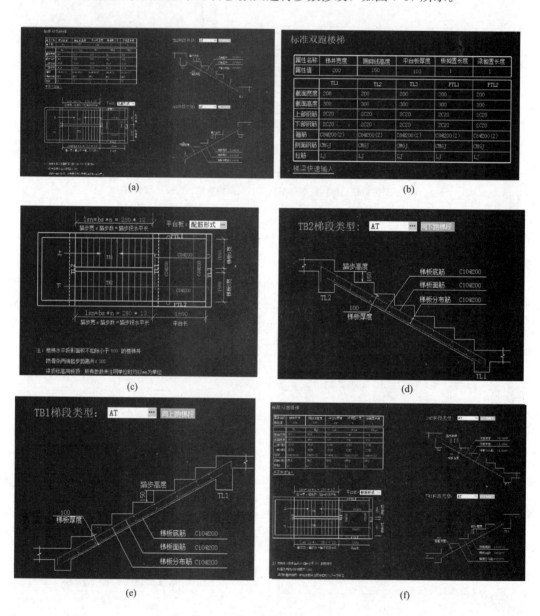

图 7-57　新建楼梯 LT-1/LT-2

在构件列表中选择对应的楼梯在一层平面图中进行绘制，绘制完成后如图 7-58(a) 所示，同理，完成二层楼梯绘制，绘制完成后如图 7-58(b)。

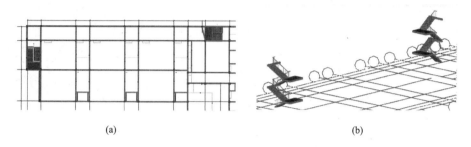

(a)　　　　　　　　　　　　　　　　　　(b)

图 7-58　楼梯绘制完成

(a) 楼梯平面图；(b) 楼梯立体图

7.10.2　楼梯算量的另一种方法

还有一种楼梯算量的方法是不绘制楼梯，直接手动计算，其方法是：工具栏→工程量→表格算量→切换至屋面层（一般手算的量放在女儿墙层）→钢筋→新建节点（图 7-59a），修改名称为楼梯→新建构件，修改名称，输入对应梯板代号。在参数输入显示界面的上边区域，找到参数输入→左键单击参数输入→选择对应梯板类型→输入参数→计算保存（图 7-59b），生成的楼梯工程量如图 7-60 所示。

	属性名称	属性值
1	节点名称	楼梯
2	备注	
3	构件总重量(kg)	1831.282

(a)

▾ 🗀 楼梯
  ⊞ ATb1
  ⊞ CTb1
  ⊞ ATb1(LT2)
  ⊞ ATb2
  ⊞ ATb2(二层)
  ⊞ DT1
  ⊞ DT2
  ⊞ DT3
  ⊞ TL1
  ⊞ TL1A

	属性名称	属性值
1	构件名称	ATb1
2	构件类型	楼梯
3	构件数量	1
4	预制类型	现浇
5	汇总信息	楼梯

(b)

图 7-59　新建节点及构件

(a) 新建楼梯节点；(b) 输入楼梯参数

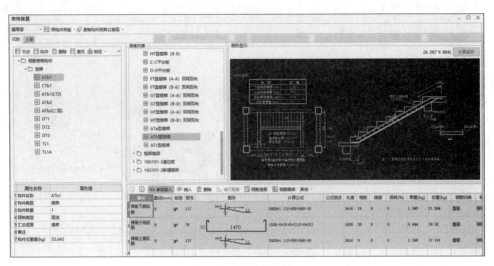

图 7-60　楼梯表格算量

7.11　绘制装饰装修工程

7.11.1　内装修

内装修的绘制流程是：新建装修构件→新建房间→添加依附构件→点布房间→设置防水卷边。

新建装修构件的流程是：定义楼地面→导航栏点击装修→楼地面→构件列表新建楼地面→修改名称，根据图纸装修做法表，定义所有楼地面。如图 7-61 所示。同上步骤定义踢脚（图 7-62）、墙面（图 7-63）、天棚（图 7-64）、吊顶（图 7-65）等装修构件。

（a）　　　　　　　　　　　　　　　　（b）

图 7-61　定义楼地面

（a）楼地面的属性列表；（b）楼地面的构件列表

新建房间的流程是：导航栏→点击装修→间间→构件列表→新建房间（图 7-66）。

完成新建房间后，需要添加房间的依附构件：构件列表→双击任一房间→进入定义界

(a)

(b)

图 7-62 定义踢脚

（a）水泥踢脚的属性列表；（b）水泥踢脚的构件列表

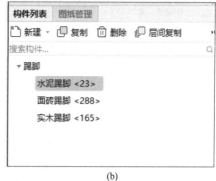

(a)

(b)

图 7-63 定义内墙面

（a）内墙面的属性列表；（b）内墙面的构件列表

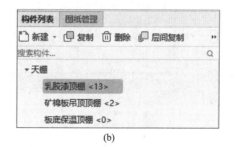

(a)

(b)

图 7-64 定义天棚

（a）天棚的属性列表；（b）天棚的构件列表

面→点击楼地面→添加依附构件→根据装修做法表依次添加踢脚、墙面、天棚、吊顶等装修构件，如图 7-67（a）～图 7-67（d）所示。

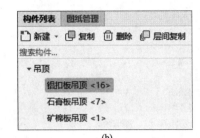

(a)   (b)

图 7-65 定义吊顶

（a）吊顶的属性列表；（b）吊顶的构件列表

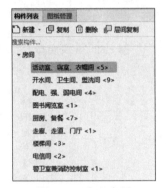

图 7-66 定义房间

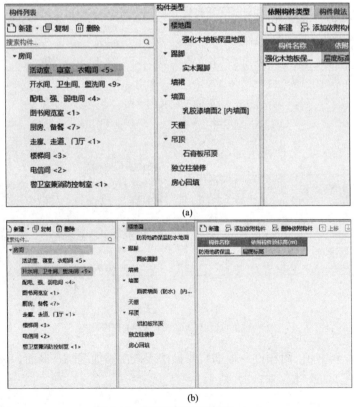

(a)

(b)

图 7-67 房间添加依附构件（一）

（a）活动室内依附构件；（b）开水间内依附构件；

(c)

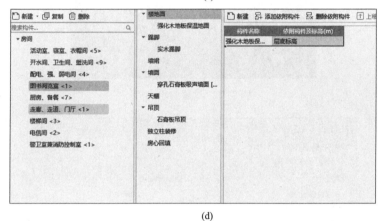

(d)

图 7-67　房间添加依附构件（二）

(c) 配电及强、弱电间依附构件；(d) 图书馆阅览室、走廊、走道、门厅依附构件

在完成新建装修构件、新建房间、添加依附构件后，需要将构件布置在相应的房间中。在墙/栏板围成的封闭区域中点画房间，房间中所有依附的楼地面、踢脚等依附图元都会布置上去（图 7-68）。土建建模中，可能存在未闭合空间，或者空间闭合，但此空间内不同区域墙地顶做法不同的情况。无实体墙分隔时，可以建立"虚墙"分割空间（图 7-69），用于计算不同做法下的工程量。虚墙在软件中不计算工程量，仅仅是作为空间分隔的虚拟构件。

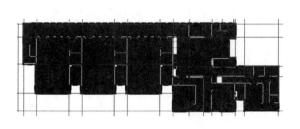

图 7-68　房间布置平面图

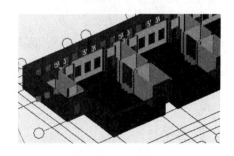

图 7-69　虚墙位置

在布署好内装修的构件后，需要设置防水卷边，以确定已定义好的楼地面各边的立面防水高度。设置防水卷边的方法是：导航栏点击楼地面→工具栏楼地面二次编辑→设置防水卷边→选择需要设置防水卷边的房间→右键→输入卷边高度即可（图 7-70）。因装修不可复制图元，故切换楼层，采用层间复制，把装修所有构件复制过来，同上步骤绘制其他层装修（图 7-71）。

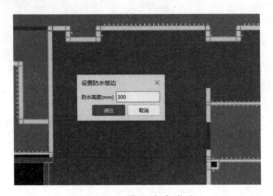

图 7-70　设置防水卷边

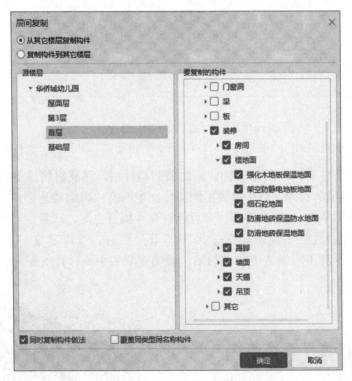

图 7-71　层间复制装修构件

7.11.2　外装修

常见的布置外墙面的方法有 3 种，第 1 种方法是新建内墙面，直接点画在对应的墙上即可。第 2 种方法是导航栏点击墙面→新建外墙面→智能布置→外墙外边线→逐层布置。

这种根据外墙外边线来布置墙面的装修布置的方法，可以更加准确地确定墙面的位置和大小，有利于提高装修的精度和质量（图 7-72）。女儿墙外侧和外墙面装修是一致的，内侧是抹灰。女儿墙内侧的装修设置流程是，新建外墙面→女儿墙内侧抹灰→点布（图 7-73a），布置好的女儿墙内侧抹灰如图 7-73（b）所示。

(a)
(b)

图 7-72　外墙面装修设置
（a）定义外墙装修属性；（b）设置外墙布置方法

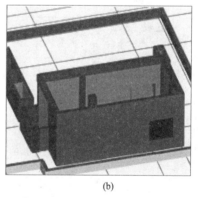

(a)
(b)

图 7-73　女儿墙内侧装修设置
（a）定义女儿墙内侧装修属性；（b）布置完成的女儿墙内侧抹灰

7.12　绘制零星构件

7.12.1　定义及绘制平整场地

切换到平整场地界面→在【构件列表】中新建平整场地构件→【属性列表】调整属性信息→点击"建模"→使用点/直线/矩形/智能布置等方式绘制均可，一般来说，点布适用于场地比较规整、面积比较小的情况，本教材案例使用的是点布的方法。布置好的平整场地如图 7-74 所示。

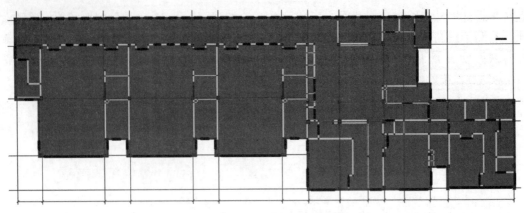

图 7-74 平整场地

7.12.2 定义及绘制台阶、散水、坡道

台阶的布置方法是：首先对台阶进行定义（图 7-75a），导航栏点击其他，在其他里面找到台阶，左键单击台阶→构件列表新建台阶→修改属性→工具栏建模界面，绘图区域选择矩形绘制→打开一层平面图，找到相应位置矩形绘制台阶即可。绘制完成后台阶需要设置踏步，在工具栏建模界面，找到台阶二次编辑，左键单击设置踏步边（图 7-75b）→选择需要设置踏步的边线→右键→输入信息→确定。

(a)

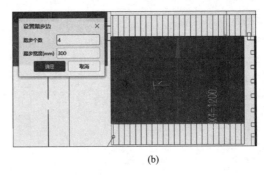

(b)

图 7-75 定义台阶

（a）定义台阶属性；（b）设置踏步边

散水的布置方法是：新建散水→输入散水厚度（图 7-76a）→智能布置（外墙外边线）→框选→右键→输入宽度（图 7-76b）→台阶处→分割→删除台阶处散水（图 7-76c）。

入口坡道的布置方法是：新建散水→修改名称→矩形绘制。因坡道计算规则是计算面积，故可用散水绘制，输出面积的工程量，最后提取面积工程量即可（图 7-77）。

7.12.3 定义及绘制屋面

屋面分为上人屋面和不上人屋面 2 种，不上人屋面的设置方法是：新建不上人屋面→按字母"B"把板图元打开→矩形布置（图 7-78a）；上人屋面的设置方法是：新建上人屋面→点布→修改标高→设置防水卷边（250mm）（图 7-78b）。布置好的屋面如图 7-79所示。

属性列表 图层管理
属性名称 属性值 附加
1 名称 散水
2 厚度(mm) 60
3 材质 现浇混凝土
4 混凝土类型 (粒径31.5砼32.5级坍...
5 混凝土强度等级 (C25)
6 底标高(m) (-0.1)
7 备注
8 钢筋业务属性
11 土建业务属性
15 显示样式
设置散水宽度
散水宽度(mm) 600
确定
取消

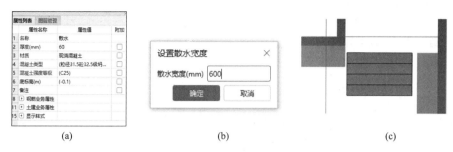

(a)　(b)　(c)

图 7-76　绘制散水

（a）定义散水属性；（b）设置散水宽度；（c）删除台阶处散水

属性列表 图层管理
属性名称 属性值
1 名称 坡道
2 厚度(mm) 60
3 材质 现浇混凝土
4 混凝土类型 (粒径31.5砼32.5级坍落度35~...
5 混凝土强度等级 (C25)
6 底标高(m) (-0.1)

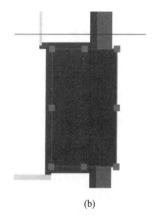

(a)　(b)

图 7-77　绘制坡道

（a）定义坡道属性；（b）矩形绘制坡道

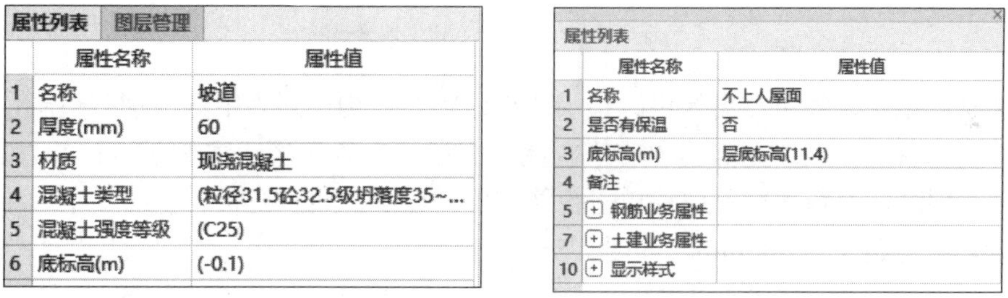

属性列表 图层管理
属性名称 属性值
1 名称 坡道
2 厚度(mm) 60
3 材质 现浇混凝土
4 混凝土类型 (粒径31.5砼32.5级坍落度35~...
5 混凝土强度等级 (C25)
6 底标高(m) (-0.1)
属性列表
属性名称 属性值
1 名称 不上人屋面
2 是否有保温 否
3 底标高(m) 层底标高(11.4)
4 备注
5 钢筋业务属性
7 土建业务属性
10 显示样式

(a)　(b)

图 7-78　定义屋面

（a）定义上人屋面；（b）定义不上人屋面

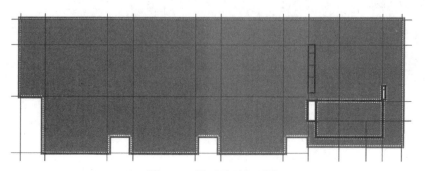

图 7-79　屋面平面布置图

7.13 绘制垫层和土方

7.13.1 定义及绘制混凝土垫层

案例中的垫层分成 2 种，承台垫层和地梁垫层。单击左侧导航栏基础→垫层，在构件列表中新建面型垫层，在属性列表中修改垫层厚度为 100mm，如图 7-80（a）所示。单击左侧导航栏基础→垫层，在构件列表中新建线型垫层，在属性列表中修改垫层厚度为 100mm，如图 7-80（b）所示。

	属性名称	属性值	附加
1	名称	承台垫层	
2	形状	面型	
3	厚度(mm)	100	
4	材质	现浇混凝土	
5	混凝土类型	(粒径31.5砼32.5级坍…	
6	混凝土强度等级	(C15)	
7	混凝土外加剂	(无)	
8	泵送类型	(混凝土泵)	
9	顶标高(m)	基础底标高	
10	备注		
11	⊞ 钢筋业务属性		
14	⊞ 土建业务属性		
20	⊞ 显示样式		

(a)

	属性名称	属性值	附加
1	名称	地梁垫层	
2	形状	线型	
3	宽度(mm)		
4	厚度(mm)	100	
5	轴线距左边线…	(0)	
6	材质	现浇混凝土	
7	混凝土类型	(粒径31.5砼32.5级…	
8	混凝土强度等级	(C15)	
9	混凝土外加剂	(无)	
10	泵送类型	(混凝土泵)	
11	截面面积(m²)	0	
12	起点顶标高(m)	基础底标高	
13	终点顶标高(m)	基础底标高	
14	备注		

(b)

图 7-80 定义垫层属性
（a）定义承台垫层；（b）定义地梁垫层

定义完成垫层属性后，需要设置垫层的出边距离。构件列表中选择承台垫层，单击智能布置→桩承台→框选，全部选中后单击鼠标右键，设置出边距离为 100mm，如图 7-81（a）所示。同理，选择地梁垫层，单击智能布置→梁中心线→框选，全部选中后单击鼠标右键，设置出边距离为 100mm，如图 7-81（b）所示。

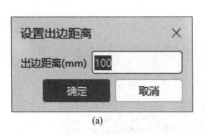

(a)

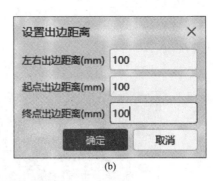

(b)

图 7-81 定义垫层出边
（a）定义承台垫层出边；（b）定义地梁垫层出边

7.13.2 生成土方

生成承台土方首先需要在垫层中设置土方的相关信息。将土方类型设置为基坑土方，将起始放坡位置设置为垫层底，将生成方式设置为手动生成，将生成范围设置为基坑土方；由于承台或者地梁都需要支设模板，工作面宽度设置为 300mm，挖土深度大于 1.5m，放坡系数设置为 0.33。然后 F3 批量选择承台垫层，确定→右键生成，承台土方绘制完成（图 7-82a）。

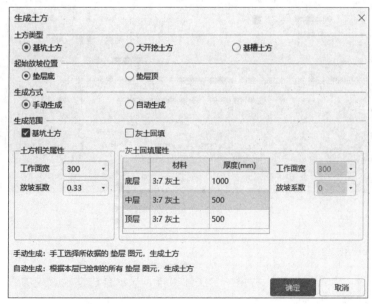

(a)

(b)

图 7-82 生成土方

(a) 生成承台土方；(b) 生成地梁土方

同理，生成地梁土方时，需将土方类型设置为基槽土方，其余与设置承台土方类似，然后 F3 批量选择地梁垫层，右键生成，地梁土方绘制完成（图 7-82b）。

7.14　导出工程量

7.14.1　查看三维视图

在显示设置→楼层显示中选择全部楼层，图元显示中选择全部构件（图 7-83a）。点击动态观察（图 7-83b），左键拖动调整视角，检查三维模型（图 7-84）。

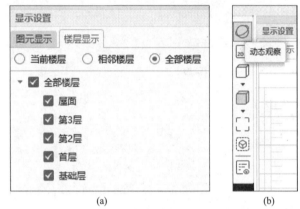

(a) 　　　　　　　　　　 (b)

图 7-83　显示设置及动态观察

（a）显示设置；（b）动态观察

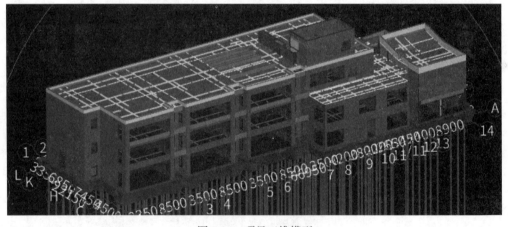

图 7-84　项目三维模型

7.14.2　合法性检查

检查无误后，点击导航栏工程量→合法性检查，显示合法性检查成功后即可进行下一步，否则就根据提示进行修改（图 7-85）。

7.14.3 导出工程量

点击导航栏工程量→汇总→计算汇总，显示计算成功后即可导出工程量（图 7-86）。

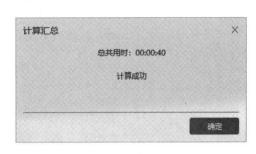

图 7-85 合法性检查 图 7-86 计算汇总

7.15 工程量的提取

7.15.1 提量前的准备工作

模型完成后，还需要算量人员利用已经建好的三维模型查找出对应清单的工程量，这一步骤通常被叫做"提量"。而计价人员将核对无误的工程量填入清单相应的位置，这一步骤通常被叫做"上量"。完成"提量""上量"后，才算是完成了工程量清单的编制工作。

提量的方式一共有 2 种，一种是从算量软件当中直接选取对应的工程量进行查看，这种方法比较机械，效率很低；另一种则是把工程量表格导出，运用数据处理软件，提取相应的工程量，此种方法精度高，同时可以反查建模的准确性，是实际工程中广泛采用的提量方法。

实操时，算量人员不会把计价文件直接交给计价人员进行上量，而是需要对计价文件进行预处理，即在导出设置中点中以下选项（图 7-87）：页眉页脚设置选择"导出到 Excel 页眉页脚中"，这样做的目的是将报表的标题、页眉、页脚等隐藏，只有进行打印的时候才能看到，便于阅读。导出数据模式选择"纯数据模式"，这样做的目的是纯数据模式下，导出的文件不含合计行，不含分页符，方便数据二次加工。批量导出 Excel 选项选择"单个 Excel 模式"，这样做的目的是让所有的报表导出到一个 Excel 工作簿中，不同的报表用不同的工作表（Sheet）表达，更有利于提量操作。最后，导出软件中的分部分项工程量清单和单价措施工程量清单，将文件保存在相应的位置（图 7-88）。

7.15.2 算量软件汇总计算及报表处理

在完成提量前的准备工作以后，就可以准备输出计量软件中的工程量了。在输出工程量前首先需要进行合法性检查（见第 7 章相关内容），其主要作用是检查三维模型中是否存在构件图元重叠、梁支座未识别等非法属性。合法性检查没有错误即可，有警告是正常的，检查完成后汇总工程量，还需要进行报表处理。

首先需要对钢筋报表进行处理。钢筋报表分为定额指标表、明细表、汇总表和施工段

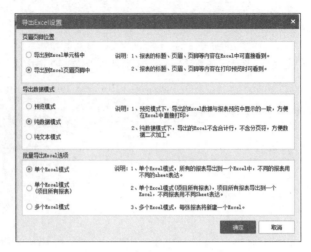

图 7-87　清单导出 Excel 设置

图 7-88　导出后的文件

汇总表等。定额指标表包括：工程技术经济指标、钢筋定额表和接头定额表等。明细表包括：钢筋明细表、钢筋形状统计明细表、构件汇总信息明细表和楼层构件统计校对表等。明细表可以查看到每一根钢筋的长度计算式，除非特别精细化对钢筋工程量进行核对，一般很少使用。汇总表包括：钢筋统计汇总表、钢筋接头汇总表、楼层构件类型级别直径汇总表、楼层构件类型统计汇总表、构件类型级别直径汇总表、钢筋级别直径汇总表、构件汇总信息分类统计表、钢筋连接类型级别直径汇总表、措施筋统计汇总表、植筋楼层构件类型级别直径汇总表、预埋件楼层构件类型统计表和机械锚固汇总表等。汇总表是钢筋工程提量主要用到的一个表格，其中包含的钢筋级别直径汇总表（图 7-89），可以查看项目中特定种类的钢筋在某一直径段范围内的总重量；钢筋接头汇总表可以查看项目钢筋的连接接头，包括电渣压力焊和机械连接等的总数量；措施筋统计汇总表统计的钢筋通常有 2 类，当构件是现浇板或筏板时，措施筋统计汇总表中统计的钢筋是马镫筋，当构件是梁或者连梁时，措施筋统计汇总表中统计的钢筋是梁垫铁；砌体墙中钢筋的总量，则需要在构件汇总信息分类统计表中查找。需要注意的是，钢筋级别直径汇总表中的钢筋总工程量，包含了接头、措施筋、构件信息表中的钢筋工程量。

　　需要注意的是，软件设置中"导出到 Excel"与"导出到 Excel 文件"有很大的区别。二者导出内容不同：导出到 Excel 是将当前报表导出到 Excel 软件中，可以对报表进行二次编辑；导出到 Excel 文件是将当前报表导出为 Excel 文件，直接保存成 Excel 文件，不打开。操作方法不同。导出到 Excel 需要打开 Excel 软件，将报表复制粘贴到 Excel 中；导出到 Excel 文件不需要打开 Excel 软件，直接点击导出即可。

　　然后需要对土建报表（图 7-90）进行处理。钢筋报表（图 7-91）的处理分为做法汇总分析、构件汇总分析、施工段汇总分析等。做法汇总分析包括：清单汇总表、清单部位

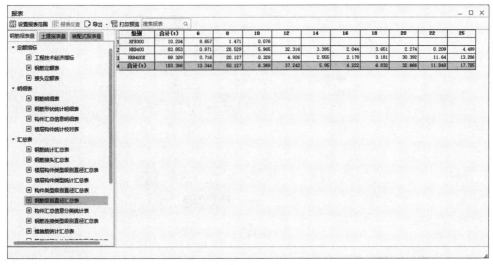

图 7-89　钢筋级别直径汇总表

计算书、清单定额汇总表、清单定额部位计算书、构件做法汇总表等。做法汇总分析汇总的是所有套取做法构件的工程量，如果不套做法则不需要使用。施工段汇总分析包括：施工段工程量汇总表、施工段清单汇总表和施工段清单定额汇总表。构件汇总分析包括：绘图输入工程量汇总表、绘图输入构件工程量计算书和表格输入工程量计算书等。构件汇总分析汇总的是绘图区域所有构件图元的工程量，其中的绘图输入工程量汇总表是编制本教材案例工程量清单的主要依据。输出该表前，需要软件的上方有一个设置分类条件，点击设置分类条件，除了房间以外的其他的装修如楼地面、踢脚、墙面、天棚、独立柱装修、单梁装修，把楼层都打勾（图 7-92）。此步骤完后，使用设置批量功能导出工程量。装修工程量可以按照楼层生成数据表，方便提取标准层的工程量。有一些构件可以不用导出，如墙洞、板洞、房间等。

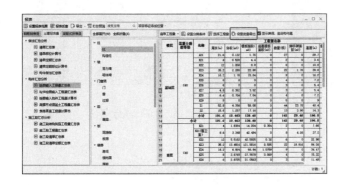

图 7-90　土建报表量

图 7-91　钢筋报表量

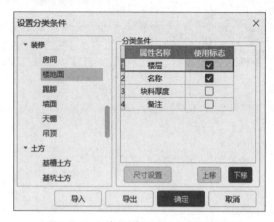

图 7-92　土建报表导出前的必要设置

最后将土建报表和钢筋报表导出。与钢筋表格不同的是，导出的土建 Excel 报表不直接使用，因为单元格中的所有数字格式都是"文本"，需要将它们的数字格式都转换成"数字"，否则无法对单元格中的工程量进行自动求和计算（图 7-93）。在 Excel 中将数字格式为"文本"的单元格修改为"数字"的方法：①使用单元格右侧的感叹号，逐一点击单元格右侧的"！"，这种方法效率极低，实践中经常左键选中需要修改的单元格，点开一个"！"，将格式转换为数字，所有选中单元格的文本都会被转换成数字；②先在一个空白单元格中输入数字"1"，将其复制，然后选中需要转换的单元格区域，右键单击选中区域，选择"粘贴特殊"功能，在弹出的对话框中选择"乘法"选项，这样就可以把文本转换为数值了。或者在空白单元格中输入数字"0"，"粘贴特殊"时，在弹出的对话框中选择"加法"选项，也能达到同样的效果。通过以上操作完成表格数字处理（图 7-94）。转换完成后还可以把下方的工作表名称重命名精简一下，以方便快速地查找构件位置（图7-95）。

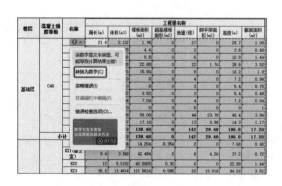

图 7-93　文本转数字

图 7-94　转换成数字后

7.15.3　工程量的提取

完成准备工作，汇总工程量及处理完报表后，就可以进行提量和上量了。以平整场地为例，待填清单如图 7-96（a）所示，此时工程量一列还是空白，在导出的土建报表 Excel 工作簿中找到平整场地工作表（图 7-96b）即可提量。为防止遗漏，提量时注意把用过的数据

首层	C40	KZ2	12	5.5152	42.5825	0.32	6	0	22.98	1.44
		KZ3	35.2	13.4816	121.5816	0.585	22	19.916	84.26	3.52
		KZ4	16.2	6.894	56.84	1.0759	9	0	34.47	1.8
		KZ5	8	3.6768	27.9878	0.069	4	0	15.32	0.96
		KZ6	6	2.8725	21.0563	0	3	0	11.49	0.75
		KZ7	4.8	1.8384	17.0729	0	3	0	11.49	0.48

绘图输入工程量汇总表-柱　绘图输入工程量汇总表-构造柱　绘图输入工程量汇总表-剪力墙　绘图输入工程量汇总表-砌体墙　绘图输入工程量汇总表-门　绘图输入

(a)

首层	C40	KZ2	12	5.5152	42.5825	0.32	6	0	22.98	1.44
		KZ3	35.2	13.4816	121.5816	0.585	22	19.916	84.26	3.52
		KZ4	16.2	6.894	56.84	1.0759	9	0	34.47	1.8
		KZ5	8	3.6768	27.9878	0.069	4	0	15.32	0.96
		KZ6	6	2.8725	21.0563	0	3	0	11.49	0.75
		KZ7	4.8	1.8384	17.0729	0	3	0	11.49	0.48

柱　构造柱　剪力墙　砌体墙　门　窗　过梁　梁　圈梁　现浇板　板洞　房间　楼地面　踢脚　墙面　天棚　吊顶　基槽土方　基坑土

(b)

图 7-95　简化工作表的名称

（a）精简前；（b）精简后

做好标记（图 7-96c）。将工程量填入后，小数点保留执行《房屋建筑与装饰工程工程量计算规范》GB 50854—2013 的要求：①"t"为单位，应保留小数点后 3 位数字，第 4 位小数四舍五入；②"m""m^2""m^3""kg"为单位，应保留小数点后 2 位数字，第 3 位小数四舍五入；③以"个""件""根""组""系统"为单位，应取整数，如图 7-96(d) 所示。

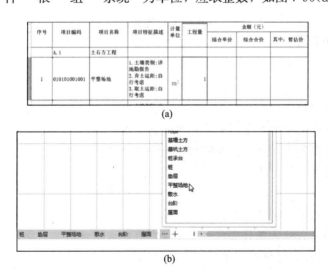

(a)

(b)

(c)

图 7-96　工程量提取的过程（一）

（a）待填清单；（b）查到平整场地工作簿；（c）提量做好标记

序号	项目编码	项目名称	项目特征描述	计量单位	工程量	金额(元)		
						综合单价	综合合价	其中：暂估价
	A.1	土石方工程						
1	010101001001	平整场地	1. 土壤类别：详地勘报告 2. 弃土运距：自行考虑 3. 取土运距：自行考虑	m²	1180.40			

(d)

图 7-96　工程量提取的过程（二）

(d) 完成上量的清单

　　需要注意的是，若出现计量软件中导出的构件名称和计价人员编制的清单中列项的名称不同，以计价软件导出的清单名称为准。依次将清单中的每一项工程量填写完毕。提量时可能发现某条清单在软件模型中没有对应构件，可以根据清单特征描述进行补充算量，这是常见的防止漏量的方法。如果算量人员发现模型中有工程量而没有对应清单，就需要及时反馈给计价人员确认是否存在漏项。

　　上量后的工程量清单叫做未标价工程量清单，计价人员还需要通过套取定额等手段，计算出各分部分项工程的价格，最后汇总形成造价，再以表格形式导出已标价分部分项工程量清单，生成报表。关于工程量清单计价的有关内容，将在第 8 章介绍。

复习思考题

　　1. 根据图纸要求，如何创建板的构件并设置混凝土强度等级和钢筋布置？

　　2. 在绘制板的过程中，如何选择板洞并扣除它们？

　　3. 在绘制板的钢筋时，有哪些受力筋和跨板受力筋的种类？如何设置并绘制它们？

　　4. 如何设置并绘制板的负筋？负筋的布置方法有哪些？

　　5. 马凳筋的长度和尺寸如何计算？如何设置并绘制马凳筋？

　　6. 根据图纸要求，如何选择合适的钢筋连接方式？

　　7. 在建模前的准备工作中，如何打开软件并新建工程？

　　8. 如何建立轴网并计算每层的工程量？

　　9. 识别轴网的两种方式是什么？如何定位图纸和验证轴网的正确性？

　　10. 在绘制框架柱的过程中，如何定义柱和绘制柱？

第8章

建筑工程工程量清单计价

8.1 概述

工程量清单计价是指在建设工程招标投标中，招标人自行或委托具有资质的中介机构编制反映工程实体消耗和措施性消耗的工程量清单，并作为招标文件的一部分提供给投标人，由投标人依据工程量清单自主报价的计价方式。在工程招标投标中采用工程量清单计价是国际上较为通行的做法。

工程量清单计价是一种科学、合理、先进的计价方式，它有利于提高招标投标的透明度和公正性，促进市场竞争，提高工程建设的效益。在我国，工程量清单计价已经得到了广泛的应用，并且在不断地发展和完善。本章将基于第7章的建模算量成果，结合广联达计价软件 GCCP6.0，详细介绍建筑工程工程量清单计价的全过程。

8-1 项目预算

8.2 工程量清单计价分类

根据《建设工程工程量清单计价规范》GB 50500—2013 规定，工程量清单计价由分部分项工程费、措施项目费、其他项目费、规费和税金组成。工程量清单可以分为以"量"计价和"项"计价2类。以"量"计价的清单条目如分部分项工程费、单价措施项目费等，其计算方法为：清单综合单价=Σ（计价定额项目工程量×计价定额项目综合单价）/清单工程量，在工程量清单计价时，要依据工程量清单的项目特征和工程内容，按照计价定额的定额项目、计量单位、工程量计算规则和施工组织设计确定清单中工程内容的含量和价格。以"项"计价的清单条目如总价项目措施费、规费和税金等，其计算方法为：清单金额=取费基数×费率，计算时要注意取费基数的差别。

8.2.1 分部分项工程费

分部分项工程费的综合单价由人工费、材料费、机械费、管理费和利润组成。其中人工、材料和机械的消耗量可以在计价定额上直接查到，但管理和利润应按照费率计取，且不同的省，管理费和利润计取的方式不同，根据每个省的实际情况执行。以江苏省为例，管理费=（人工费+机械费）×管理费费率，利润=（人工费+机械费）×利润率。

8.2.2 措施项目费

措施项目费分为单价措施项目费和总价措施项目费 2 种，单价措施费的计算方法与分部分项工程项目综合单价的计算方法相同，总价措施费则应先根据工程的实际情况列项，再按照有关规定综合取定费率，按照总价措施费＝(分部分项工程费＋单价措施项目费)×费率进行计算，计价软件中也给出了相应的计费基数和费率（表 8-1）。需要注意的是，措施项目费中的安全文明施工不得作为竞争性费用。

部分总价措施费

表 8-1

序号	项目编码	项目名称
1	011707001001	安全文明施工费
1.1	①	基本费
1.2	②	增加费
1.3	③	扬尘污染防治增加费
2	011707010001	按质论价
3	011707002001	夜间施工
4	011707003001	非夜间施工照明
5	011707004001	二次搬运
6	011707005001	冬雨期施工
7	011707006001	地上、地下设施、建筑物的临时保护设施
8	011707007001	已完工程及设备保护
9	011707008001	临时设施
10	011707009001	赶工措施
11	011707011001	住宅分户验收
12	011707012001	建筑工人实名制
13	011707015001	智慧工地费用
14	011707013001	特殊施工降效
15	011707014001	协管费

8.2.3 其他项目费

其他项目费包括暂列金额、暂估价、计日工和总承包服务费 4 项，其计算方法是：其他项目费＝(分部分项工程费＋措施项目费)×相应费率。

1. 暂列金额

暂列金额是招标人在工程量清单中暂定并包括在合同价款中的一笔款项。用于工程合同签订时尚未确定或者不可预见的所需材料、工程设备、服务的采购，施工中可能发生的工程变更、合同约定调整因素出现时的合同价款调整以及发生的索赔、现场签证确认费用。一般按分部分项工程费的 10%～15%计取。

2. 暂估价

暂估价是指招标人在工程量清单中提供的支付必然发生但暂时不能确定价格的材料、

工程设备的单价以及专业工程的金额。用造价管理机构发布的工程造价信息中的材料、设备单价计算，未发布的材料、设备单价参考市场价格估算；暂估价中的专业工程暂估价应分不同专业，按有关计价规定估算。

3. 计日工

计日工是承包人完成发包人提出的工程合同范围以外的零星项目或工作，按合同中约定的单价计价。计日工适用的零星项目一般是指合同约定之外的或者因变更而产生的、工程量清单中没有相应项目的额外工作。

4. 总承包服务费

总承包服务费是指总承包人为配合协调发包人进行的专业工程发包，对发包人自行采购的材料、工程设备等进行保管以及施工现场管理、竣工资料汇总整理等服务所需的费用。其取费标准是：①对分包的专业工程进行总承包管理和协调时，按分包的专业工程估算造价 1.5％计算；②对分包的专业工程进行总承包管理和协调并同时要求提供配合服务时，根据招标文件中列出的配合服务内容和提出的要求，按分包的专业工程估算造价的3％～5％；③招标人自行供应材料的，按招标人供应材料价值的1％计算。

8.2.4 规费

规费属于不可竞争费用，包括：社会保险费（养老保险费、失业保险费、医疗保险费、工伤保险费、生育保险费）、住房公积金、环境保护税，其计算方法是：规费＝（分部分项工程费＋措施项目费＋其他项目费）×相应费率。

8.2.5 税金

税金主要是指增值税，其计算方法是：税金＝（分部分项工程费＋措施项目费＋其他项目费＋规费）×税率。

8.2.6 工程量清单计价的程序

根据《江苏省建设工程费用定额》（2014 版），工程量清单计价的程序分为"包工包料"和"包工不包料"2 种，其中包工包料计算程序见表 8-2，包工不包料计算程序见表8-3。值得注意的是，表中的企业管理费率、利润率、总价措施费率、规费费率以及税率都有着不同的决定因素和取费标准，计算时候需仔细区分。

工程量清单法计算程序（包工包料）　　　　　表 8-2

序号	费用名称		计算公式
一	分部分项工程费		清单工程量×综合单价
	其中	1. 人工费	人工消耗量×人工单价
		2. 材料费	材料消耗量×材料单价
		3. 施工机具使用费	机械消耗量×机械单价
		4. 管理费	(1+3)×费率或(1)×费率
		5. 利润	(1+3)×费率或(1)×费率

续表

序号	费用名称		计算公式
二	措施项目费		
	其中	单价措施项目费	清单工程量×综合单价
		总价措施项目费	（分部分项工程费＋单价措施项目费－工程设备费）×费率或以项计费
三	其他项目费		
四	规　费		
	其中	1. 社会保险费	（一＋二＋三－工程设备费）×费率
		2. 住房公积金	
五	税金		（一＋二＋三＋四－按规定不计税的工程设备金额）×费率
六	工程造价		一＋二＋三＋四＋五

工程量清单法计算程序（包工不包料）　　　　表 8-3

序号	费用名称		计算公式
一	分部分项工程费中人工费		清单人工消耗量×人工单价
二	措施项目费中人工费		
	其中	单价措施项目中人工费	清单人工消耗量×人工单价
三	其他项目费		
四	规费		
五	税金		（一＋二＋三＋四）×费率
六	工程造价		一＋二＋三＋四＋五

8.3　工程量清单计价方法

8.3.1　土石方工程计价方法

土石方工程是建筑工程施工中主要分部分项工程之一，包括土石方的挖掘、填筑、运输以及排水、降水等方面的内容。例如，平整场地（010101001001）需考虑施工方法是人工平整场地还是机械平整场地，再选取合适的定额进行组价；工料机通常是在定额套取后统一调整，不在每一条定额套取时调整。在人材机中更改三类工的价格时，最后汇总时所有的三类工都会变成调整后的价格（图 8-1）。

编码	类别	名称	项目特征	单位	工程量表达式	工程量	综合单价
A.1		土石方工程				1	
010101001001	项	平整场地	1. 土壤类别：详地勘报告 2. 弃土运距：自行考虑 3. 取土运距：自行考虑	m2	1227.11	1227.11	1.13
1-273	换	推土机(75kW)平整场地厚度<300mm 工程量少于4000m2时 机械×1.18		1000m2	1506.75	1.50675	923.12

图 8-1　平整场地的套取

土石方工程组价时除了需要注意土石方分类、土石方工程量计算规则等影响因素以外，还需要注意根据清单项的项目特征选择多条计价定额子目进行组价。例如，挖一般土方（010101002）需根据土方的堆弃方式进行组价，当施工现场土方堆弃方式为余土外运时，其施工工艺流程为：①挖土；②装车；③运输；④道路清理；⑤土方弃置。定额需要套取相应的子目（图 8-2）。

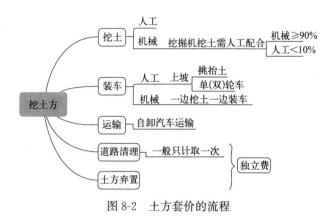

图 8-2　土方套价的流程

挖土通常为履带式反铲机配合人工进行施工。《江苏省建筑与装饰工程计价定额》（2014 版）指出："机械挖土方工程量，按机械实际完成工程量计算。机械确实挖不到的地方，用人工修边坡、整平的土方工程量按人工挖一般土方定额（最多不得超过挖方量的 10%），人工乘以系数 2。机械挖土、石方单位工程量小于 2000m³ 或在桩间挖土、石方，按相应定额乘以系数 1.10。"即在挖土这道工序施工中，如果合同没有约定具体比例，一般就按照定额规定标准执行，机械挖土工程量应占比 90% 以上，人工挖土工程量应占比 10% 以下。

装车分机械挖土的装车和人工挖土的装车 2 种情况。如施工现场无特殊情况，机械挖土采用边挖边装车，人工挖土的部分一般是采用单双轮车在坑内堆积土方，最后通过挖掘机把土装到自卸汽车内。

运输采用自卸汽车运输，施工单位投标时候会踏勘现场，报价时按照踏勘情况综合考虑运输距离，本教材案例按照 10km 考虑。由于江苏省定额规定自卸汽车运土，对道路的类别及自卸汽车吨位已分别进行综合计算，故后期不进行调整。

道路清理费是指在采用自卸汽车运土过程中，由于渣土散落在城市道路上影响市容，而给当地市政部门上缴的用于道路进行清理工作所产生的费用。道路清理费按"项"计取，由于它没有相应的定额，在广联达软件中，该费用计入税前独立费（SQDLF）。

土方弃置费是指在工程建设中，采用自卸汽车将多余的土方运至指定的地点倾倒或填埋所产生的费用。土方弃置费按"项"计取，由于它没有相应的定额，在广联达软件中，该费用也计入税前独立费（SQDLF）。

最后，采用 2023 年 9 月的人工费、材料费和机械施工费，即可计算出本教材案例挖沟槽土方（010101003）的综合单价为 110.16 元（图 8-3）。

8.3.2　混凝土工程计价方法

《房屋建筑与装饰工程工程量计算规范》GB 50854—2013 中混凝土及钢筋混凝土工程清单一章中共有 17 节 76 条清单项，其中基础、柱、梁、板、剪力墙、楼梯等一次结构采用商品混凝土泵送，而二次结构如过梁、圈梁、构造柱、抱框柱、压顶等构件则采用商品混凝土非泵送。因此，对于混凝土工程组价，首先应按照预拌混凝土施工方法正确选择相

010101003001	项	挖沟槽土方	m3		951.03	951.03	110.16	104765.46
1-216	换	挖掘机挖沟槽土(斗容量1m3以内)反铲装车 机械挖土、石方单位工程量小于2000m3或在轴间挖土、石方单价*1.1	1000m3	QDL*0.9	0.85593	5690.33	4270.57	
1-3	换	人工挖一般土方 三类土 用人工修边坡、整平的土方工程量 人工*2	m3	QDL*0.1	95.103	69	6562.11	
1-92	定	单(双)轮车运土 运距<50m	m3	QDL*0.1	95.103	26.22	2493.6	
1-271	换	自卸汽车运土运距在<30km 反铲挖掘机装车 机械[99071100] 含量*1.1	1000m3	QDL	0.95103	80246.62	76316.94	
SQDLF_001	补	道路清理	项	1	1	5000	5000	
SQDLF_002	补	土方弃置	m3	QDL	951.03	10	9510.3	

图 8-3 挖沟槽土方定额套取

应的定额（图 8-4）。需要注意的是，清单规范要求采用接触面积计算模板工程量，虽然软件会自动帮助列项，但是关联列项往往和需要的不一样，所以这里的对话框选择取消（图 8-5），如果工程采用含模量计算模板面积，此处需要在模板类别里面选择具体模板，然后点击确定。

图 8-4 混凝土柱套取定额

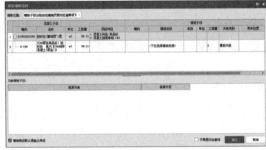

图 8-5 提取模板项目

根据项目特征描述调整人材机（图 8-6），最后完成矩形柱定额套取，采用 2023 年 9 月的人工费、材料费和机械施工费，即可计算出本教材案例矩形柱（010502001）的综合单价。

图 8-6 根据项目特征描述调整人材机

8.3.3 单价措施项目计价方法

《房屋建筑与装饰工程工程量计算规范》GB 50854—2013 中措施项目清单一章中共有 7 节 45 条清单项，分单价措施项目和总价措施项目 2 类，其中脚手架工程和模板工程是典型的单价措施项目。由于脚手架种类繁多，因此对于脚手架工程的组价，首先需选择合适的脚手架种类。《江苏省建筑与装饰工程计价定额》（2014 版）介绍了不同脚手架的适用范围。脚手架分为综合脚手架和单项脚手架两部分，单项脚手架适用于单独地下室、装配式和多（单）层工业厂房、仓库、独立的展览馆、体育馆、影剧院、礼堂、饭堂（包括附属厨房）、锅炉房、檐高未超过 3.60m 的单层建筑、超过 3.60m 高的屋顶构架、构筑物和单独装饰工程等。除此之外的单位工程均执行综合脚手架项目。因此，本教材案例的外脚手架选择的是综合脚手架。选取完整脚手架种类以后，再根据项目特征选择定额，最后完成组价。采用 2023 年 9 月的人工费、材料费和机械施工费，即可计算出本教材案例综合脚手架（11701001001）的综合单价为 71.86 元（图 8-7）。

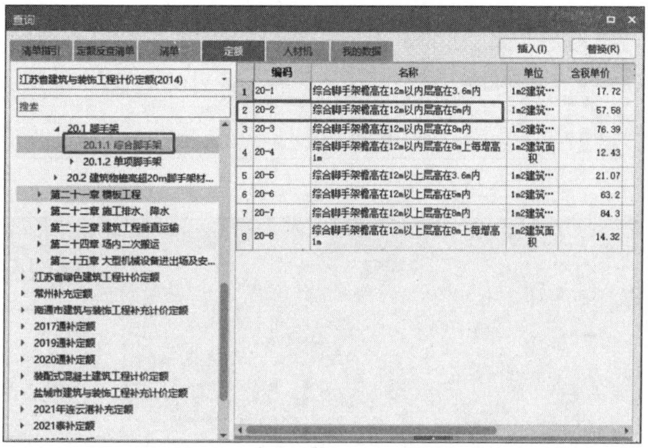

(a)

⊟ 011701001001		综合脚手架	m2	1. 建筑结构形式:现浇框架结构 2. 檐口高度: 11.4m 3. 层高5m以内
└── 20-2	定	综合脚手架檐高在12m以内层高在5m内	1m2建···	

(b)

图 8-7　综合脚手架
(a) 选择合适的定额；(b) 完成定额套取

　　《江苏省建筑与装饰工程计价定额》（2014 版）中的模板工程分为现浇构件模板、现场预制构件模板、加工厂预制构件模板和构筑物工程模板 4 个部分，使用时应分别套用。常见的模板工程量计算方法有接触面积法、含模量折算法和立方米法等。按设计图纸计算模板接触面积或使用混凝土含模量折算模板面积，两种方法仅能使用其中一种，相互不得混用。使用含模量者，竣工结算时模板面积不得调整。构筑物工程中的滑升模板按混凝土体积以立方米计算。

　　由于材料价格便宜，安拆方便，目前模板工程施工仍多以木模板为主。虽然钢模板强度高、刚度大、混凝土成型质量好，但在使用过程中容易变形，需要专用的机械设备，增加了施工难度和成本，适用性没有木模板高，结合本教材案例混凝土构件的形状尺寸等参数，拟采用木模板施工。

　　以本教材案例矩形柱为例，在确定好施工方法后，选择合适的定额，然后根据项目特征和实际情况调整标准换算，最后完成矩形柱模板定额套取（图 8-8）。采用 2023 年 9 月的人工费、材料费和机械施工费，即可计算出本教材案例矩形柱模板（11702002001）的综合单价为 80 元。

(a)

	编码	名称	单位	含税单价
1	21-26	现浇矩形柱 组合钢模板	10m2	576.51
2	21-27	现浇矩形柱 复合木模板	10m2	609.23
3	21-28	现浇十、L、T形柱 组合钢模板	10m2	799.68
4	21-29	现浇十、L、T形柱 复合木模板	10m2	932.62
5	21-30	现浇圆、多边形柱 木模板	10m2	977.66
6	21-31	现浇构造柱 组合钢模板	10m2	614.6
7	21-32	现浇构造柱 复合木模板	10m2	734.93

(b)

图 8-8　矩形柱模板组价

（a）选择矩形柱模板；（b）矩形柱模板换算

8.4　工程量清单计价示例

上一节介绍了土石方工程、混凝土工程、脚手架工程和模板工程的组价方法，对于一个完整的工程项目来说，本节给出案例的分部分项工程和单价措施项目组价的过程，并在备注中说明组价的依据，总价措施项目、其他项目、规费及税金项目清单与计价见二维码 8-1，工程概况见 7.2 节。

可以看出，尽管本案例框架结构建筑的体量较小，但其分部分项工程清单和单价措施费清单也已达到 116 条和 21 条。不仅土方工程计价时每条

8-2　分部分项工程项目组价表

清单都对应于多条组价定额，而且几乎每一条清单都需要进行定额换算，甚至有一些如混凝土楼地面涂刷一遍 901 胶素水泥浆（NT13-补 54）须在江苏南通补充定额中找到，刷聚氨脂防水涂料 2 涂 1.5mm（借 9-108）须在 2003 江苏省建筑与装饰工程定额中找到，柔性耐水腻子（借省补 13-28）须在 2003 江苏省建筑与装饰工程定额的补充定额中找到，地面防潮塑料薄膜（借淮 17-88-1）须在江苏淮安补充定额中找到，屋面泡沫混凝土找坡（盐补 10-1）须在江苏盐城补充定额中找到，这些都说明，工程量清单计价是一项相当复杂的过程。

事实上，计量和计价在工程造价行业中是密不可分的两个环节。计量提供了准确的数据基础，而计价则根据这些数据进行综合分析和决策，从而获得相对准确的工程价格。计量和计价的结合需要技术和经验的双重支持，既要有准确的测量和计算能力，又要有对市场和行业的深入了解和把握。可以说，计量是一项"技术性"的工作，而计价则是一项需要综合考虑多种因素的"艺术性"工作。

复习思考题

1. 根据给定的信息，土石方工程中的哪些内容需要考虑？
2. 在平整场地的施工中，有哪些施工方法可以选择？如何选取合适的定额进行组价？
3. 在挖土时，机械挖土和人工挖土的工程量应该占比多少？
4. 在装车时，机械挖土和人工挖土的装车方式有哪些？
5. 在土方运输时，如何考虑运输距离？是否需要调整自卸汽车吨位？
6. 什么是道路清理费？为什么需要支付道路清理费？
7. 在工程量的提取过程中，有哪些准备工作需要进行？
8. 提量的方式有哪两种？哪种方式更常用？
9. 在算量软件汇总计算及报表处理过程中，有哪些报表需要输出？
10. 在导出土建报表时，为什么需要将单元格中的数字格式转换为数字？

注：NT13-补 54 表示江苏南通补充定额的 13 章第 54 条；借 9-108 表示《2003 江苏省建筑与装饰工程定额》第 9 章第 108 条；借省补 13-28 表示《2003 江苏省建筑与装饰工程定额》补充定额的第 13 章第 28 条；借淮 17-88-1 表示江苏淮安补充定额第 17 章第 88 条第 1 款；盐补 10-1 表示江苏盐城补充定额第 10 章第 1 条。

第 9 章

工程造价管理

9.1　概述

工程造价管理是一项综合性的课题。它融合了管理学、经济学以及工程技术的众多知识与技能，涉及工程造价的预测、计划、控制、核算、分析以及评价等多个环节。本章首先探讨了工程造价管理的职能、组织以及作用，详细阐述了工程造价管理的 9 个方法，随后，进一步分析了工程项目实施过程中可能遇到的合同价款争议问题，探讨了其解决方式，对财务决算审计这一关键环节进行了深入剖析，最后总结了工程造价管理中关于从业人员管理的相关问题。

9.2　工程造价管理的职能

1. 预测职能

预测职能是指根据项目的需求和市场情况，对工程造价进行预测和估算。通过对项目的规模、技术要求、资源需求等因素进行分析和评估，可以预测出建设工程的造价水平，为项目的决策和资金筹措提供参考。

2. 计划职能

计划职能是指在项目实施过程中，制定合理的工程造价计划和预算。通过对项目的各项工作进行细化和分解，确定资源和材料的需求量，并制定相应的预算定额和计划，以确保项目的顺利进行和成本控制。

3. 控制职能

控制职能是指在项目实施过程中，对工程造价进行控制和监督。通过对项目的实际进展和成本情况进行跟踪和监测，及时发现和解决造价方面的问题，确保项目的成本控制在合理范围内。

4. 核算职能

核算职能是指对项目的工程造价进行核算和结算。通过对项目的实际成本进行核算和比对，确定项目的最终造价，并进行结算和决算工作，为项目的后续管理和决策提供依据。

5. 分析职能

分析职能是指对项目的工程造价进行分析和评估。通过对项目的成本结构、成本变动和成本效益等方面进行分析，找出造价管理中存在的问题和改进的空间，并提出相应的建议和措施。

6. 评价职能

评价职能是指对项目的工程造价进行评价和审查。通过对项目的成本效益、质量和安全等进行评价，判断项目的绩效和风险，并提出相应的改进和优化建议，为未来项目的决策和管理提供参考。

9.3　工程造价管理的组织

工程造价管理的组织是指为了实现工程造价管理目标而进行的有效组织活动，以及与造价管理组织功能相关的有机群体。它是工程造价动态的组织活动过程和相对静态的造价管理机构的统一，是我国目前工程造价管理体制下国家、地方、机构和企业之间管理权限及职能范围的划分。

9.3.1　政府行政管理系统

政府在工程造价管理中既是宏观管理的主体，也是政府投资项目微观管理的主体。从宏观管理的角度，政府有一个严密的组织系统对工程造价实施管理，设置了多层管理机构，规定了管理权限和职责范围。省、市、县（区）建设行政主管部门和行业主管部门的造价管理机构根据职责权限，在其管辖范围内行使管理职能。

建设行政主管部门的工程造价管理机构在工程造价管理工作方面承担的主要职责是：①负责制定工程造价管理的政策、法规和管理制度，建立科学、规范的工程造价管理体系和诚信体系；②计价依据的编制、管理和实施，调解工程造价争议；③组织发布工程造价指数、指标和相关价格等造价信息，为市场提供信息服务；④监督管理工程建设各主体和工程造价从业人员的计价活动和执业行为；⑤参与政府投资重点建设项目的造价控制；⑥指导行业协会实施自律管理。

9.3.2　企业管理体系

企业对工程造价的管理属于微观管理的范畴。这个系统包括建设单位、设计单位、工程承包企业和工程造价咨询服务企业。设计单位和工程造价咨询单位按照业主或委托方的意图，在可行性研究和规划设计阶段，合理确定和控制建设项目的工程造价，通过限额设计等手段实现设定的造价管理目标；在招标投标工作中编制工程量清单、招标控制价，参与编制招标文件；在项目实施阶段，通过对设计变更、工期、索赔和结算等的管理进行造价控制。工程承包企业的工程造价管理是企业管理中的重要组成部分，一般设有专门职能机构参与企业的投标决策，并通过对市场的调查研究，利用过去积累的经验，研究报价策略，提出投标报价。在施工过程中，进行工程造价的动态管理，注意各种调价因素的发生和工程价款的结算，以促进企业盈利目标的实现。当然，承包企业在加强工程造价管理的同时，还要加强企业内部的各项成本控制，才能切实保证企业有较高的利润水平。

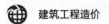

9.3.3　行业协会管理系统

工程造价行业协会是由从事工程造价管理的机构、工程造价咨询服务的企业及具有执业资格的造价工程师和资深的专家、学者自愿组成的具有社会法人资格的社会团体，是造价工程师和造价咨询服务企业的行业自律性组织。行业协会的工作范围包括：①研究工程造价管理体制的改革、行业发展、行业政策、市场准入制度及行为规范等理论与实践问题；②探索提高政府与业主项目投资效益的科学预测与控制工程造价的方法，促进现代化管理技术在工程造价咨询行业的应用，向行政管理部门提供建议；③研究提出与工程造价有关的技术规程、规章制度及合同范本、职业道德规范等行业标准，并推动实施；④建立工程造价信息服务系统，编辑、出版有关工程造价方面的刊物和参考资料，组织交流和推广先进工程造价经验，举办有关职业培训活动；⑤在国内外工程造价咨询活动中，维护会员的合法权益，协调解决会员和行业间的有关问题，并向政府机构和有关方面反映会员单位和工程造价咨询人员的建议和意见。

9.4　工程造价管理的作用

工程造价管理的作用包括工程造价的合理确定和有效控制两个方面。

9.4.1　工程造价的合理确定

工程造价的合理确定，就是在工程建设的各个阶段，采用科学的计算方法和切合实际的计价依据，合理确定投资估算、设计概算、施工图预算、承包合同价、结算价、竣工决算。工程造价的合理确定是控制工程造价的前提和先决条件，没有工程造价的合理确定，也就无法进行工程造价控制。

依据建设程序，工程造价的确定与工程建设阶段性工作的深度相适应。对于设计、施工分离的发包方式，一般分为以下 7 个阶段：

1. 项目建议书阶段

按照有关规定，应编制初步投资估算，经有关机构批准，作为拟建项目列入国家中长期计划和开展前期工作的控制造价。

2. 可行性研究阶段

按照有关规定编制的投资估算，经有关机构批准，即为该项目计划控制造价。

3. 初步设计阶段

按照有关规定编制的初步设计总概算，经有关机构批准，即为控制拟建项目工程造价的最高限额。对于初步设计阶段，实行建设项目招标承包制签订承包合同协议的，合同价也应在最高限价（总概算）相应的范围以内。

4. 施工图设计阶段

按照规定编制施工图预算，用以核实施工图阶段造价是否超过批准的初步设计概算，并可以作为招标投标活动中的招标控制价（最高投标限价）。

5. 承发包阶段

对于以施工图预算为基础招标投标的工程，承包合同也应以经济合同形式确定建筑安装工程造价。

6. 工程实施阶段

要按照承包方实际完成的工程量，以合同价为基础，同时考虑因物价上涨所引起的造价提高，考虑到设计中难以预计的而在实施阶段实际发生的工程和费用，以及其他工程变更，合理地确定结算价。

7. 竣工验收阶段

全面汇集在工程建设过程中实际花费的全部费用，编制竣工决算，如实体现该建设工程的实际造价。

9.4.2 工程造价的有效控制

工程造价的有效控制，是指在投资决策阶段、设计阶段、建设项目发包阶段和建设实施阶段，把工程造价的发生控制在批准的造价限额之内，随时纠正发生的偏差，以保证项目管理目标的实现，取得较好的投资效益和社会效益。

合理设置工程造价控制目标。应随工程项目建设实践的不断深入而分阶段设置。具体来讲，投资估算应是方案选择和建设初步设计的工程造价控制目标；设计概算应是技术设计和施工图设计的工程造价控制目标；施工图预算、建安工程承包合同价应是施工阶段控制建安工程造价的目标。各个阶段性目标有机联系、互相制约、互相补充，前者控制后者，后者补充前者，共同构成工程造价控制的目标系统。

以设计阶段为重点进行全过程工程造价控制。根据有关统计资料，在初步设计阶段，影响项目造价的可能性为 $75\% \sim 95\%$；在技术设计阶段，影响项目造价的可能性为 $35\% \sim 75\%$；在施工图设计阶段，影响项目造价的可能性为 $5\% \sim 35\%$。很显然，造价控制的关键在于施工以前的投资决策和设计阶段，而项目作出投资决策后，控制造价的关键就在于设计。因此，要有效地控制造价，就应坚定地把工作重点转到建设前期上来，尤其是要抓住设计这个关键阶段，以取得事半功倍的效果。

采取主动控制措施。长期以来，人们一直把控制理解为目标值和实际值的比较，以及实际值偏离目标值时，分析产生偏差的原因，并确定下一步对策，在工程项目建设全过程进行这样的造价控制当然是有意义的。但问题在于，这种立足于"调查—分析—决策"基础的"偏离—纠偏—再偏离—再纠偏"的控制方法，只能发现偏离，不能使已产生的偏离消失，不能预防可能发生的偏离，因而只能说是被动控制。自 20 世纪 70 年代开始，人们将系统和控制论的研究成果用于项目管理，将"控制"立足于事先主动地采取措施，以尽可能地减少甚至避免目标值与实际值发生偏离，这是主动的、积极的控制方法，因此被称为主动控制。也就是说，我们的造价控制，不仅要反映投资决策、设计、发包和施工被动的控制造价，更要能主动控制项目造价。

技术与经济相结合是控制工程造价最有效的手段。要有效地控制工程造价，应从组织、技术、经济、合同与信息管理等多方面采取措施，把技术与经济有机结合起来，通过技术比较、经济分析和效果评价，正确认识技术先进与经济合理两者之间的对立统一关系，力求建设项目在采用先进的技术条件下，建设项目的经济也合理；在建设项目经济合理基础上力争技术先进，把控制项目造价观念渗透到设计和施工各个阶段和各项技术措施之中。

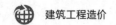

9.5 工程造价管理的方法

9.5.1 投资估算质量管理

投资估算编制单位应建立相应的质量管理体系。对编制投资估算基础资料的收集、归纳和整理，投资估算的编制、审核和修改，成果文件的提交、报审和归档等，都要有具体的规定。

建设项目投资估算编制者应对投资估算编制委托单位提供的书面资料（委托单位提供的书面资料应加盖公章或签名有效合法的签名）进行有效性和合理性核对，以保证自身收集的或已有的造价基础资料和编制依据（部门或行业规定、估算指标、价格信息等）全面、有效。

建设项目投资估算编制者应对建设项目设计内容、设计工艺流程、设计标准等充分了解。对设计中的工程内容尽可能地量化，以避免投资估算出现内容方面的重复或漏项和费用方面的高估或低估。

投资估算编制应以已评审过的大纲为基础，其成果文件应经过相关责任人的审核与审定。

工程造价文件的编制、审核、审定人员应在投资估算的文件上签署资格印章。

9.5.2 设计概算质量管理

设计概算文件编制的有关单位应当一起制定编制原则、方法，以及确定合理的概算投资水平，对设计概算的编制质量、投资水平负责。

项目设计负责人和概算负责人对全部设计概算的质量负责；概算文件编制人员应参与设计方案的讨论；设计人员要树立以经济效益为中心的观念，严格按照批准的工程内容及投资额度设计，提出满足概算文件编制深度的技术资料；概算文件编制人员对投资的合理性负责。

概算文件需经编制单位自审，建设单位（项目业主）复审，工程造价主管部门审批。

概算文件的编制与审查人员必须具有国家注册造价工程师资格，或者具有省市（行业）颁发的造价员资格证，并根据工程项目大小按持证专业承担相应的编审工作。

各造价协会（或者行业）、造价主管部门可根据所主管的工程特点制定概算编制质量的管理办法，并采取相应的措施对编制人员进行考核。

9.5.3 施工图预算质量管理

施工图预算编制单位应建立相应的质量管理体系，对编制建设项目施工图预算基础资料的收集、归纳和整理，成果文件的编制、审核和修改、提交、报审和归档等，都要有具体的规定。

预算编制人员应配合设计人员树立以经济效益为核心的观念，严格按照批准的初步设计文件的要求和工程内容开展施工图设计，同时要做好价值分析和方案比选。

建设项目施工图预算编制者应对施工图预算编制委托者提供的书面资料（委托者提供

的书面资料应加盖公章或签有有效合法的签名）进行有效性和合理性核对，保证自身收集的或已有的造价基础资料和编制依据全面有效。

建设项目施工图预算的成果文件应经相关负责人审核、审定。工程造价文件的编制、审核、审定人员应在工程造价成果文件上签署注册造价工程师执业资格专用章或造价员从业资格专用章。

施工图预算审查的主要内容包括：①审查施工图预算的编制是否符合现行国家、行业、地方政府有关法律、法规和规定要求；②审查工程量计算的准确性、工程量计算规则与计价规范规则或定额规则的一致性；③审查在施工图预算的编制过程中各种计价依据使用是否恰当，各项费率计取是否正确，审查依据主要有施工图设计资料、有关定额、施工组织设计、有关造价文件规定和技术规范、规程等；④审查各种要素市场价格选用是否合理；⑤审查施工图预算是否超过概算以及进行偏差分析。

施工图预算的审查可采用全面审查法、标准预算审查法、分组计算审查法、对比审查法、筛选审查法、重点审查法、分解对比审查法等。

9.5.4　工程计量质量管理

工程计量是指发承包双方根据合同约定对承包人完成合同工程的数量进行计算和确认，正确的计量是支付的前提，只有正确和完整地计算已完成合格工程的工程量，才能顺利实施工程竣工结算及价款支付。

1. 工程计量一般规定

工程量必须按照相关工程现行国家计算规范规定的工程量计算规则计算。采用全国统一的工程量计算规则，对于规范工程建设各方的计量行为、有效地减少计量争议，具有十分重要的意义。鉴于当前工程计量的国家标准还不完善，如还没有国家计量标准的专业工程，可选用行业标准或地方标准。

工程计量可以选择按月或按工程形象进度分段计量，具体计量周期应在合同中约定。

对因承包人原因造成的超出合同工程范围施工或返工的工程量，发包人应不予计量。

2. 工程计量方法

严格确定计量内容。工程师在计量时必须根据具体的设计图纸、材料和设计明细表进行，并按照施工合同中所规定的计量方法进行。对施工企业超出设计图纸范围和自身原因造成返工的工程量，工程师不予计量。

加强隐蔽工程的计量。为了切实做好工程计量工作，避免扯皮，工程师必须对隐蔽工程预先做测量，测量结果必须经双方认可，并以签字为凭。

所有工程分项的计量都要遵循一定的测量和计算方法。这是关系到计量准确性的一个重要因素，应在合同条款和工程量清单中说明计量方法。实际计量方法应与施工合同中规定的计量方法一致。正常情况下，预算工程量计算使用的计算方法，在工程任何部分完成后，也应用同样的计量方法进行工程计量。

工程计量的内容应是工程实物数量。

进行工程计量时，若发现工程量清单中出现漏项、工程量计算偏差，以及工程变更引起工程量的增减，应按承包人在履行合同义务过程中实际完成的工程量计算。

当发现施工合同规定的计量方法存在不利于控制造价或出现前后矛盾等，应尽早采取

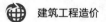

措施补救，可以通过谈判修改施工合同规定或变更合同等方式改变计量方式。

9.5.5 工程预付款管理

1. 工程预付款的概念

施工企业承包工程，一般都实行包工包料，需要有一定数量的备料周转金。我国目前是由建设单位在开工前拨给施工企业一定数额的预付款（预付备料款），构成施工企业为该承包工程项目储备和准备主要材料、结构件所需的流动资金。工程预付款是在工程开工前，发包人按照合同约定预先支付给承包人用于施工所需材料的采购以及组织人员进场等的款项。

2. 工程预付款的比例（额度）和时间

发包人应按照合同约定支付工程预付款，一般遵循下列规定：

（1）包工包料工程，预付款的支付比例不得低于签约合同价（扣除暂列金）的10%，不宜高于签约合同价（扣除暂列金）的30%。

（2）承包人提交预付款支付申请的前提是应在签订合同或向发包人提供与预付款等额的预付款保函后，向发包人提交预付款支付申请。

（3）发包人应在收到支付申请的7天内进行核实，向承包人发出预付款支付证书，并在签发支付证书后的7天内向承包人支付预付款。

（4）发包人没有按合同约定按时支付预付款的，承包人可催告发包人支付，发包人在预付款期满后的7天内仍未支付的，承包人可在付款期满后的第8天起暂停施工，发包人应承担由此增加的费用和延误的工期，并向承包人支付合理的利润。

（5）安全文明施工措施费的支付：

1）发包人应在工程开工后的28天内预付不低于当年施工进度计划的安全文明施工费总额的60%，其余部分应按照提前安排的原则进行分解，并应与进度款同期支付。

2）发包人没有按时支付安全文明施工费的，承包人可催告发包人支付，发包人在付款期满后7天内仍未支付的，若发生安全事故，发包人应承担相应责任。

3）承包人对安全文明施工费应专款专用，在财务账目中应单独列项备查，不得挪作他用，否则发包人有权要求其限期改正，逾期未改正的，造成的损失和延误的工期应由承包人承担。

（6）工程预付款可按下列公式计算：

$$工程预付款 = 年度建筑安装工程量或合同价款 \times 工程预付款支付比例 \qquad (9-1)$$

在实际工作中，工程预付款的数额要根据工作类型、合同工期、承包方式和供应方式等不同条件而定，一般建筑工程不应超过当年建筑工作量（包括水、电、暖）或合同价款的30%，安装工程不应超过安装工程量的10%，材料占比多的按15%左右拨付。

3. 工程预付款的扣回

预付工程款应从每一个支付期应支付给承包人的工程进度款中扣回，直到扣回的金额达到合同约定的预付款金额为止，工程预付款属预付性质，通常发承包双方在合同中约定，当承包人完成签约合同价款比例在20%～30%时或达到约定的形象进度时，发包人以抵充工程进度款方式陆续扣还。

工程预付款的扣还方法有以下几种：

（1）按公式计算起扣点和抵扣额

这种方法原则上是当未完工程和未施工工程所需材料的价值相当于备料款数额时起扣，于每次结算工程价款时，按材料占比扣抵工程款，竣工前全部扣清，扣点计算公式推导如下：

$$未完成工程需主要材料总值＝未完工程价值×主要材料比例＝预付备料款 \quad (9\text{-}2)$$

$$未完成工程价值＝预付备料款/主要材料比例 \quad (9\text{-}3)$$

$$起扣时已完工程价值＝施工合同总值－未完工程价值$$

$$＝施工合同总值－预付备料款/主要材料比例 \quad (9\text{-}4)$$

应扣还的预付备料款按下列公式计算：

$$第一次扣抵额＝（累计已完工程价值－起扣时已完工程价值）×主要材料比例 \quad (9\text{-}5)$$

$$以后每次抵扣额＝每次完成工程价值×主要材料比例 \quad (9\text{-}6)$$

（2）协商确定扣还备料款

按公式计算确定起扣点和抵扣额，理论上较为合理，但手续较多，实践中参照上述公式计算出起扣点，在施工合同中采用协商的起扣点和采用固定的比例扣还备料款办法，承发包双方共同遵守。例如，规定工程进度款达到 60% 时开始抵扣备料款，扣回的比例按每完成 10% 进度扣预付备料款总额的 25%。

（3）工程最后一次抵扣备料款

该方法适合于造价不高、工程简单、施工期短的工程。备料款在施工前一次拨付，施工过程中不做抵扣，当备料款加已付工程款达到合同价款的 90% 时，停付工程款。

9.5.6 工程进度款（期中支付）

发承包双方应按照合同约定的时间、程序和方法，根据工程计量结果办理期中价款结算，支付进度款。进度款支付周期应与合同约定的工程计量周期一致。

1. 计算方法

已标价工程量清单中的单价项目，承包人应按工程计量确认的工程量与综合单价计算，综合单价发生调整的，以发承包双方确认调整的综合单价计算进度款。

已标价工程量清单中的总价项目，承包人应按合同中约定的进度款支付分解，分别列入进度款支付申请中的安全文明施工费和本周期应支付的总价项目的金额中。

发包人提供的甲供材料金额，应按照发包人签约提供的单价和数量从进度款支付中扣除，列入本周期应扣减的金额中。

承包人现场签证和得到发包人确认的索赔金额应列入本周期应增加的金额中。

进度款的支付比例按照合同约定，按期中结算价款总额计，不低于 60% 且不高于 90%。

2. 支付程序

承包人在每个计量周期到期后的 7 天内向发包人提交已完工程进度款支付申请一式四份，详细说明此周期认为有权得到的款额，包括分包人已完工程的价款，支付申请应包括下列内容：①累计已完成的合同价款；②累计已实际支付的合同价款；③本周期合计完成的合同价款：本周期已完成单价项目的金额，本周期应支付的总价项目的金额，本周期已完成的计日工价款，本周期应支付的安全文明施工费，本周期应增加的金额；④本周期合计应扣减的金额：本周期应扣回的预付款，本周期应扣减的金额；⑤本周期实际应支付的合同价款。

发包人应在收到承包人进度款支付申请后的 14 天内，根据计量结果和合同约定对申请内容予以核实，确认后向承包人出具进度款支付证书。若发承包双方对部分清单项目的计量结果有争议，发包人应对无争议部分的工程计量结果向承包人出具进度款支付证书。

发包人应在签发进度款支付证书后的 14 天内，按照支付证书列明的金额向承包人支付进度款。

若发包人逾期未签发进度款支付证书，则视为承包人提交的进度款支付申请已被发包人认可，承包人可向发包人发出催告付款的通知，发包人应在收到通知后的 14 天内，按照承包人支付申请的金额向承包人支付进度款。

9.5.7 工程合同价款的调整

合同价款的调整是工程结算的基础，在工程施工阶段，由于项目实际情况的变化，发承包双方在施工合同中约定的合同价款可能会由于多种原因产生变动，发承包双方可按合同约定调整合同价款的若干事项。

合同价款调整的事项大致包括五大类：①法律法规变化类，包括法律、法规、规章、政策等的变化；②工程变更类，包括工程变更、项目特征不符、工程量清单缺项、工程量偏差、计日工等情况；③物价变化类，包括物价变化及暂估价；④工程索赔类，包括不可抗力、提前竣工（赶工补偿）、误工赔偿、索赔；⑤其他类，包括现场签证以及发承包双方约定的其他调整事项。

1. 法律法规变化类

招标工程以投标截止日期前 28 天、非招标工程以合同签订前 28 天为基准日，对于其后发生的，作为一个有经验的承包人在招标投标阶段不可能合理预见的风险，应当由发包人承担。因此，根据工程量清单计价规范的规定，基准日之后的因国家的法律、法规、规章和政策发生变化引起工程造价增减变化的，发承包双方应按照省级或行政建设主管部门或其授权的工程造价管理机构据此发布的规定调整合同价款，如规费、税金、不可竞争性费用的规定等。

因承包人原因导致工期延误的，在合同工程原定竣工时间之后即工程延误期间，国家法律、行政法规和相关政策发生变化引起工程造价变化的，合同价款调增的不予调整，合同价款调减的予以调整。

2. 工程变更

已标价工程量清单中有适用于变更工程项目的，应采用该项目的单价；但当工程变更导致该清单项目的工程数量发生变化，且工程量偏差超过 15% 时，若工程量增加 15% 以上，增加部分的工程量的综合单价应予以调低，若工程量减少 15% 以上，减少后剩余部分的工程量的综合单价应予以调高。

已标价工程量清单中没有适用但有类似于变更工程量项目的，可在合理范围内参照类似项目的单价。

已标价工程量清单中没有适用也没有类似于变更工程项目的，应由承包人根据变更工程资料、计量规则和计价办法、工程造价管理机构发布的信息价格和承包人报价浮动率提出变更工程项目的单价，并应报发包人确认后调整。承包人报价浮动率可按下列公式计算：

招标工程：

$$承包人报价浮动率＝(1－中标价/招标控制价)×100\% \qquad (9\text{-}7)$$

非招标工程：

$$承包人报价浮动率＝(1－报价值/施工图预算)×100\% \qquad (9\text{-}8)$$

已标价工程量清单中没有适用也没有类似于变更工程项目，且工程造价管理机构发布的信息价格缺价的，应由承包人根据变更工程资料、计量规则、计价办法和通过市场调查等取得有合法依据的市场价格提出变更工程项目的单价，并应报发包人确认后调整。

工程变更引起施工方案改变并使措施项目发生变化时，承包人提出调整措施项目费的，应事先将拟实施的方案提交发包人确认，并应详细说明与原方案措施项目相比的变化情况。拟实施的方案经发承包双方确认后执行，并应按照下列规定调整措施项目费：①安全文明施工费，应根据实际发生变化的措施项目，按国家或省级、行业建设主管部门的规定计算，不得作为竞争性费用。②采用单价计算的措施项目费，应根据实际发生变化的措施项目，按已标价工程量清单价款调整的规定确定单价。③按总价（或系数）计算的措施项目费，总价措施项目中以费率报价的，费率不变；总价项目中以费用报价的，按投标时口径折算成费率调整；原措施费中没有的措施项目，由承包人提出适当的措施费变更要求，经发包人确认后调整。④当发包人提出的工程变更因非承包人原因删减了合同中的某项原定工作或工程，致使承包人发生的费用或（和）得到的收益不能被包括在其他已支付或应支付的项目中，也未被包含在任何替代的工作或工程中时，承包人有权提出并应得到合理的费用及利润补偿。

3. 项目特征不符

发包人在招标工程量清单中对项目特征的描述应被认为是准确的和全面的，并且与实际施工要求相符合。承包人在投标报价时应根据发包人提供的招标工程量清单中的项目特征描述确定其清单项目的综合单价。承包人应按照发包人提供的招标工程量清单，根据项目特征描述的内容及有关要求实施合同工程，直到项目被改变为止。

承包人应按照发包人提供的设计图纸实施合同工程，若在合同履行期间出现设计图纸（含设计变更）与招标工程量清单任一项目的特征描述不符，且该变化引起该项目工程造价增减变化的，应按照实际施工的项目特征，按有关规定重新确定相应工程量清单项目的综合单价，并调整合同价款。

4. 工程量清单缺项

合同履行期间，由于招标工程量清单缺项，导致新增分部分项工程项目清单的，应按照工程变更调整原则确定单价，并调整合同价款。

新增分部分项工程项目清单后，引起措施项目发生变化的，应按照工程变更调整规定，在承包人提交的实施方案被发包人批准后调整合同价款。

5. 工程量偏差

合同履行期间，当应予以计算的实际工程量与招标工程量清单出现偏差，且符合相关规定时，发承包双方应调整合同价款。

对于任意一招标工程量清单项目，当工程量偏差或工程变更等原因导致工程量偏差超过 15%时，可进行调整。当工程量增加 15%以上时，增加部分的工程量的综合单价应予以调低；当工程量减少 15%以上时，减少后剩余部分的工程量的综合单价应予以调高。

当工程量偏差或工程变更等原因导致工程量清单偏差变化超过 15%且该变化引起相关措施项目相应发生变化时，按系数或单一总价方式计价的，工程量增加的措施项目费调增，工程量减少的措施项目费调减，具体调整方法应在合同中明确约定。

6. 计日工类

采用计日工计价的任何一项变更工作，在该项变更的实施过程中，承包人应按合同约定提交下列报表和有关凭证送发包人复核：工程名称、内容和数量；投入该工作所有人员的姓名、工种、级别和耗用工时；投入该工作的材料名称、类别和数量；投入该工作的施工设备型号、台数和耗用台班；发包人要求提交的其他资料和凭证。

任一计日工项目实施结束后，承包人应按照确认的计日工现场签证报告核实该项目的工程数量，并应根据核实的工程数量和承包人已标价工程量清单中的计日工单价计算提出应付价款；已标价工程量清单中没有该类计日工单价的，由发承包双方按照规范商定计日工单价计算方法。

每个支付期末，承包人应按照规定向发包人提交本期间所有计日工记录的签证汇总表，并应说明本期间自己认为有权得到的计日工金额，调整合同价款，列入进度款支付。

7. 物价变化

合同履行期间，因人工、材料、工程设备、机械台班价格波动影响合同价款的，应根据合同约定调整合同价款。承包人采用材料和工程设备的，应在合同中约定主要材料、工程设备价格变化的范围或幅度；当没有约定且材料、工程设备单价变化超过 5%时，超过部分的价格调整材料、工程设备费。

合同工期延误时合同价款的调整原则如下：①因非承包人原因导致工程工期延误的，计划进度日期后续工程的价格应采用计划进度日期与实际进度日期两者的较高者；②因承包人原因导致工期延误的，计划进度日期后续工程的价格应采用计划进度日期与实际进度日期两者的较低者。

8. 暂估价

（1）暂估材料及设备单价的调整

发包人在招标工程量清单中给定暂估价的材料、工程设备属于依法必须招标的，应由发承包双方以招标的方式选择供应商、确定价格，并以此为依据取代暂估价，调整合同价款。

发包人在招标工程量清单中给定暂估价的材料、工程设备不属于依法必须招标的，应由承包人按照合同约定采购，经发包人确认单价后取代暂估价，调整合同价款。

暂估价材料或工程设备的单价确定后，在综合单价中只应取代原暂估单价，不应再在综合单价中涉及企业管理费或利润等其他费用的变动。

（2）专业工程暂估价的调整

发包人在工程量清单中给定暂估价的专业工程不属于依法必须招标的，应按照工程变更类似价款调整相应条款的规定确定专业工程价款，并以此为依据取代专业工程暂估价，调整合同价款。

发包人在招标工程量清单中给定暂估价的专业工程依法必须招标的，应当由发承包双方依法组织招标选择专业分包人，接受有管辖权的建设工程招标投标管理机构的监督，还应符合下列要求：①除合同另有约定外，承包人不参加投标的专业工程发包招标，应由承包人作为招标人，但拟定的招标文件、评标工作、评标结果应报送发包人批准。与组织招标工作有关的费用应当被认为已经包括在承包人的签约合同价（投标总报价）中；②承包人参加投标的专业工程发包招标，应由发包人作为招标人，与招标组织工作有关的费用由发包人承担，同等条件下，应优先选择承包人中标；③应以专业工程发包中标价为依据取代专业工程暂估价，调整合同价款。

9. 不可抗力

因不可抗力事件导致的人员伤亡、财产损失及费用增加，发承包双方应按下列原则分别承担并调整合同价款和工期：①合同工程本身的损害、因工程损害导致第三方人员伤亡和财产损失、运至施工场地用于施工的材料和待安装设备的损害，应由发包人承担；②发包人、承包人人员伤亡，应由其所在单位负责，并承担相应费用；③承包人的施工机械设备损坏及停工损失，应由承包人承担；④停工期间，承包人应发包人要求留在施工场地的必要的管理人员及保卫人员的费用，应由发包人承担；⑤工程所需的清理、修复费用，应由发包人承担。

10. 提前竣工（赶工）

招标人应依据相关工程的工期定额合理计算工期，压缩的工期天数不得超过定额工期的 30%，超过者应在招标文件中明示增加赶工费用。

发包人要求合同工程提前竣工的，应征得承包人同意后与承包人商定采取加快工程进度的措施，并修订合同工程进度计划。发包人应承担承包人由此增加的提前竣工（赶工补偿）费。

发承包双方应在合同中约定提前竣工每日历天应补偿额度，此费用应作为增加的合同价款列入竣工结算文件中，与结算款一并支付。

11. 工期延误

合同工程发生误期，承包人应赔偿发包人由此造成的损失，并按照合同约定向发包人支付误期赔偿费，即使承包人支付误期赔偿费，也不能免除承包人按合同约定应承担的任何责任和应履行的任何义务。

发承包双方应在合同中约定误期赔偿费，应明确每日历天应赔额度。误期赔偿费应列入竣工结算文件中，并在结算款中扣除。

在工程竣工之前，合同工程内的某单项（位）工程已通过了竣工验收，且该单项（位）工程接收证书明确的竣工日期并未延误，而是合同工程的其他部分产生了工期延误的，误期赔偿费应按照已颁发工程接收证书的单项（位）工程造价占合同价款的比例幅度予以扣减。

12. 索赔

（1）承包人提出索赔的程序

索赔是合同双方依据合同约定维护自身合法权益的行为，其性质属于经济补偿行为，而非惩罚。根据合同约定，承包人认为非承包人原因发生的事件造成了承包人的损失，应按下列程序向发包人提出索赔：①承包人应在知道或应当知道索赔事件发生后 28 天内，向发包人提交索赔意向通知书，说明发生索赔事件的事由，承包人逾期未发出索赔意向通知书的，丧失索赔的权利；②承包人应在发出索赔意向通知书后 28 天内，向发包人正式提交索赔通知书，索赔通知书应详细说明索赔理由和要求，并附必要的记录和证明材料；③索赔事件具有连续影响的，承包人应继续提交延续索赔通知，说明连续影响的实际情况和记录；④在索赔事件影响结束后的 28 天内，承包人应向发包人提交最终索赔通知书，说明最终索赔要求，并附必要的记录和证明材料。

（2）承包人索赔处理程序

承包人索赔处理程序如下：①发包人收到承包人的索赔通知书后，应及时查验承包人的记录和证明材料；②发包人应在收到索赔通知书或有关索赔的进一步证明材料后的 28 天内，将索赔处理结果答复承包人，如果发包人逾期未作出答复，视为承包人索赔要求已被发包人认可；③承包人接受索赔处理结果的，索赔款项应作为增加合同价款，在当期进度款中进行支付，承包人不接受索赔处理结果的，应按合同约定的争议解决方式办理。

（3）承包人可以选择索赔的方式

承包人可以选择索赔的方式包括：①延长工期；②要求发包人支付实际发生的额外费用；③要求发包人支付合理的预期利润；④要求发包人按合同的约定支付违约金。

（4）发包人可以选择索赔的方式

发包人可以选择索赔的方式包括：①延长质量缺陷修复期限；②要求承包人支付实际发生的额外费用；③要求承包人按合同的约定支付违约金。

（5）索赔费用的计算方法

1）实际费用法

实际费用法是指根据索赔事件所造成的损失或成本增加，按费用项目逐项进行分析、计算索赔金额。

2）总费用法

总费用法是指当发生多次索赔事件后，重新计算工程的实际总费用，再从该实际总费用中减去投资报价时的估算总费用，即为索赔金额。

3）修正总费用法

修正总费用法是指在总费用计算的原则上去掉一些不合理的因素，使其更为合理。

13. 现场签证

现场签证可根据签证内容分为不同类别，有的为工程变更类，有的可归于索赔类，有的不涉及价款调整。

9.5.8 竣工结算审查

1. 审查内容

（1）审查工程施工合同

工程施工合同是明确建设单位和施工企业双方责任、权利与义务的法律文件之一。审核竣工结算时，首先必须了解合同中有关工程造价确定的具体内容和要求，以此确定竣工结算审核的重点。

对未经过招标投标程序的一般包工包料的合同工程，竣工结算审核重点应落实在竣工结算全部内容上，从工程量审核入手，对设计变更、材料价格等有关项目审核。审核过程同施工图预算审核。

对招标承包的合同工程，竣工结算审核不能实施全过程审核。其中通过招标投标确定下来的合同价款部分，只审核其中是否有违反《中华人民共和国民法典》和实际施工不合理的费用项目，不再进行从工程量到定额套用的具体项目审核，以维护合同和招标投标过程的严肃性。

（2）审查设计变更

审核设计变更手续是否合理、合规；

审核设计变更的工程实体与设计变更通知要求是否吻合；

审核设计变更数量的准确性。

（3）审查施工进度

在上述审核过程结束后，汇总审核后竣工结算造价，达成由建设单位、施工企业和审核单位三方认可的审定数额，并以此为标准编写审核报告。审定后的竣工结算数额是建设单位支付工程款的最终标准。

2. 审查期限

发包人应在收到承包人提交的工程竣工结算文件 28 天内核对。发包人经核实，认为承包人还应进一步补充资料和修改结算文件，应在上述期限内向承包人提出核实意见；承包人在收到核实意见后的 28 天内应按照发包人提出的合理要求补充资料，修改竣工结算文件，并再次提交给发包人复核批准。

发包人应在收到承包人再次提交的竣工结算文件后的 28 天内予以复核，将复核结果通知承包人，并遵守下列规定：①发包人、承包人对复核结果无异议的，应在 7 天内在竣工结算文件上签字确认，竣工结算办理完毕；②发包人或承包人对复核结果有异议的，无异议部分按照计价规范规定办理不完全竣工结算，有异议部分由发承包双方协商解决，协商不成的，应按照合同约定的争议解决方法处理；③发包人在收到承包人竣工结算文件的 28 天内，不核对工程竣工结算或提出核对意见的，应视为承包人提交的竣工结算文件已被发包人认可，竣工结算办理完毕；④承包人在收到发包人提出的核实意见后的 28 天内，不确认也未提出异议的，应视为发包人提出的核实意见已被承包人认可，竣工结算办理完毕；⑤发包人委托工程造价咨询人核对竣工结算的，工程造价咨询人应在 28 天内核对完毕，核对结论与承包人竣工结算文件不一致的，应提交给承包人复核。承包人应在 14 天内将同意核对结论或不同意见的说明提交工程造价咨询人。工程造价咨询人收到承包人提出的异议后再次复核，复核无异议的，应在 7 天内在竣工结算文件上签字确认，竣工结算办理完毕。复核后仍有异议的，无异议部分按照计价规定办理不完全竣工结算，有异议部分由发承包双方协商解决，协商不成的，应按照合同约定的争议解决方法处理。承包人逾期未提出书面异议的，应视为工程造价咨询人核对的工程结算文件已经承包人认可。

3. 审查的其他规定

对发包人或承发包人委托的工程造价咨询人指派的专业人员与承包人指派的专业人员，经核对无异议后签字确认竣工结算文件。除非发承包人能够提出具体、详细的不同意见，否则，发承包人应在竣工结算文件上签字确认，如其中一方拒不签认，按下列规定办理：①若发包人拒不签认，承包人可不提供竣工验收备案资料，并有权拒绝与发包人或其上级部门委托的工程造价咨询人重新核对竣工结算文件；②若承包人拒不签认，发包人要求办理竣工验收备案的，承包人不得拒绝提供竣工验收资料，否则，由此造成的损失，承包人承担相应责任；③合同工程竣工结算核对完成，发承包双方签字确认后，发包人不得要求承包人与另一个或多个工程造价咨询人重复核对竣工结算；④发包人对工程质量有异议，拒绝办理工程竣工结算的，已竣工验收或已竣工未验收但实际投入使用的工程，其质量争议应按该工程保修合同执行，竣工结算应按合同约定办理，已竣工未验收且未实际投入使用的工程以及停工、停建工程的质量争议，双方应就有关争议的部分委托有资质的鉴定机构进行检测，并应根据检测结果确定解决方案，或按工程质量监督机构的处理决定执行后办理竣工结算，无争议部分的竣工结算应按合同约定办理。

9.5.9 工程价款的支付

施工企业在建筑安装工程施工中消耗的生产资料及支付给工人的报酬，必须通过备料款和工程款的形式分期向建设单位结算以得到补偿。这是因为建筑安装工程生产周期长，如果待工程全部竣工后再结算，必然使施工企业资金链发生问题。同时，施工企业长期以来没有足够的流动资金，施工过程所需周转资金要通过向建设单位收取预付款和结算工程款来补充和补偿。

1. 支付方式

（1）按月支付

按月支付是指实行每月支付一次工程款、竣工后清算的办法。跨年度竣工的工程，在年终进行工程盘点，办理年度支付。

（2）竣工后一次支付

建设项目或单项工程全部建筑安装工程工期在 12 个月以内，或者工程承包合同价在 100 万元以下的，可采用竣工后一次支付的方式。

（3）分段支付

分段支付是指按照工程形象进度，划分不同阶段进行支付。

（4）其他支付方式

双方可以约定采用并经开户银行同意的其他支付方式。

2. 竣工结算价款的支付

（1）承包人提交竣工结算款支付申请

承包人应根据办理的竣工结算文件向发包人提交竣工结算款支付申请。申请应包括下列内容：①竣工结算合同价款总额；②累计已实际支付的合同价款；③应预留的质量保证金；④实际应支付的竣工结算款金额。

（2）发包人审核竣工结算和支付结算款

发包人应按以下流程审核竣工结算和支付结算款：①发包人应在收到承包人提交竣工结算款支付申请后 7 天内予以核实，向承包人签发竣工结算支付证书；②发包人签发竣工结算支付证书后的 14 天内，应按照竣工结算支付证书列明的金额向承包人支付结算款；③发包人在收到承包人提交的竣工结算款支付申请后 7 天内不予核实，不向承包人签发竣工结算支付证书的，应视为承包人的竣工结算款支付申请已被发包人认可。发包人应在收到承包人提交的竣工结算款支付申请 7 天后的 14 天内，按照承包人提交的竣工结算款支付申请列明的金额向承包人支付结算款；④发包人未按照规定支付竣工结算款的，承包人可催告发包人支付，并有权获得延迟支付的利息。发包人在竣工结算支付证书签发后或者在收到承包人提交的竣工结算款支付申请 7 天后的 56 天内仍未支付的，除法律另有规定外，承包人可与发包人协商将该工程折价，也可直接向人民法院申请将该工程依法拍卖。承包人就该工程折价或拍卖的价值优先受偿。

3. 工程质量保证金的支付

工程质量保证金（也称"保修金"）是指发包人与承包人在建设工程承包合同中约定，从应付的工程款中预留，用于保证承包人在缺陷责任期内对建设工程出现的缺陷进行维修的资金。"缺陷"是指建设工程质量不符合工程建设强制性标准、设计文件以及承包合同的约定。"缺陷责任期"一般为 6～12 个月，具体可由发承包双方在合同中约定。

发包人应按合同约定的质量保证金比例从结算款中预留质量保证金。全部或者部分使用政府投资的建设项目，按工程价款结算总额 5％左右的比例预留保证金。社会投资项目采用预留保证金方式的，预留保证金的比例可参照该标准执行。

承包人未按合同履行属于自身责任的工程缺陷修复义务的，发包人有权从质量保证金扣除用于缺陷维修的各种支出。经查验，工程缺陷属于发包人原因造成的，应由发包人承担查验和修复缺陷的费用。支付流程是：

（1）提交最终结清支付申请

缺陷责任期终止后，承包人应按照合同约定向发包人提交最终结清支付申请。发包人对最终结清支付申请有异议的，有权要求承包人进行修正和提供补充资料。承包人修正后，应再次向发包人提交修正后的最终结清支付申请。

（2）签发最终结清支付证书

发包人应在收到最终结清支付申请后的 14 天内予以核实，并向承包人签发最终结清支付证书。发包人未在约定的时间内核实，又未提供具体意见的，应视为承包人提交的最终结清支付申请已被发包人认可。

（3）最终结清款

发包人应在签发最终结清支付证书后的 14 天内，按照最终结清支付证书列明的金额向承包人支付最终结清款。发包人未按期最终结清支付的，承包人可催告发包人支付，并有权获得延迟支付的利息。最终结清时，承包人被预留的质量保证金不足以抵减发包人工程缺陷修复费用的，承包人应承担不足部分的补偿责任。承包人对发包人支付的最终结清款有异议的，应按照合同约定的争议解决方式处理。

4. 合同解除的价款结算与支付

发承包双方协商一致解除合同的，应按照达成的协商办理结算和支付合同价款。

（1）由于不可抗力致使合同无法履行而解除合同

由于不可抗力致使合同无法履行解除合同的，发包人应向承包人支付合同解除之日前已完成工程但尚未支付的合同价款。此外，还应支付下列金额：①合同中约定的应由发包人承担的费用；②已实施或部分实施的措施项目应付价款；③承包人为合同工程合理订购且已交付的材料和工程设备货款；④承包人撤离现场所需的合理费用，包括员工遣送费和临时工程拆除、施工设备运离现场的费用；⑤承包人为完成合同工程而预期开支的任何合理费用，该项费用未包括在本款其他各项支付之内。

发承包双方办理结算合同价款时，应扣除合同解除之日前发包人应向承包人收回的价款。当发包人应扣除的金额超过了应支付的金额，承包人应在合同解除后的 56 天内将其

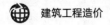

差额退还给发包人。

（2）承包人违约解除合同时价款结算与支付的原则

承包人违约解除合同的，发包人应暂停向承包人支付任何价款。发包人应在合同解除后 28 天内核实合同解除时承包人已完成工程量的全部合同价款以及按合同进度计划已运至现场的材料和工程设备货款，按合同约定核算承包人应支付的违约金以及造成损失的索赔金额，并将结果通知承包人。发承包双方应在 28 天内予以确认或提出意见，并办理结算合同价款。如果发包人应扣除的金额超过了应支付的金额，承包人应在合同解除后的 56 天内将其差额退还给发包人。若发承包双方不能对解除合同后的结算达成一致，按照合同约定的争议解决方式处理。

（3）发包人违约解除合同时价款结算与支付的原则

发包人违约解除合同的，发包人除了应按规定向承包人支付各项价款外，还应按合同约定核算发包人应支付的违约金及给承包人造成损失或损害的索赔金额。该笔费用应由承包人提出，发包人核实后应与承包人协商确定后的 7 天内向承包人签发支付证书。协商不能达成一致的，应按照合同约定的争议解决方式处理。

9.6 合同价款争议的解决

9.6.1 监理或造价工程师暂定

若发包人和承包人之间就工程质量、进度、价款支付与扣除、工期延误、索赔、价款调整等发生任何法律上、经济上或技术上的争议，首先应根据已签订合同的规定，提交给合同约定职责范围内的总监理工程师或造价工程师解决，并抄送另一方。总监理工程师和造价工程师在收到此提交文件后 14 天内应将暂定结果通知发包人和承包人。发承包双方对暂定结果认可的，应以书面形式予以确认，暂定结果成为最终决定。

发承包双方在收到总监理工程师和造价工程师的暂定结果通知之后的 14 天内未对暂定结果予以确认也未提出不同意见的，应视为发承包双方已认可该暂定结果。

发承包双方或一方不同意暂定结果的，应以书面形式向总监理工程师和造价工程师提出，说明自己认为正确的结果，同时抄送另一方，此时暂定结果成为争议，暂定结果对发承包双方当事人履约不产生实质影响的前提下，发承包双方应实施该结果，直到按照发承包双方认可的争议解决办法被修改为止。

9.6.2 管理机构的解释或认定

合同价款争议发生后，发承包双方可就工程计价依据的争议以书面形式提请工程造价管理机构对争议以书面文件进行解释或认定。

发承包双方或一方在收到工程造价管理机构书面解释或认定后仍可按照合同约定的争议解决方式提请仲裁或诉讼。除了工程造价管理机构的上级管理部门作出了不同的解释或认定，或在仲裁裁决或法院判决中不予采信的外，工程造价管理机构作出的书面解释或认定应为最终结果，并对发承包双方均有约束力。

9.6.3　争议解决的其他方式

根据《中华人民共和国民法典》和《建筑工程施工发包与承包计价管理办法》等相关文件的规定，合同价款争议发生后，发承包双方可进行协商解决。协商达成一致的，双方应签订书面和解协议，和解协议对发承包双方均有约束力。如果协商不能达成一致，发包人或承包人可以按照合同约定选择调解、仲裁、诉讼等方式解决争议。

9.7　财务决算审计

《中华人民共和国审计法》规定："审计机关对国家建设项目预算的执行情况和决算，进行审计监督。"审计重点是：①竣工决算的编报时间应按照国家规定在项目（工程）办理验收手续之前完成。工业项目在投料试车产出合格品后 3 个月内（引进成套项目可按合同规定）应进行试生产考核，考核合格后办理交付使用资产和验收手续，其他项目都不得超过 3 个月期限。如确有困难，报主管部门同意可以延长，延长期最多不得超过 3 个月；②竣工决算内各表之间相关数字是否相符；③竣工决算中概（预）算数是否与批准的设计文件中的概（预）算数一致，资金成本数是否与账簿报表一致；④竣工工程项目是否已经通过验收，是否已验收而不能投产使用；⑤有无计划外工程项目和楼、堂、馆、所等项目；⑥计划内项目有无扩大面积、提高标准、超出投资；⑦工程质量是否符合验收规范的要求，有无因工程质量低劣影响投产和使用的情况；⑧工程竣工验收时有无铺张浪费现象；⑨有无下马停建工程，如有，应审查其损失情况；⑩竣工项目剩余材料设备的处理有无问题；⑪是否拖欠施工企业的工程款，如有，应查明原因；⑫基建结余资金是否清理并结转清楚。

除以上 12 项审计重点内容以外，国家审计署办公厅在审办投发〔1996〕44 号文中明确对国家基本建设项目竣工决算审计中抽查建筑安装工程结算，抽查面不少于建筑安装完成额的 15%，抽查重点是超概算金额较大的单位工程。

9.8　工程造价从业人员的管理

造价工程师执业资格制度是工程造价管理的一项基本制度，属于国家统一规划的专业技术人员执业资格制度范围。1996 年 8 月，国家人事部、建设部联合发布了《关于印发〈造价工程师执业资格制度暂行规定〉的通知》（人发〔1996〕77 号），明确国家在工程造价领域实施造价工程师执业资格制度。2000 年 1 月，建设部和人事部联合发布了《关于印发〈造价工程师执业资格认定办法〉的通知》。为了加强对造价工程师的注册管理，规范造价工程师的执业行为，2000 年 1 月，建设部颁布了《造价工程师注册管理办法》（建设部令第 75 号）；2002 年 7 月，建设部发布了《建设部关于印发〈造价工程师注册管理办法〉的实施意见的通知》（建标〔2002〕187 号）；2002 年 6 月，中国建设工程造价管理协会发布了《关于发布〈造价工程师继续教育实施办法〉的通知》（中价协〔2002〕017 号）和《关于下发〈工程造价咨询单位执业行为准则〉〈造价工程师职业道德行为准则〉的通知》（中价协〔2002〕第 015 号）；2006 年 12 月，建设部颁布了新的《注册造价工程师管理办法》（建设部令第 150 号），原《造价工程师注册管理办法》（建设部令第 75 号）同时废止，造价工程师执业资格制度逐步完善起来。

造价工程师是指经全国造价工程师执业资格统一考试合格，并注册取得《造价工程师注册证》，从事建设工程造价活动的人员。未经注册的人员不得从事工程造价活动。

9.8.1 造价工程师报名条件

造价工程师，是指通过全国统一考试取得中华人民共和国造价工程师执业资格证书，并经注册后从事建设工程造价工作的专业人员。国家对造价工程师实行准入类职业资格制度，纳入国家职业资格目录。凡从事工程建设活动的建设、设计、施工、造价咨询等单位，必须在建设工程造价工作岗位配备造价工程师。造价工程师分为一级造价工程师和二级造价工程师。

1. 一级造价工程师

凡遵守中华人民共和国新宪法、法律法规，具有良好的业务素质和道德品行，具备下列条件之一者，可以申请一级造价工程师职业资格考试：

（1）具有工程造价专业大学专科（或高等职业教育）学历，从事工程造价业务工作满 5 年；

具有土木建筑、水利、装备制造、交通运输、电子信息、财经商贸大类大学专科（或高等职业教育）学历，从事工程造价业务工作满 6 年。

（2）具有通过工程教育专业评估（认证）的工程管理、工程造价专业大学本科学历或学位，从事工程造价业务工作满 4 年；

具有工学、管理学、经济学门类大学本科学历或学位，从事工程造价业务工作满 5 年。

（3）具有工学、管理学、经济学门类硕士学位或者第二学士学位，从事工程造价业务工作满 3 年。

（4）具有工学、管理学、经济学门类博士学位，从事工程造价业务工作满 1 年。

（5）具有其他专业相应学历或者学位的人员，从事工程造价业务工作年限相应增加 1 年。

2. 二级造价工程师

遵守中华人民共和国新宪法、法律法规，具有良好的业务素质和道德品行，具备下列条件之一者，可以申请二级造价工程师职业资格考试：

（1）具有工程造价专业大学专科（或高等职业教育）学历，从事工程造价业务工作满 2 年；

具有土木建筑、水利、装备制造、交通运输、电子信息、财经商贸大类大学专科（或高等职业教育）学历，从事工程造价业务工作满 3 年。

（2）具有工程管理、工程造价专业大学本科及以上学历或学位，从事工程造价业务工作满 1 年；

具有工学、管理学、经济学门类大学本科及以上学历或学位，从事工程造价业务工作满 2 年。

（3）具有其他专业相应学历或学位的人员，从事工程造价业务工作年限相应增加 1 年。

3. 基础科目免考条件

（1）一级造价工程师

一级造价工程师职业资格考试设《建设工程造价管理》《建设工程计价》《建设工程技术与计量》《建设工程造价案例分析》4个科目。其中《建设工程造价管理》和《建设工程计价》为基础科目，《建设工程技术与计量》和《建设工程造价案例分析》为专业科目。

已取得造价工程师一种专业职业资格证书的人员，报名参加其他专业科目考试的，可免考基础科目。

具有以下条件之一的，参加一级造价工程师考试可免考基础科目：

1）已取得公路工程造价人员资格证书（甲级）；

2）已取得水运工程造价工程师资格证书；

3）已取得水利工程造价工程师资格证书。

（2）二级造价工程师

具有以下条件之一的，参加二级造价工程师考试可免考基础科目：

1）已取得全国建设工程造价员资格证书；

2）已取得公路工程造价人员资格证书（乙级）；

3）具有经专业教育评估（认证）的工程管理、工程造价专业学士学位的大学本科毕业生。

9.8.2 造价工程师注册资格

国家对造价工程师职业资格实行注册执业管理制度。取得造价工程师职业资格证书且从事工程造价相关工作的人员，经注册方可以注册造价工程师名义从事工程造价工作。

一级造价工程师职业资格注册的组织实施由住房和城乡建设部、交通运输部、水利部分别负责。

住房和城乡建设部、交通运输部、水利部按照职责分工，制定相应造价工程师职业资格注册管理办法并监督执行。

准予注册的，住房和城乡建设部、交通运输部、水利部予以发放"中华人民共和国造价工程师注册证（一级）"（或电子证书）。

注册造价工程师执业时应持注册证书和执业印章。注册证书、执业印章样式以及注册证书编号由住房和城乡建设部会同交通运输部、水利部统一制定。

住房和城乡建设部、交通运输部、水利部及省级住房城乡建设、交通运输、水利行政主管部门按职责分工分别负责注册证书的制作和发放；执业印章由注册造价工程师按照统一规定自行制作。

9.8.3 造价工程师执业要求

注册造价工程师在工作中，必须遵纪守法，恪守职业道德和从业规范，诚信执业，并主动接受有关主管部门的监督检查和行业自律。

住房和城乡建设部、交通运输部、水利部应共同建立健全注册造价工程师诚信体系，制定相关规章制度或从业标准规范，并指导监督信用评价工作。

注册造价工程师不得同时受聘于2个或2个以上单位执业，不得允许他人以本人名义执业，严禁"证书挂靠"，出租出借注册证书的，由发证机构撤销其注册证书，不再予以重新注册；构成犯罪的，依法追究刑事责任。

注册造价工程师职业资格的国际互认和国际交流，以及与港澳台地区注册造价工程师（或工料测量师）的互认，由人力资源社会保障部、住房和城乡建设部负责实施。

一级注册造价工程师的执业范围包括建设项目全过程工程造价管理与咨询等，具体工作内容为：①项目建议书、可行性研究投资估算与审核、项目评价造价分析；②建设工程设计、施工招标投标工程计量与计价；③建设工程合同价款，结算价款、竣工决算价款的编制与管理；④建设工程审计、仲裁、诉讼、保险中的造价鉴定，工程造价纠纷调解；⑤建设工程计价依据、造价指标的编制与管理；⑥与工程造价管理有关的其他事项。

注册造价工程师应在其规定业务范围内的工作成果上签字盖章。对外的工程造价咨询成果文件应由一级造价工程师审核并加盖印章。

取得造价工程师注册证书的人员，应当按照国家专业技术人员继续教育的有关规定接受继续教育，更新专业知识，提高业务水平。

复习思考题

1. 工程预付款的扣还方法有哪些？请简要描述每种方法的原理和计算公式。

2. 工程进度款的计算方法有哪些？请列举并解释每种方法的具体步骤。

3. 在计日工类中，承包人需要提交哪些报表和凭证给发包人进行复核？请列举并解释每个报表和凭证的内容。

4. 物价变化类中，合同价款的调整原则是什么？请解释因非承包人原因和因承包人原因导致工期延误时的价款调整方法。

5. 暂估价类中，暂估材料及设备单价的调整是如何进行的？请解释在招标工程量清单中给定暂估价的材料、工程设备的处理方式。

6. 项目特征不符类中，承包人应如何处理发包人提供的设计图纸与招标工程量清单项目特征描述不符的情况？

7. 工程量清单缺项类中，当招标工程量清单缺项导致新增分部分项工程项目清单时，应如何调整合同价款？

8. 工程量偏差类中，当实际工程量与招标工程量清单出现偏差时，应如何调整合同价款？

9. 工程索赔的计算方法有哪些？请列举并解释每种方法的具体步骤和计算公式。

10. 工程合同价款的支付方式有哪些？请解释每种支付方式的特点和适用条件。

11. 造价工程师的报名条件有哪些？

12. 取得造价工程师注册资格有哪些要求？

13. 造价工程师在执业过程中的责任和道德要求是什么？

参考文献

［1］ 中华人民共和国住房和城乡建设部，中华人民共和国国家质量监督检验检疫总局. 建设工程工程量清单计价规范：GB 50500—2013［S］. 北京：中国计划出版社，2013.

［2］ 中华人民共和国住房和城乡建设部，中华人民共和国国家质量监督检验检疫总局. 房屋建筑与装饰工程工程量计算规范：GB 50854—2013［S］. 北京：中国计划出版社，2013.

［3］ 中华人民共和国住房和城乡建设部，中华人民共和国国家质量监督检验检疫总局. 建筑工程建筑面积计算规范：GB/T 50353—2013［S］. 北京：中国计划出版社，2014.

［4］ 中华人民共和国住房和城乡建设部，中华人民共和国国家质量监督检验检疫总局. 工程造价术语标准：GB/T 50875—2013［S］. 北京：中国计划出版社，2013.

［5］ 中国建设工程造价管理协会. 建设项目投资估算编审规程：CECA/GC 1—2015［S］. 北京：中国计划出版社，2016.

［6］ 中国建设工程造价管理协会. 建设项目设计概算编审规程：CE/CA/GC 2—2015［S］. 北京：中国计划出版社，2016.

［7］ 江苏省住房和城乡建设厅. 江苏省建设工程费用定额［S］. 2014.

［8］ 江苏省住房和城乡建设厅. 江苏省建筑与装饰工程计价定额［M］. 南京：江苏凤凰科学技术出版社，2014.

［9］ 江苏省建设工程造价管理总站. 工程造价基础理论［M］. 南京：江苏凤凰科学技术出版社，2014.

［10］ 郑君君. 工程估价［M］. 4版. 武汉：武汉大学出版社，2017.

［11］ 黄臣臣，陆军，齐亚丽. 工程自动算量软件应用（广联达 BIM 土建计量平台 GTJ 版）［M］. 北京：中国建筑工业出版社，2020.